HANDLING SHIT

Dr. Frederik Hümmeke

Gestaltung Cover: Johanna Wack
Gestaltung, Satz und Herstellung: Timo Boethelt
Lektorat: Christoph Landgraf
Korrektorat: Sebastian Politz
Druck: GGP Media GmbH, Pößneck

ISBN 978-3-86470-745-2

Ein erweitertes Quellen- und Referenzverzeichnis ist hinterlegt unter www.handlingshit.de/quellen.

Bibliografische Information der Deutschen Nationalbibliothek:
Die Deutsche Nationalbibliothek verzeichnet diese Publikation in der Deutschen Nationalbibliografie; detaillierte bibliografische Daten sind im Internet über <http://dnb.d-nb.de> abrufbar.

BÖRSEN MEDIEN
AKTIENGESELLSCHAFT

Postfach 1449 • 95305 Kulmbach
Tel: +49 9221 9051-0 • Fax: +49 9221 9051-4444
E-Mail: buecher@boersenmedien.de
www.books4success.de
www.facebook.com/plassenbuchverlage
www.instagram.com/plassen_buchverlage

FÜR MEINE FAMILIE

Meinem Vater, der mich hat wachsen lassen.
Meiner Mutter, die immer für mich da war.
Meiner Frau und meiner Tochter,
ich bin froh und dankbar, dass es euch gibt.

DR. FREDERIK HÜMMEKE

HANDLING SHIT

Der richtige Umgang mit schwierigen Personen und Situationen

BOOKS4SUCCESS

INHALT

VORWORT
VON MARTIN LIMBECK

Endlich! Endlich ist es da. Das erste Buch von Dr. Frederik Hümmeke. Endlich, denn es ist *das* Buch, das ich gerne bereits zu Beginn meiner Karriere als Verkäufer in den Händen gehabt hätte. Das hätte mir viel Ärger und noch mehr Stress gespart. Genau den Stress und den Ärger, der dich nächtelang umtreibt. Und dir so unglaublich viel Energie raubt, die du besser in andere Dinge investiert hättest.

Dieses Buch hätte mir erlaubt, mich von Anfang an auf das zu konzentrieren, wofür ich brenne: das Verkaufen.

Handling SHIT ist ein Buch über den Umgang mit schwierigen Personen und herausfordernden Situationen. Oft genug bist du im Job und im Privatleben Blitzableiter für andere. Zu viele Menschen sind von Personen umgeben, die andere Menschen kleinhalten wollen, die ihnen auf die eine oder andere Art deutlich machen: Das bekommst du nicht hin. So wie du es machst, ist es falsch. Oder sogar: Du bist falsch. Da es nicht mein Buch, sondern mein Vorwort ist, erlaube ich mir in meiner Ruhrpott-Manier, diese Personen so zu nennen, wie sie es verdient haben: Ärsche! Was für ein großartiger Titel *Handling SHIT* allein deshalb ist!

Als pummeliges, rothaariges Kind im Ruhrpott habe ich mir, was Stress und schwierige Personen angeht, ein ziemlich dickes Fell zulegen müssen. Da, wo ich „wech komm“, gab es von beidem schon immer genug. Schön war das nicht. Doch ich bin daran gewachsen. Und heute bin ich so erfolgreich in dem was ich tue, dass ich keinem mehr etwas beweisen muss.

Doch auch ich erlebe immer noch Situationen, die mich unglaublich stressen. Momente mit anderen Menschen, in denen ich mich angegriffen und verletzt fühle. Im Laufe der Jahre bin ich deutlich besser darin geworden. Ab und an greife ich jedoch in so einem Fall zum Telefonhörer, rufe Frederik an und hole mir Hilfe. Er fordert mich dann auf, einen Schritt zurückzutreten und zu überlegen: „Was hat der Stress der anderen mit mir zu tun?" Und die Antwort lautet meistens: Nichts! Dass die neurowissenschaftlich basierten Methoden von Frederik funktionieren, weiß ich deshalb aus eigener Erfahrung. Sie funktionieren im doppelten Sinne des Worts einfach. Ob du daran glaubst oder nicht.

Das Beste an Frederiks Handling-SHIT-Programm ist für mich jedoch, dass es nicht nur mit leicht erlernbaren Strategien dabei hilft, einen kühlen Kopf zu bewahren und die Dinge richtig einzuordnen, wenn es heiß hergeht. Mindestens genauso toll ist, dass er in dem Buch klar aufzeigt, wie du schwierige Situationen und Gespräche als Dünger für das eigene Wachstum nutzt und aus persönlichen Angriffen gestärkt und mit ehrlichem Erfolg herausgehst.

Wenn ich es mir genauer überlege, wünsche ich mir lieber doch nicht, dass ich dieses Buch bereits am Anfang meines Berufslebens hätte lesen können. Denn dann hätte ich Frederik vermutlich nicht kennengelernt. Einen der klügsten Köpfe, die ich bisher treffen durfte. Ein Wissenschaftler und Unternehmer mit einem ganz anderen Hintergrund als meinem. Und doch mit dem gleichen Ziel: die Menschen um sich herum erfolgreicher zu machen.

Lieber Frederik, ich wünsche dir viel Erfolg mit diesem Titel. Und den hoffentlich zahlreichen Leserinnen und Lesern wünsche ich viel Erfolg mit den Methoden, die dieses Buch vermittelt. Und dass sie beim Lesen genauso viel Spaß haben werden, wie du offenbar beim Schreiben hattest.

Dein Martin Limbeck

Martin Limbeck, Inhaber der Limbeck® Group, ist Vollblutunternehmer, Wirtschaftssenator (EWS), Mitglied des BVMW-Bundeswirtschaftssenats sowie einer der führenden Experten für Sales und Sales Leadership in Europa. Als Kind des Ruhrgebiets nimmt er kein Blatt vor den Mund, sondern sagt klar, wahr und auf den Punkt, was Sache ist. Der Blended-Learning-Fachmann und vierfache Bestsellerautor hat es sich zur Aufgabe gemacht, gemeinsam mit seinem Team Unternehmen dabei zu unterstützen, ihren Vertrieb auf den Punkt zu bringen. Das Motto der Limbeck® Group: Vertrieb. Macht. Zukunft.

EINS
EINE EINLEITUNG

Der Umgang mit schwierigen Menschen ist herausfordernd. Wenn wir ganz ehrlich sind, ist der Umgang mit ihnen für die meisten von uns nicht nur herausfordernd, sondern wirklich problematisch. Und schwierige Menschen sind nicht nur für uns persönlich problematisch, sondern können im Berufsleben echte Störfaktoren sein, die unseren persönlichen Zielen und den Unternehmenszielen im Weg stehen.

Da sind die Mitarbeiter oder Familienmitglieder, die immer wieder Hektik und Stress verbreiten (**Stress**). Da ist dieser eine Vorgesetzte, der zuerst A predigt und dann B macht (**Hypokriten = Heuchler**). Da ist der Kunde, der unklug entscheidet, beispielsweise, weil er aus nicht nachvollziehbaren Gründen das schlechtere Angebot vom Wettbewerber annehmen will, oder der Ehepartner, der mal wieder etwas kauft, was kein Mensch braucht, und so die knappe Familienkasse belastet (**Idioten**). Und da sind die Menschen, die einfach schwierige Persönlichkeitseigenschaften an den Tag legen, entweder cholerisch oder phlegmatisch sind (**Temperamente**).

Schwierige Menschen machen uns das Leben schwer. Wir können ihnen im Betrieb, im Büro oder im Meeting, in Familie und Freundeskreis nicht immer ausweichen. Wir müssen deshalb, wenn wir erfolgreich sein wollen, Strategien entwickeln, um mit schwierigen Menschen auskommen und erfolgreich mit ihnen zusammenarbeiten zu können. Unser Glück ist, dass es nur wenige Menschen gibt, die per se und in allen Situationen schwierig sind. Meist sind es bestimmte Situationen, in denen sich jemand aus unserer Sicht wie ein kompletter Idiot verhält. Und umgekehrt gibt es immer wieder Situationen, in denen wir selbst uns im Nachhinein betrachtet wie komplette Idioten aufgeführt haben. Echte SHITuations eben.

Aus meinen Seminaren und Coachings weiß ich, dass viele Menschen, die sich mit dem beschäftigen, was ich – zusammengesetzt aus den Anfangsbuchstaben der einzelnen Faktoren – SHIT-Verhalten nenne, eine ganz bestimmte Auslösersituation im Hinterkopf haben, in der sie gar nicht gut aussahen und die ihnen Schwierigkeiten bereitete, oder sie an eine bestimmte Person denken, die ihnen das Leben durch ihr Verhalten schwer macht.

In diesem Buch verrate ich Ihnen die entscheidenden Methoden und Tricks, sodass Sie beim nächsten Mal die richtige Antwort geben und besser reagieren können. Ich werde Ihnen ein Best-of praxiserprobter, wissenschaftlich fundierter Strategien und Werkzeuge vorstellen, die Ihnen vor allem im Berufsleben helfen werden, souverän durch die größten Schwierigkeiten und – wenn es hart auf hart kommt – die größten „Sauereien" des menschlichen Verhaltens zu navigieren.

Auf dem Weg zu einem souveränen und erfolgreichen Umgang mit schwierigen Situationen ist der erste und wichtigste Schritt, und zwar noch weit bevor wir uns dem Gegenüber zuwenden, sich mit dem eigenen Verhalten auseinanderzusetzen. Ein Beispiel aus meinem eigenen Erleben soll Ihnen verdeutlichen, warum es wichtig ist, diesen Umweg zu nehmen:

Ich war 24 Jahre alt. Unser Beratungsunternehmen hatte durch ein paar Kontakte und durch einen sehr glücklichen Umstand die Möglichkeit bekommen, einen in der Region beheimateten Weltmarktführer als Mandanten zu gewinnen. Der für uns glückliche Umstand war, dass die Unternehmensführung sehr unzufrieden mit einer sehr bekannten und sehr großen Unternehmensberatung war. Die hatten nämlich ihr Projekt so gründlich gegen die Wand gefahren, dass man nun bereit war, es mit einem kleinen Newcomer zu probieren. Nur deshalb klingelte bei uns das Telefon. Man war sich sympathisch und wir starteten eine erste Analysephase. Nach ein paar Wochen durfte ich dem Vorstand das Ergebnis dieser Analyse vortragen. Eines der Ergebnisse lautete, dass die Innovation, auf die man im Unternehmen große Stücke hielt und in die man bereits einige Millionen Euro gesteckt hatte, deswegen nicht so am Markt performte, wie man sich das im Vorstand gewünscht hatte, weil sie nicht sauber im Vertrieb gemanagt wurde. Auch das Preismanagement fanden wir unpassend. Wir sahen jedenfalls klare Fehler auf Unternehmensseite und ich benannte sie. Mit einem stolzen Nicken in die Runde beendete ich den Vortrag und sah überhaupt nicht kommen, dass der SHIT mit Vollgas – losgeschickt in Form einer einfachen Frage des Vertriebschefs – auf mich zuschwappte: „Und was genau befähigt denn Sie zu dieser Analyse?"

Ich war auf ziemlich viel vorbereitet, hatte meine Zahlen parat, war in jedem Slide der Präsentation zu Hause. Aber auf den in dieser Frage enthaltenen Vorwurf, ein dummer und ahnungsloser Junge zu sein, hatte ich zunächst keine passende Antwort. Vielleicht hatte der Vertriebschef sogar recht. Hatte ich denn schon genügend Erfahrung vorzuweisen mit meinen 24 Jahren? Auf welche erfolgreichen Projekte konnte ich verweisen? Jetzt bloß nicht nervös werden. Ich spürte das Adrenalin einschießen. Der Magen krampfte sich zusammen. Mein Verhalten in dieser SHIT-Situation – meine Antwort auf diesen Angriff – würde jetzt den Unterschied machen zwischen Sekt oder Selters.

Solche oder ähnliche Situationen kennen Sie alle, denn Sie begleiten uns durch unser Berufsleben: unangenehme Fragen während der Präsentation, die uns aus dem Konzept bringen (sollen), ungerechtfertigte Anschuldigungen bis hin zum Mobbing, verborgene Motive (hidden agendas) oder einfach schlecht gelaunte Menschen. Solange wir mit Menschen arbeiten, werden wir solche Situationen nicht gänzlich verhindern können. Die entscheidenden Fragen bleiben deshalb: Wie kann ich die Wahrscheinlichkeit minimieren, dass ich selbst durch mein Verhalten unbeabsichtigt einen SHIT-Storm auslöse? Und wie kann ich eine entsprechende Situation gewinnbringend auflösen, wenn ich bereits durch eigenes Verhalten oder durch das Verhalten von anderen hineingeraten bin?

Das Verstehen des Gegenübers und daraus abgeleitet ein Verstehen seines Verhaltens sind die Grundsteine für eine gelungene Interaktion. Aus dieser Logik heraus geht es darum, zu erkennen, was den Vertriebschef in dieser Situation zu seinem Verhalten, nämlich einen persönlichen Angriff auf mich, motiviert haben könnte.

Sein Angriff auf mich war natürlich eine bewusste Reaktion auf meinen Hinweis, dass die Innovation im Vertrieb nicht sauber gemanagt wurde – den er als Verantwortlicher mindestens als Angriff auf seine Arbeit, wenn nicht sogar auf ihn persönlich verstehen musste. Er fühlte sich von mir bloßgestellt. Ich selbst hatte den Mann also durch mein Verhalten in eine Verteidigungsstrategie gebracht. War ich vielleicht eine SHIT-Person für ihn? Seine Verteidigungsstrategie jedenfalls war ein Angriff auf mich, indem er meine Kompetenz und meine Autorität öffentlich infrage stellte. Dabei wäre diese Eskalation leicht zu vermeiden gewesen. Was ich gebraucht hätte, wäre ein Weg, meine Fakten wahrheitsgemäß zu präsentieren, ohne ihn bloßzustellen oder ihm das Gefühl zu geben, sich verteidigen zu müssen. Diese Wege gibt es.

Die geschilderte Situation und der SHIT-Auslöser sind natürlich vergleichsweise leicht zu analysieren. Aber es gibt auch immer wieder Situationen im Berufsleben, deren Analyse wesentlich schwieriger ist. Wie kann es sein, dass zehn kluge und gutwillige Fachleute in einen Meetingraum gehen und 30 Minuten später bricht darin die Hölle los? Hinterher weiß niemand, worin der Unterschied zum letzten Mal bestand, als dieselben zehn Fachleute in denselben Raum gingen und doch nach 30 Minuten ein hervorragendes Ergebnis zustande gebracht hatten.

Um die Auslöser und die auslösenden Strukturen dahinter zu erkennen, müssen wir sehr genau hinsehen. Am besten bis tief hinein in die Funktionsstruktur unseres Gehirns. Und am allerbesten fangen wir damit bei uns selbst an.

Was passiert mit uns und was geht in unserem Gehirn vor sich, wenn wir uns wie ein ausgewiesener Idiot verhalten? Welche Faktoren machen unser Verhalten schwierig für andere? Und welche Faktoren am Verhalten anderer Menschen empfinden wir – und aus welchen Gründen – als schwierig?

Um gut mit SHIT umgehen zu können, ist es wichtig zu verstehen, was SHIT in uns auslöst. Welche Konsequenzen hat SHIT für uns selbst und für unsere Mitmenschen? Dauerhafter SHIT kann nicht nur tiefgreifende gesundheitliche oder psychologische Konsequenzen haben, sondern SHIT beeinflusst uns vor allem in der konkreten Situation negativ. Dabei sind das zumeist genau die Situationen, in denen wir eigentlich all unsere Kompetenz und Souveränität bräuchten. Aber es wird noch schlimmer. Dieser SHIT beeinflusst nicht nur die aktuelle, sondern auch kommende Situationen beziehungsweise unsere Einstellung gegenüber zukünftigen Situationen. Wenn wir einmal eine Präsentation in den Sand gesetzt haben, kommt vor der nächsten unweigerlich die Frage auf, ob es dieses Mal wieder so blamabel wird, was die Leute denken werden et cetera. SHIT kann uns unglaublich runterziehen. Und das für einen Zeitraum, der weit über die konkrete Situation hinausreicht.

Die gute Nachricht ist, dass wir SHIT nicht hilflos ausgeliefert sind. Denn auf welche Weise wir den Stress und die Konsequenzen, die damit verbunden sind, erleben, wird maßgeblich von unserer subjektiven Erlebniswelt bestimmt. Wenn dich jemand anbrüllt, weil er gerade einen miesen Tag hat, was hat das mit dir zu tun? Es sind doch erst einmal nur Schallwellen, die auf dich zukommen und denen du eine Bedeutung gibst. Du fühlst dich gekränkt und unfair behandelt. Aber muss das sein? Eine Situation ist zwar von objektiven Faktoren gekennzeichnet, wie beispielsweise durch die Schallwellen, die der andere produziert, und vielleicht auch durch die weiteren Personen im Raum. Aber es hängt von unserer persönlichen Interpretation dieser Faktoren ab, wie wir die Situation wahrnehmen und ob diese Situation für uns eine positive Herausforderung oder eine SHIT-Situation ist. Beleidigt ein Gegenüber uns, neigen wir natürlich dazu beleidigt zu sein. Verstehen wir aber, dass unser Gegenüber gerade selbst am Limit ist und die Beleidigung seine unschöne, aber einfache Strategie ist, sich selbst besser zu fühlen, indem er oder sie jemand anderen angreift, können wir viel besser einschätzen, ob die Beleidigung wirklich etwas über uns aussagt. Der jeweilige Kontext lädt uns eben nur zu einem bestimmten Erleben ein. Aber er zwingt uns nicht! Mit dem richtigen Wissen und Verständnis können wir unser Erleben völlig autonom generieren, also ganz neu über Situationen nachdenken und konstruktiv und lösungsorientiert mit ihnen umgehen. Dazu müssen wir – und das ist für viele Menschen die schlechte Nachricht – Verantwortung für das eigene Verhalten und Denken übernehmen. Wenn Sie dazu bereit sind, lade ich Sie ein, weiterzulesen.

Das Ziel ist es, sich selbst nicht als hilfloses und passives Opfer einer stressigen Situation zu erfahren, sondern als aktive handelnde Person, die den Stress meistert. Denn genau das ist es, was Heuchler, Idioten und verschiedene Temperamente in uns auslösen … Stress! Das Fundament von SHIT. Erst wenn wir diese Ebene im Griff haben, wirken die konkreten Kommunikationsmethoden, die wir später besprechen werden, vollends.

ZWEI

VIER TYPEN SHIT – EINE ÜBERSICHT

2.1 STRESS

In der Psychologie beschreibt Stress eine bestimmte physiologisch-emotionale Reaktion, die bei Menschen dann eintritt, wenn es zu einem gefühlten oder echten Kontrollverlust kommt. In der Regel fühlen wir uns in SHIT-Momenten nicht, als hätten wir alles unter Kontrolle, sie führen ganz im Gegenteil zu massiven körperlichen wie psychischen Reaktionen, durch die wir uns oft wie ferngesteuert oder von uns selbst oder der Situation distanziert fühlen. Die Kontrolle ist uns entglitten, wir agieren nicht mehr überlegt, sondern reagieren nur noch.

Wenn viel auf dem Spiel stand, wenn Zeitdruck herrschte oder im zwischenmenschlichen Bereich ein Konflikt aufbrach, sind wir häufig im Nachhinein nicht zufrieden mit unserem Verhalten und mit den erreichten Ergebnissen. Im Extremfall kann es in einer heiklen Situation sogar zu einem Blackout kommen – wir wissen nicht mehr, was wir tun und wie wir reagieren sollen. Es ist das Sinnbild des Kontrollverlusts. In der Rückschau wünschen wir uns nur noch, souveräner reagiert zu haben. Oder uns fallen Tage später die besseren Lösungen und klügeren Erwiderungen ein. Und dann hadern wir oft zusätzlich mit uns und werfen uns selbst vor, dass uns diese Lösungen nicht gleich in der Situation eingefallen sind. Daneben belasten uns häufig noch die ungeklärten Konflikte auf der persönlichen Ebene, die vielleicht in einem aus dem Ruder gelaufenen Gespräch oder Meeting entstanden sind und die danach weiter vor sich hin schwelen und sich natürlich negativ auf Folgesituationen auswirken werden.

Zudem ist der Mensch nach bisherigen Erkenntnissen das einzige Lebewesen auf diesem Planeten, das sich gleich doppelt Stress macht. Wir leiden nämlich, wie jedes andere Lebewesen auf diesem Planeten, an direkten Stressauslösern. Potente Stressoren abseits von direkt lebensbedrohlichen Situationen – die bei uns Stress auslösen – sind beispielsweise:

- Verbale oder sogar echte körperliche Angriffe durch Mitmenschen
- Kritische Situationen, wie die wichtige Prüfung, die ausgebrochene Krise oder der gefährliche Moment beim Heimwerken
- Ablehnung und das Gefühl, nicht dazuzugehören, wenn über unseren Witz niemand lacht oder man vergisst, uns zur Party einzuladen
- Drohungen und das Heraufbeschwören dramatischer Konsequenzen, wenn zum Beispiel in der Presse der erneute Weltuntergang ausgerufen wird

Darüber hinaus machen wir Menschen uns aber auch noch indirekten Stress: Denken Sie an eine der letzten stressigen Situationen zurück. Wenn Sie diese Situation jetzt im Kopf haben, ließe sich allein ausgelöst durch diese Gedanken eine mindestens milde, aber signifikante Stressreaktion in Ihrem Körper nachweisen. Dies gilt genauso, wenn Sie sich eine mögliche zukünftige negative Situation vorstellen. Je lebendiger und plastischer, desto intensiver wird die Reaktion Ihres Körpers sein. Wenn Sie sich beispielsweise vorstellen, wie es wäre, wenn Sie von einem Dritten vor versammelter Mannschaft angegriffen werden, wenn Ihnen schlampige Arbeit oder unlautere Absichten vorgeworfen werden würden, wird diese Vorstellung bereits eine starke Stressreaktion auslösen. An möglicherweise auftretenden Stress zu denken ist für Menschen ein Stressor an sich.

Im Gegensatz zu Tieren zeigen wir also häufig eine Stressreaktion, wenn wir nur daran denken, dass vielleicht etwas Negatives passieren könnte. Dieses Phänomen heißt „Antizipatorischer Stress". Bei diesem Stress, wenn er auch nur das Nachdenken über die mögliche negative Zukunft als Ursache hat, aktivieren wir dennoch die gleiche Stressreaktion wie bei realen physischen Gefahren – mit den gleichen physiologischen Auswirkungen.

2.1.1 Neurologische Grundlagen von Stress

Ein Schlüsselthema ist in diesem Zusammenhang die Frage, wie Stress entsteht und wie dieser Zustand in unserem Körper wirkt. Entsprechend lohnt sich der Blick ins Gehirn – also dorthin, wo die Stressreaktion entsteht und von wo sie auf unser Denken, aber auch auf unsere körperlichen Reaktionen wirkt.

Wenn wir uns in einer extremen Stresssituation befinden, nimmt vor allem unsere Fähigkeit ab, rational zu entscheiden. Wir können nicht mehr richtig nachdenken. Dabei benötigen wir doch gerade in diesen Stresssituationen all unsere Kompetenz und all unsere Schlagfertigkeit. Gerade in Stresssituationen wollen wir doch auf unsere sämtlichen Fähigkeiten zurückgreifen können. Die Natur scheint hier bei uns versagt zu haben. Aber das ist natürlich Unsinn. Schuld an diesem gefühlten Dilemma ist das Zusammenspiel zwischen zwei Gehirnarealen, dem limbischen System und dem präfrontalen Cortex, den wir hier frontales System nennen, weil er frontal, vorne im Gehirn ist, direkt hinter Ihrer Stirn also. Das frontale System ist für viele Forscher das Prunkstück unseres Gehirns. Es ist zuständig für das aktive Verstehen, Bewerten und Entscheiden. Es ist unser „Arbeitsspeicher“, in dem sich die klugen und passenden Antworten befinden, die uns in Stresssituationen so oft fehlen. Wenn Sie sich eine Zahlenreihe merken wollen und diese so lange vor sich hinmurmeln, bis sie sitzt, dann passiert dieser kurzzeitige Erinnerungsvorgang im frontalen System. Außerdem ist es Sitz unserer Impulskontrolle, sorgt also dafür, dass wir einen aufmüpfigen Vertriebschef nicht mit der Keule zum Verstummen bringen. Denn genau das wäre vielleicht der Vorschlag des zweiten wichtigen Gehirnareals.

FRONTAL & LIMBISCH

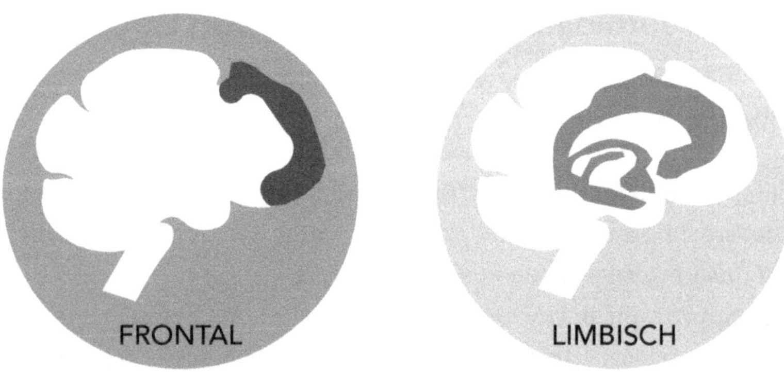

Frontal	Limbisch
Verstehen	Emotionen
Bewerten	Gewohnheiten
Entscheiden	Gedächtnis
Behalten & Abrufen	Angst- & Fehlererkennung
Hemmen	Belohnung

Dieser zweite Bereich, der für unser Thema eine sehr große Rolle spielt, ist das limbische System. In diesem Hirnareal laufen wesentlich grundlegendere – und für unser biologisches Überleben wichtigere – Operationen ab als im frontalen System. Hier werden unsere Emotionen verarbeitet, hier sitzt unser Belohnungssystem und im limbischen System werden auch alle Routinen und Gewohnheiten koordiniert. Wenn Sie sich morgens im Büro wiederfinden und sich fragen, wie Sie dorthin gekommen sind, weil der Weg dorthin bereits wieder im Dunklen liegt und Sie keinerlei Erinnerung daran haben: Das limbische System hat Ihre morgendliche Routine abgespielt und Sie sicher ankommen lassen.

Natürlich arbeiten das frontale und das limbische System eng zusammen. Und wie diese beiden Systeme zusammenarbeiten, beschreibt eingängig das sogenannte „umgekehrte U-Modell". Dieses Modell bildet folgendes Prinzip ab: Solange wir auf routinierte Verhaltensmuster, also auf unsere automatisierten Abläufe, zurückgreifen können, müssen wir nicht nachdenken. Dann hat das limbische System die Kontrolle. Um das frontale System zu aktivieren, wird ein „Schalter" benötigt. Ein Schalter in Form einer Herausforderung, die das limbische System allein nicht bewältigen kann. Diese Arbeitsteilung ist evolutionär sehr sinnvoll, denn das frontale System frisst erstaunlich viel Energie auf. Es zu starten und in Betrieb zu halten ist für unseren Körper sehr aufwendig, argumentieren Evolutionsbiologen. Aus diesem Grund verschiebt der Körper so viele Abläufe wie möglich in das limbische System und bildet durch dieses System eine automatisierte Verhaltens- und Denkroutine, die entspannt ohne großen Energieaufwand bei Bedarf im Hintergrund mitläuft.

Wenn ein System von der Evolution über Hunderttausende von Jahren so fein ausbalanciert wurde, sollte man sich darauf verlassen können. Und tatsächlich ist dieses System ideal darauf ausgelegt, um das Überleben in einer feindlichen Welt zu sichern.

So mancher menschliche Blackout beweist jedoch, dass es in unserer modernen Welt hinderlich sein kann. Das liegt daran, dass das frontale System ein „Not-Aus" beinhaltet. Bei mittlerem Stresslevel läuft unser frontales System auf Hochtouren. Wir sind intellektuell im Flow. Das kennen Sie aus dem Job. Wenn Ihre Aufgaben genau die passenden Herausforderungen an Sie stellen, sind Sie am besten. Sie langweilen sich nicht, fühlen sich aber auch noch nicht alleingelassen und überfordert. Sie sind zuversichtlich, die gestellten Aufgaben lösen zu können. Sie haben alles im Griff und alles ist gut. Wenn aber ein bestimmter Stresslevel überschritten wird, fährt unsere Denkfähigkeit sehr, sehr schnell zurück. Dieses unangenehme „Hilfe, das schaffe ich nicht!"-Gefühl setzt ein. Wir fühlen uns überfordert und reagieren dann im wahrsten Sinne des Wortes kopflos, nämlich mit automatisierten Verhaltensweisen, die uns seit den Anfängen der Menschheitsgeschichte begleiten. Der Schalter, der das frontale System bedient, ist also eher ein Dimmer. Ganz links ist das frontale System wegen zu wenig Stress aus, auf mittlerer Stellung ist das frontale System voll an, dreht man weiter, geht es wieder aus.

Gehen wir viele Tausend Jahre und noch weiter zurück in der menschlichen Geschichte. In der Savanne lebt eine Gruppe Frühmenschen friedlich ihr Leben. Und Sie sind ein Teil dieser Horde. Ihr Dasein ist weitestgehend geprägt von Instinkten und von seit

DAS UMGEKEHRTE U

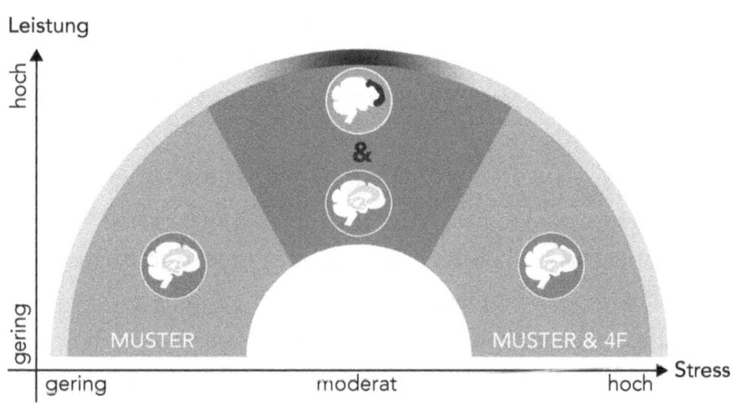

Generationen trainierten Verhaltensmustern und Routinen. Sie haben einen entspannten Tag, gehen morgens Früchte, Wurzeln und Beeren sammeln und hängen ansonsten ganz entspannt mit Ihren Kumpels ab. Das limbische System hat die Kontrolle. Es lenkt Sie entspannt und automatisiert – energieeffizient eben – zu der Stelle, an der Sie während der ganzen letzten Wochen die dicksten Beeren gefunden haben, es ist eine Stelle, an der Sie und Ihre Horde „schon immer" Beeren gesammelt haben. Ein weiterer ruhiger Tag in der Savanne eben. Auch am nächsten Tag steht eigentlich außer zu schlafen, Nahrung zu sammeln und abzuhängen nichts weiter auf dem Programm. Sie gehen wieder zu der Stelle mit den ergiebigen Beerenbüschen. Aber ganz überraschend sind an diesem Tag keine Beeren mehr da! Im limbischen System geht das Angst- und Fehlererkennungsprogramm los: Hier stimmt was nicht! Eine messbare Stressreaktion des Körpers ist die Folge. Und je weiter der Stresslevel ansteigt, umso aktiver wird das frontale System.

„Ach herrje … keine Beeren mehr da. Muss ich verhungern? Welches blöde Tier hat die wieder weggefressen?" Die vom limbischen System ausgelöste Stressreaktion fungiert als Weckruf an den „intellektuellen" frontalen Gegenspieler: „Keine Beeren mehr da. Wir haben hier ein Problem!" Und das frontale System sucht die Antworten. Es erkennt das Problem, es bewertet die potenziellen Alternativen und schätzt ein, wo jetzt am meisten zu holen wäre. Das scheint, nach Abwägung aller Faktoren, der Busch da drüben bei dem Hügel zu sein und deshalb laufen Sie – ganz stolz darauf, wie toll Sie das Problem gerade gelöst haben – zum Busch bei dem Hügel. Ihr frontales System ist bereit, sich mit ein paar anderen Regionen des Gehirns in Tagträume zu verabschieden. Gerade wollen Sie entspannt die leckeren und nahrhaften Beeren einsammeln, da erkennt Ihre Alarmfunktion im Gehirn gerade noch rechtzeitig das große Tier hinter dem Busch, das Sie in intellektuellem Stolz übersehen hatten. Diese Alarmfunktion sitzt im limbischen System und dort wiederum in einem Gebiet namens Amygdala. Diese mandelförmige Region begreifen Sie am besten als die

Alarmanlage Ihres Gehirns. In dieser Region werden externe Impulse verarbeitet und in Zusammenarbeit mit dem Hypothalamus die vegetativen Reaktionen dazu eingeleitet.

Ein Löwe also! Ihr frontales System würde nun tun, was es immer tut: erkennen, verstehen, bewerten und Impulse hemmen. Sie könnten in dieser Situation versuchen zu verstehen, was der Löwe wohl mit Ihnen machen könnte. Sie könnten versuchen herauszufinden, ob das vielleicht ein sehr alter Löwe ist, mit dem Sie eventuell fertigwerden. Sie könnten abschätzen, ob der überhaupt hungrig aussieht et cetera. Sie könnten den Impuls zum Weglaufen hemmen lassen. Aber weil der Löwe schon sehr, sehr nahe ist, ist unser frontales System an dieser Stelle bereits ausgestiegen und hat die Verantwortung panisch an den handfesten Kollegen abgegeben. Das limbische System hat nach diesem Weckruf der Alarmanlage wieder übernommen und den Körper im wahrsten Sinne des Wortes – nämlich auch physiologisch – auf Überlebenskampf eingestellt.

Alle für die Notsituation irrelevanten körperlichen Systeme werden dank der durch die Amygdala eingeleiteten Ausschüttung von Hormonen und Neurotransmittern blitzschnell heruntergefahren. Dieser Cocktail wirkt sich sofort hemmend auf folgende Funktionssysteme aus:

- Verdauungssystem, Immunabwehr und das Immunsystem – denn sich fortpflanzen und Bakterien bekämpfen kann man machen, nachdem man überlebt hat.

- Reproduktionssystem, Wachstum und Gewebereparatur – auch hier gilt: erst überleben, dann verdauen und den Zellzimmerservice aufräumen lassen.

- Schmerzwahrnehmung, damit wir auch weiterrennen oder weiterkämpfen können, wenn es schon wehtut.

Gleichzeitig führen die Stresshormone zu einer aktivierenden Wirkung. Bei Stress werden buchstäblich alle körperlichen Kräfte mobilisiert:

- Schnellere Atmung mit gesteigerter Sauerstoffaufnahme durch Erweiterung der Bronchien, um mehr Energie zu bekommen.
- Steigerung von Blutdruck und Puls sowie Weitung der Blutgefäße zur besseren Versorgung auch von Gehirn und Muskeln und um besser reagieren zu können.
- Erhöhung des Muskeltonus („Anspannung"), damit schnellere Reaktionen möglich sind.
- Selektive Steigerung der Sinne, extreme Fokussierung der Aufmerksamkeit, um noch besser wahrzunehmen, was gerade passiert und um noch reaktionsschneller sein zu können.

Diese körperlichen Reaktionen sollen es uns ermöglichen, mit einer der folgenden evolutionären Strategien am Leben zu bleiben: Angriff, Flucht, Erstarren oder Schutzsuche in der großen Gruppe, vor der der Löwe hoffentlich Angst hat! Und wenn nicht, besteht immer noch die Hoffnung, dass er jemand anderen frisst.

Diese vier Strategien nenne ich die 4F. Die 4F stehen für **Fight**, **Flight**, **Freeze** und – wenn man den Schutz in der Gruppe sucht – **Flock**. Übersetzt bedeuten die 4F Angriff/Aggression, Flucht, Erstarren und Zusammenrotten. Manchmal wird in der deutschen Übersetzung für Freeze statt „Erstarren" auch „Totstellen" genutzt. Ich bevorzuge deshalb den Begriff Erstarren, weil es sich bei dem damit beschriebenen Verhalten um einen Automatismus handelt. Der Begriff „Totstellen" (auch „sich tot stellen") impliziert dagegen eine aktive, fast schon bewusste Beteiligung, die in Stresssituationen aber nicht gegeben ist. Wenn Sie schon einmal während einer Präsentation erstarrt sind, nämlich einen Blackout hatten, wissen Sie, was ich meine.

Bei den 4F handelt es sich um grundlegende, evolutionär geprägte und in ihrer Systematik genetisch festgelegte Verhaltensweisen, auch Fixed Action Patterns genannt, die sich immer dann zeigen, wenn der Stresslevel über ein moderates Niveau hinausgeht. Jedes F steht dabei als Oberbegriff für eine Reihe von Verhaltensweisen, die damals für uns Menschen und für Affenmännchen oder -weibchen auch heute noch bei der überraschenden Begegnung mit einem Löwen Erfolg versprechend wären. Wenn der Löwe weit genug weg ist, verlassen wir uns noch auf die Fähigkeiten unseres frontalen Systems. Wir suchen bewusst eine Lösung: Vielleicht können wir auf den Baum dort klettern? Aber können Löwen nicht auch klettern? Oder ins Wasser flüchten? Aber leben da nicht auch gefährliche Tiere? Kann ich mich verteidigen? All dies sind Fragen, über die wir nachdenken, und Lösungsalternativen, die wir abwägen – wenn wir die Zeit dazu haben. Das passiert, wenn wir noch moderaten Stress empfinden, also in der Mitte des umgekehrten U. Aber je näher der Löwe kommt, umso weniger glaubt unser Gehirn noch, dass Abwägen wirklich hilft – denn ab einem gewissen Zeitpunkt, weit genug rechts im U, helfen nur noch die genannten Strategien: entweder Angriff, Flucht, Totstellen oder Schutzsuche in der großen Gruppe. In der beschriebenen Situation, in der Sie der Löwe bei der Suche nach Beeren überrascht, bleibt keine Zeit mehr zum Nachdenken. Sie rennen um Ihr Leben. Und im Notfall kämpfen Sie um Ihr Leben.

Die folgende Grafik zeigt einige Beispiele der typischen Reaktionen innerhalb der 4F, die wir bei Personen unter Stress und natürlich auch bei uns selber beobachten können. Dabei kann – abhängig von der Höhe des Stresslevels – jede dieser Reaktionen von sehr milde bis zu extrem ausfallen. Auch Überschneidungen sind möglich. Selbst bei moderatem Stress zeigen sich jedoch grundsätzlich schon diese genetisch verankerten Muster. Ein verbaler Angriff, eine ungerechtfertigte Schuldzuweisung oder Ähnliches tut uns immer noch weh und löst die uralten Muster aus.

DIE 4F-STRESSREAKTIONEN

Fight/Aggression: Nicht nur direkte körperliche und die viel häufigere verbale Aggression („Müller, Sie Vollidiot!", „Was guckst du denn so bescheuert?") fallen unter diesen Punkt, sondern auch Schuldzuweisungen: „Das geht ganz klar auf Ihre Kappe." Sehr beliebt gerade im Berufsleben ist der Ruf nach Autorität: „Mal sehen, was der Chef dazu sagt!", „Einer sollte jetzt mal mit der Faust auf den Tisch hauen und klar sagen, was hier Sache ist." Genauso wie der Versuch, sich selbst als Autorität zu etablieren: „Das entscheide ich, nicht Sie!" oder auch Führung einzufordern: „Nun tun Sie doch was, Chef!" Auch den Verhaltensweisen, die sich hinter dem Begriff „Problemfokus" verbergen, sind Sie sicher schon begegnet: „Ich sehe die große Gefahr, dass …", „Wir riskieren damit, dass der ganze Laden den Bach runtergeht!", „Wir können das nicht umsetzen, weil …" Man bleibt auf diese Weise im Problem stecken, anstatt über Lösungen nachzudenken.

Flight/Flucht: Hinter diesem Begriffspaar verbergen sich Verhaltensweisen, die darauf abzielen, sich nicht mit dem Problem beschäftigen zu müssen, sich im Idealfall sogar mental (oder auch körperlich durch Verlassen des Raumes) schnell davon verabschieden zu können: „Das interessiert an dieser Stelle nun wirklich nicht", „Ich glaube nicht, dass diese Entscheidung für uns kriegsentscheidend ist", „Ganz ehrlich? Das Thema erledigt sich doch meiner Meinung nach schnell von selbst", „Ja, dann machen wir das eben so, wird schon passen."

Freeze/Erstarren: Hier verbirgt sich der gefürchtete Blackout. Wenn Sie gerne komplett den Faden verlieren, dann sind Sie hier richtig. Bei Ihrem Gegenüber erkennen Sie diesen Stressor vielleicht an Gestotter, Redewendungen wie: „Das ist doch Quatsch", „Das hat ja wohl noch Zeit" oder meist eher daran, dass Sie überhaupt nichts mehr von ihm hören, in der Situation nicht oder weil er nämlich nicht auf E-Mails oder Anrufe antwortet und sich vor Ihnen verleugnen lässt.

Flock/Zusammenrotten: Dieser Punkt ist erst seit etwa 20 Jahren auf der Agenda von Evolutionsbiologen und Verhaltensforschern zu finden und basiert auf der Beobachtung, dass Tiere im Angesicht von Gefahren ihre Interaktionsweise untereinander ändern. Büffel bilden beispielsweise einen Kreis und nehmen dabei die schwächsten Herdenmitglieder in die Mitte. Aber nicht nur das. Sie reagieren auch auf das „Schreien" eines angegriffenen Herdenmitglieds. Unter dem Titel „Lions Attack Buffaloes – Another Battle at Kruger" hat ein Video einige Berühmtheit erlangt, in dem eine Herde Büffel einem angegriffenen Kalb zu Hilfe kommt und mit der Macht der Gruppe die angreifenden Löwen vertreibt.

Den Schutz der Gruppe zu suchen ist eine Verhaltensweise, die auch wir Menschen angesichts von Gefahr oder Aggression zeigen.

Und es ist eine Verhaltensweise, die auch heute noch in vielen Lebenslagen funktioniert und oft zu beobachten ist. Wenn jemand beispielsweise nach einem verbalen Angriff unwillkürlich in Tränen ausbricht, ist dies nichts anderes als eine Reaktion seines Körpers, der sich an diese uralte Verhaltensweise „erinnert", er setzt auf Zusammenrotten. Aber Achtung: Nicht jedes Weinen ist auf Flocking zurückzuführen. Menschen weinen tatsächlich auch vor Glück und vor Rührung, ebenso wie vor Wut und Enttäuschung und vor Schmerzen. Im Zusammenhang mit Flocking signalisiert Weinen jedoch: „Ich brauche Schutz!" Andere Menschen in der Gruppe reagieren sehr häufig auf dieses Signal und bieten diesen Schutz an: „Ich denke, Herr Meyer hat durchaus einen Punkt in seiner Aussage und diesen scharfen Angriff nicht verdient!" Wenn verschiedenen Standorten eines Unternehmens die Schließung droht, werden Sie es sehr schwer haben, einzelne Mitglieder standortübergreifend zu einer vertrauensvollen Zusammenarbeit zu motivieren. Dann heißt es: Wir gegen die! Auch im Privatleben ergreift man bei einem Angriff von außen viel öfter die Partei seiner Freunde oder von Familienmitgliedern, auch wenn man selbst gar nicht wirklich von dem Standpunkt der angegriffenen Person überzeugt ist.

Eine milde Form ist in Diskussionen, ob geschäftlich oder privat, sehr häufig zu beobachten, nämlich die Suche nach Bestätigung: „Ich denke, hier stimmen wir alle überein, dass …", „Der Leiter der Entwicklungsabteilung und ich sind der Ansicht, dass …"

Viele von Ihnen sagen nun vielleicht: Moment, also „Fight or Flight"-Reaktion, das habe ich ja schon oft gehört, aber wo kommt denn der Rest nun her? Dabei sollte die Frage lauten, warum Sie von den übrigen Reaktionen noch nichts gehört haben. Denn bei der Reduzierung der möglichen Reaktionen auf „Fight or Flight" handelt es sich einfach um einen veralteten wissenschaftlichen Stand, der allerdings immer noch von vielen, die nicht auf der Höhe der Forschung bleiben, immer wieder repliziert wird.

„Fight or Flight“ ist geprägt durch Walter Cannon. Jeffrey Grey schlug deutlich später dann die „Freeze“-Reaktion ähnlich dem Totstellen/Erstarren vor. Noch neuer ist der Vorschlag des „Flock“, jedoch unter der sperrigen Bezeichnung „Tend and Befriend“ mit dem aus meiner Sicht vollkommen unzutreffenden Hinweis, dass dies üblicherweise eine eher für Frauen typisch genutzte Strategie sei.

Eine ganz ähnliche Funktion im Hinblick auf Flocking wie das Weinen kann übrigens auch das Lachen erfüllen. Soziales Lachen spielt eine wichtige Rolle in der sozialen und nonverbalen Kommunikation. Lachen ist eine Aktivität, die auf evolutionärer Grundlage die Gruppenbindung fördert. Für hoch entwickelte Primaten wie uns Menschen ist gemeinsames Lachen nämlich so eine Art „Lausen auf Distanz”. Und es steckt so tief in uns, dass sogar Babys instinktiv lächeln, ohne zu wissen, dass sie es und warum sie es tun. Genau wie manchmal im Stress auch wir. Wir alle kennen diese Menschen, die zu spät zu einem Meeting kommen oder ein Glas auf den Boden fallen lassen und dann anfangen zu lachen.

2.1.2 4F in der Praxis

Stellen Sie sich vor, dass Ihrem Unternehmen ein größeres Geschäft durch die Lappen gegangen ist, weil eine aussichtsreiche Kundenanfrage einfach im Spamfilter Ihres Mailprogramms hängen geblieben ist. Über Umwege kommt heraus, dass sich der Kunde ausschließlich deshalb für einen Mitbewerber entschieden hat, weil Sie nicht auf seine Anfrage reagiert haben. Zumindest teilte er das so mit. Es beginnt daraufhin das beliebte Spiel der Schuldzuweisung und Sie sind als aktiver und passiver Mitspieler mittendrin: „Meyer, das darf doch nicht wahr sein. Diesen Deal hätten wir machen können und er hätte uns gerade in der jetzigen Situation sehr geholfen. Das geht auf Ihre Kappe!“

Jetzt haben Sie eine ganze Reihe von Optionen, wie Sie gestresst auf diese Schuldzuweisung reagieren könnten. Alle haben gemeinsam, dass sie nicht besonders konstruktiv sind. Und dass sie sich – übrigens genau wie die ursprüngliche Schuldzuweisung – unter einem der 4F einordnen lassen. Ich bitte Sie, sich bei jeder aufgeführten Reaktion zu überlegen, zu welchem F sie gehören könnte. Vielleicht erkennen Sie sich in einer der Reaktionen ja auch schon wieder. Meine Einschätzungen finden Sie in den Klammern.

1. Sie könnten zum Beispiel einfach gar nichts tun und warten, bis der Sturm vorüberzieht. Die Sache ist ja nun auch schon passiert und morgen kommt vielleicht eine neue Anfrage. (Freeze)

2. Sie könnten abwiegeln. Das war schließlich nur eine einzige Anfrage! Eine Anfrage und kein Deal! Keiner weiß, ob sich daraus überhaupt etwas entwickelt hätte. (Flight, wenn Sie damit das Thema oberflächlich abwiegeln, Fight, wenn Sie damit die Glaubwürdigkeit der eben getroffenen Aussage angreifen wollen.)

3. Sie könnten Ihrerseits mit Schuldzuweisung beginnen. Wahlweise gegenüber dem potenziellen Kunden, weil der ja offensichtlich auf irgendwelchen Blacklists steht oder seine Mails spamverdächtig formuliert. Oder Sie könnten die Schuld auf Ihren IT-Administrator abwälzen, der die Filterkriterien so scharf eingestellt hat. Sie könnten auch den Hersteller des Mailprogramms verfluchen, schließlich haben Sie ja gleich gesagt, dass man mit yz nur Ärger hätte und mit xy viel besser gefahren wäre. (Fight)

4. Sie könnten sich mit dem Hinweis verteidigen, dass das ja wohl jedem schon einmal passiert sei. Derjenige werfe den ersten Stein, der jeden Abend seinen Spamordner kontrolliert. Von Müller wüssten Sie beispielsweise ganz genau, dass er letztes Jahr im Dezember eine Anfrage unbeantwortet gelassen hat ... (Flock für den Teil, dass es jedem hätte passieren können, der Hinweis mit Müller ist Fight.)

5. Sie könnten auch vor Wut schreien und irgendwas vom Tisch fegen und später zu Hause Ihren Partner wegen einer Kleinigkeit anschreien. (Fight)

6. Sie könnten in Tränen ausbrechen und sagen, wie leid ihnen alles tut, dass es nie wieder vorkomme und Sie schon immer Probleme mit systematischem Arbeiten gehabt hätten, und den Chef anflehen, dass es keine Abmahnung gibt. (Flock)

Wenn Sie die Situationen durchgegangen sind und die Auflösung in der Klammer gelesen haben, dann wissen Sie jetzt auch, dass sich die 4F gern selbst zusammenrotten. Gern werden auch mal zwei oder drei Reaktionen kombiniert.

Auf welche Strategie wir individuell zurückgreifen, ist ganz offen und sehr stark situationsabhängig. Natürlich spielen unsere Persönlichkeit wie auch die gelernten Muster immer in den Auswahlprozess hinein, denn wir alle haben durch die Persönlichkeit eine bestimmte Veranlagung bezüglich der Frage, wann wir welche 4F-Reaktion zeigen.

Stattdessen lässt sich aber relativ sicher vorhersagen, inwiefern Menschen denn überhaupt zu Stressreaktionen neigen. Denn es gibt Persönlichkeiten, die sich auf dem umgekehrten U eher links oder eher rechts wiederfinden. „Linkslastige" Persönlichkeiten haben eine hohe Robustheit gegenüber Stress. Sie haben wahrscheinlich noch nie die ganz heftigen Reaktionen wie einen Blackout erlebt und auch die anderen 4F zeigen sich bei diesen Menschen höchstens moderat und nur kurz und selten. Sie haben einen höheren Stress-Schwellenwert. „Rechtslastige" Persönlichkeiten neigen dagegen eher zu Stress, Blackouts und zu extremen Stressreaktionen. Wenn Sie sicher wissen möchten, ob Sie auf dem U eher nach rechts oder eher nach links tendieren, können Sie dazu auf unserer Website (www.handlingshit.de/TestU) einen kostenlosen Test durchführen. Dieser sagt Ihnen, wie stark Ihre Neigung zu intensiven Stressreaktionen ist oder eben auch nicht.

Die 4F in Ihrem Ablauf der Stressreaktion sind genetisch vorprogrammiert. In welchen Situationen wir aber welche Reaktion zeigen, das haben wir im Wesentlichen im Laufe unserer Entwicklung und unseres Erwachsenwerdens gelernt: Welche Strategie hat in welcher Situation für uns selbst am besten funktioniert? Dass die Strategie funktioniert hat, muss nicht bedeuten, dass die gewählte Strategie auf lange Sicht die Beste für uns sein muss. Wir können sogar Strategien lernen, die auf lange Sicht schädlich für uns sind (beispielsweise Flucht in Drogen, totale Konfliktvermeidung et cetera). Die, die kurzfristig gut passen, werden auch zukünftig in den Stresssituationen immer wieder gezeigt. Wir „wählen" also die Strategie, die unseren Stress für uns am schnellsten und effektivsten lindert.

Tatsächlich haben uns die vier Strategien über Jahrmillionen gute Dienste geleistet. Die ersten Vertreter unserer Gattung, nämlich der Gattung Homo, traten vor zwei bis drei Millionen Jahren auf und hatten diese Bewältigungsstrategien womöglich bereits von ihren Stammeltern geerbt. Für unsere heutige Lebenswelt sind diese Strategien ein teils schweres bis destruktives Erbe – was daran liegt, dass der „Empfänger" der Stressreaktion heute meist ein Mitmensch ist und eben nicht mehr der Löwe. Wenn ein Kollege von Ihnen auf seinen Stress beispielsweise mit einer Schuldzuweisung reagiert und es trifft ausgerechnet Sie, weil die Situation das nun einmal gerade so hergibt, dann ist der initiale Stressauslöser Ihres Mitmenschen ja nicht einfach verschwunden. Stattdessen haben jetzt Sie und er Stress. Sinnvoll erscheint das auf den ersten Blick nicht. Und gerade deshalb ist es für uns entscheidend, diese Strategien identifizieren zu können, um zu verstehen, welche Funktion die jeweilige Reaktion für das Individuum hat.

Wenn Sie morgens in der Küche halb verschlafen eine volle Kaffeetasse umschmeißen und eine riesige Sauerei in Form eines auf abgestandenem Kaffee basierenden Star-Wars-Sternenmusterfleckens auf der Tapete machen, dann könnte eine typische Reaktion sein – Sie haben so etwas bestimmt schon erlebt –, ins Blaue hinein zu meckern: „Welcher Idiot hat die Tasse dorthin gestellt?!" Es könnte

Ihnen nun gut und ebenso laut etwas entgegenschallen wie: „Mach halt mal deine Augen auf. Selber Idiot." Innerhalb von Sekunden entwickeln sich der schönste Streit, Schreierei und Stress.

Sie wissen schon, dass es sich bei Ihrer Reaktion um eine Fight-Reaktion handelt. Sie suchen – dabei handelt es sich um den Klassiker – nämlich einen Schuldigen. Wer ist der Idiot, der uns diesen Stress aufgehalst hat? Die Suche nach einem Schuldigen beinhaltet nämlich vor allem, dass Sie selbst NICHT schuld an der Sauerei sind. Jemand anderes ist schuld und das beweist ja wohl, dass Sie nach wie vor alles unter Kontrolle haben – hach, wie beruhigend! Die Schuldzuweisung erfüllt für Sie die Funktion eines Ventils, um den emotionalen Aufruhr loszuwerden. Leider reichen Sie auf diese Weise Ihren Stress nur an den Lebensgefährten oder die Lebensgefährtin weiter: Diese/r fühlt sich durch Ihre Aggression mindestens unfair behandelt und herabgesetzt. Denn schließlich haben ja Sie die Tasse umgeworfen und niemand sonst. Sie sind doch der Idiot! Oder zumindest, ein bisschen fairer ausgedrückt, sind Sie in diesem Moment nicht aufmerksam gewesen. Die von Ihnen angegriffene Person lässt ihr limbisches System die Sache lösen und greift ebenfalls auf eine der bewährten 4F-Strategien zurück. Der SHIT kommt deshalb selbstverständlich postwendend zu Ihnen zurück. Sie streiten sich. Für den Rest des Tages wird geschmollt. Bei der Arbeit sind Sie unkonzentriert oder lassen jemand gänzlich Unbeteiligten büßen. Und das macht dann wieder dem Nächsten Stress: Geteilter Stress ist doppelter Stress!

Sie haben aber auch die Möglichkeit – egal welche dieser Personen Sie sind –, sich zu fragen, wie viel vom Stress wirklich mit Ihrem Gegenüber und wie viel mit Ihnen selbst zu tun hatte. Und genau das sind die entscheidenden Fragen, um die richtige Haltung gegenüber Stress zu entwickeln und SHIT-Situationen zu meistern.

Ihr Verhalten und ebenso das Verhalten Ihres Gegenübers ist in eine Kette aus Aktionen und Reaktionen eingebunden. Viele dieser Reaktionen sind unbewusste Affektreaktionen auf Situationen, die wir als stressig erleben. Wir erleben diese Situationen als stressig, wenn es einen Stressor gibt, also einen Reiz, der uns unsicher werden lässt (genauer schauen wir uns das in Kapitel 3.1 an), einen Konflikt abbildet oder ungünstige Veränderungen zu erwarten sind. Aber eine weitere, für Ihren persönlichen Fortschritt extrem wichtige Erkenntnis ist, dass eben nicht immer Ihr eigenes Verhalten oder Ihre Persönlichkeit der Auslöser für diese Reaktionen gewesen sein müssen. Wenn in Ihrer Umgebung ein großer Böller in die Luft fliegt, dann hat das erst einmal wenig mit Ihnen zu tun, auch wenn Sie die Druckwelle spüren und den Knall hören. Nicht alles sollte Ihnen gleich nahegehen, nicht jede Reaktion eines anderen Menschen Ihnen gegenüber enthält eine Information über Sie. Nicht alles ist ein Grund, sich nächtelang zu hinterfragen.

Sie können darüber hinaus lernen, Ihr limbisches System zu steuern, um auch in kritischen Situationen die Kette aus Affektreaktionen zu unterbrechen und stattdessen überlegt und zu Ihrem Vorteil zu agieren. Durch ein besseres Verständnis von kritischen Situationen und deren Auslösern werden Sie wirksamer mit schwierigen Personen umgehen können und gleichzeitig sich selbst besser verstehen. Und dadurch werden Sie sich vor Stress schützen können.

Die meisten von uns verbringen ihr Leben nun nicht mehr unter der sengenden Sonne der Savanne. Beeren kaufen wir auf dem Markt und die Wahrscheinlichkeit, dass wir von einem Löwen angegriffen werden, ist verhältnismäßig gering. Trotzdem spielen die genetisch programmierten Reaktionsweisen auf Stress eine große Rolle in unserer Lebenswelt und in unserer beruflichen Realität. Sie lenken unser Verhalten seit tiefster Vorzeit und bestimmen unser Verhalten in Stresssituationen noch immer. Dabei muss es gar nicht mehr um Leben und Tod gehen. Um Stress zu erzeugen, reicht es aus, wenn wir uns in einem Meeting angegriffen fühlen oder wenn jemand unsere PowerPoint-Folie kritisiert. Das Ziel des Gehirns ist nämlich erst einmal das Überleben bei lebensgefährlichen Stressoren; es ist nicht neurologisch optimiert, um in Meetings souverän auf verbale Angriffe reagieren zu können. Diese uralten und tief in uns angelegten Strategien sind auch der Grund, warum noch heute beispielsweise ein Vertriebsleiter, der sich in die Ecke gedrängt fühlt, aggressiv reagiert – mit einem verbalen Gegenangriff.

Tatsächlich liegen die meisten – wenngleich auch nicht alle – Stressoren heute in unserer westlichen Lebenswelt im sozialen Bereich. Wenn wir es mit SHIT-Momenten zu tun haben, dann geht es heute vor allem um den Umgang mit schwierigen Personen, die bei uns Stress auslösen. Eine Typisierung der schwierigsten Persönlichkeiten schauen wir uns im Folgenden an.

Zuvor noch eine Anmerkung, die Sie vielleicht insbesondere an dieser Stelle überraschen wird: Stress ist nicht per se schlecht. Ich bin kein Freund davon, Stress komplett „wegzuatmen“ und alles dafür zu tun, die ganze Zeit nur noch „Zen“ zu sein. So nannte der Mediziner Hans Seyle, der als „Vater der Stressforschung“ gilt, Stress sogar „die Würze des Lebens“. Das Konzept von Eustress (guter Stress) und Disstress (schlechter Stress), in dem verschiedene Stressoren anhand der psychologischen Bewertung als gut oder schlecht eingeteilt werden und entsprechend auch auf die Gesundheit wirken, ist aus meiner Sicht ein falsches Konzept, dessen wissenschaftliche Grundlage vage ist. Dennoch möchte ich auf den Punkt von Herrn Seyle noch einen draufsetzen, denn: Stress ist wünschenswert! Das umgekehrte U sagt genau das. Es ist der Stress, der uns erst in die Nutzung unseres frontalen Systems bringt. Stress macht uns, bis zu einem gewissen Level, also klug und leistungsfähig – was sehr wünschenswert ist.

Moderater Stress steigert unsere Aufmerksamkeit und Konzentration, wir werden leistungsfähiger und motivierter. Diese Art von Stress empfinden wir beispielsweise, wenn wir uns beim Sport richtig reinhängen, wenn wir einer Arbeit nachgehen, die uns liegt und die genau das Maß hält zwischen Routine und zu bewältigender Herausforderung – wenn wir im Flow sind.

Stress ist ein wichtiger Teil des Lebens. Das zeigt schon das umgekehrte U. Wer schon einmal unter Stress gehandelt und etwas Besonderes geleistet hat, etwas, worauf er noch heute stolz ist, der weiß, was ich meine. Als ich meine Doktorarbeit schrieb, begann diese mit einer langen und tollen Phase der Recherche, des Verstehens, des In-das-Thema-Einarbeitens und des Bauens meiner Theorie. Das hat mir großen Spaß gemacht, das fand ich wirklich super. Gern habe ich stundenlang neue Aha-Momente gesammelt und ich konnte spüren, wie ich immer mehr verstand, während ich mich in das Thema reinfräste. Das Endergebnis war eine insgesamt fünf DIN-A3-Blätter große Mindmap, die die gesamte Doktorarbeit im Detail skizzierte: Welcher Gedanke soll in welchem Kapitel stehen und wo soll dieser später dann wieder aufgenommen werden? Ich hatte alles voll durchgeplant. Damit kam aber nun die blöde Phase. Denn nun galt es einfach nur das bestehende Gedankengebäude zu formulieren und niederzuschreiben. Es folgten für mich 300 noch nicht geschriebene Seiten Langeweile. Am liebsten hätte ich hier gesagt: „Ach komm, der Titel ist dir gar nicht so wichtig, lass mal den Mist. Hast ja auch viel zu tun im Job, das ist wichtiger, lass mal gut sein." Aber da war noch die Sache, dass es bisher ja nur meine Gedanken waren. Ich könnte ja mit allem falschliegen. Erst wenn renommierte Professoren ihr Okay geben würden, wüsste ich, dass das Produzierte gut wäre.

Mit diesem Gedanken machte ich mich auf die Reise und suchte aktiv nach einem Stressor – und eine Doktorarbeit vor einem Tribunal von Professoren verteidigen zu müssen ist nicht gerade stressbefreit, ganz im Gegenteil. Als ich merkte, dass ich nicht in Gang kam, stattete ich meinem Doktorvater Professor Birger P. Priddat einen Besuch ab und erklärte ihm, dass ich nun schon die ersten Kapitel fast fertig hätte und diese gern in rund einem Monat mit ihm besprechen würde. Also machten wir einen Termin. Sie ahnen es schon, oder? Ich hatte noch nicht ein Wort auf dem Papier. Aber jetzt hatte ich richtig Stress – so einen renommierten Top-Professor, den wollte ich ja nicht enttäuschen. Also schrieb ich noch am selben Abend die ersten Zeilen. Es war gut für mich, hier Stress zu haben.

Der Philosoph Nassim Taleb schreibt in seinem Buch „Antifragilität“, dass es die Stressoren sind, die uns sogar noch stärker machen – wir kennen die Idee vom Immunsystem, das nach dem Stressor eines Bakteriums nachher auch stärker ist.

Stellen Sie sich vor, Sie müssten nicht mehr arbeiten. Endlich Ruhe vor den ganzen Idioten ... Was auf den ersten Blick wie ein Paradies erscheint, kann schnell zur Hölle werden. Denn nicht nur würden Ihnen Aufgaben und soziale Kontakte fehlen, wenn Sie nicht in der Lage sind, sich schnell ein neues Netzwerk aufzubauen, sondern tatsächlich bauen die meisten Menschen ab, wenn sie sich geistig und körperlich weniger anstrengen, weil sie nicht mehr gefordert werden. Und dieser Abbau ist ein schleichender Prozess, weshalb er auch den meisten Ruheständlern selbst gar nicht bewusst ist.

Schauen wir uns dazu nochmals an, was Stress eigentlich ist. Stress ist das Gefühl, dass wir gerade keine Kontrolle mehr über das haben, was gerade passiert. Es ist genau dieses Gefühl der Kontrolllosigkeit, das zu einer Stressreaktion führt und dafür sorgt, dass verschiedene Neurotransmitter und Hormone ausgeschüttet werden. An der Grenze des Kontrollierbaren zu sein, das heißt eben auch zu wachsen und besser zu werden – in der Komfortzone hat noch nie viel Entwicklung stattgefunden.

Aber was passiert mit Menschen, die systematisch immer weniger Stressoren haben, die auf sie einprasseln? Denken Sie vielleicht auch mal an Ihren persönlichen Bekanntenkreis, an Menschen, die kürzlich in Rente gegangen sind. Menschen, die im Berufsleben noch durch die Welt geflogen sind und die auf einmal sogar Angst haben, mit dem Auto in die nächste Stadt zu fahren. Dieser Effekt ist nämlich das Spannende an totaler Stressvermeidung. Denn wenn wir immer weniger Stressoren erleben, erleben Sie auch immer weniger das Gefühl, dass Sie einen Stressor bewältigen können. Dass Sie eben in die andere Stadt gefahren, in ein fremdes Land oder gar auf einen anderen Kontinent geflogen sind. Und dass das am Ende sogar gut war. Wenn Sie, konfrontiert mit einem Stressor, trotzdem Ihr Ding durchziehen und sich selbst beweisen, dass Sie das können, lernt unser Gehirn: „Okay, das ist jetzt eigentlich kein Stressor für mich." Genau das habe ich erlebt, als ich mit Anfang 20 allein für zwei Wochen nach San Francisco flog, um an einer Konferenz teilzunehmen. Ganz allein auf einem Kontinent, auf dem ich bis dahin noch nicht war. Das war Stress. Was habe ich mir über die kleinsten Kleinigkeiten Gedanken gemacht. Finde ich den Taxistand und komme ich am Hotel an?! Das war echt ein Gedanke, den ich mir gemacht habe. Ein paar Monate später ging es geschäftlich allein nach Schweden, auch da war ich noch nicht gewesen. Wo ich noch vorher echten Stress gehabt hätte, dachte ich nun: „Ach, so eine Kleinigkeit, nur ein paar Tage, nicht mal ein anderer Kontinent."

In diesem Sinne wachsen wir mit und sogar durch den Stress an unseren eigenen Aufgaben. Je größer die Stressoren sind, die wir aufnehmen, und je besser wir während des Stresses damit umgehen, umso eher lernt unser Gehirn, dass dieser Stressor gar nicht wirklich zu einem Kontrollverlust führt. Und in der Zukunft sinkt in ähnlichen Situationen die Stressreaktion ab. So wie ich es mit meinen Auslandsreisen erlebt habe. Wenn Sie darauf achten, immer weniger und weniger und weniger Stress zu erleben, kann es sein, dass Sie immer sensibler werden und dann bereits kleinste Stressoren auf Sie genauso intensiv wirken wie vorher der große Stressor.

Einzig und allein eine Art von Stressor sollten Sie immer meiden. Das ist der schon erwähnte antizipative oder antizipatorische Stress. Wenn Sie heute Angst haben, dass ein Meeting in der nächsten Woche schiefgeht, Sie deswegen bereits seit Tagen gestresst durch die Gegend laufen und jeden Tag an dieses Meeting denken und sich ausmalen, wie schlimm das wird, ohne dass Sie aber in diesem Moment etwas dagegen tun könnten, dann bezieht sich Ihr Stress auf ein mögliches zukünftiges und nicht beeinflussbares Ereignis.

Das ist nicht wirklich hilfreich, zumal Sie dann in dieses Meeting reingehen und es passiert vielleicht gar nichts. Danach denken Sie: Gut, wenn jetzt nichts passiert ist, aber bestimmt übernächste Woche. Und dann laufen Sie wieder mit chronischem Stress durch die Gegend.

Stress an sich ist also gar nicht so ein Problem. Chronischer Stress dagegen ist ein Problem. Mit chronischem Stress, also einer viel zu lange andauernden Stressreaktion im Körper, stehen auch die negativen Effekte und Stresserkrankungen in Verbindung. Sie müssen deshalb darauf achten, dass Sie immer wieder Inseln der Ruhe finden. Momente, in denen Sie wirklich mal runterkommen. Und dabei können sämtliche Entspannungsmethoden und Praktiken wunderbar helfen. Ob es Meditation oder Achtsamkeitstraining, Yoga oder progressive Muskelentspannung ist oder einfach nur ein Spaziergang im Wald. Oder Sport – oder was auch immer für Sie funktionieren könnte. Alles, was helfen kann, dass Ihr Körper die Zeit findet, um aus dem Stress herauszukommen. Diese Inseln der Entspannung sollten Sie sogar täglich aufsuchen, das hat sich erprobt. Wenn Sie das hinbekommen, ist die Wahrscheinlichkeit sehr gering, dass Sie in dem Maße negativ von Stressoren beeinflusst werden, dass es gesundheitlich relevant wird. Achten Sie also vor allem auf Ihren antizipativen Stress, sorgen Sie für Entspannungsinseln und trauen Sie sich immer wieder mal ein bisschen mehr zu, als Sie glauben, sich zutrauen zu können. Denn dann werden Sie die Erfahrung machen, dass Sie auch diese Momente im Griff haben. Schließlich wird Sie diese Erfahrung robuster und stabiler gegenüber Stress machen.

Wir werden uns diesen angestrebten Inseln der Entspannung und den Wegen auf diese Inseln im Kapitel „Ruhe im Kopf“ nochmals intensiv zuwenden. Aber bevor wir zur Ruhe kommen, kommen wir zu den Faktoren, die uns richtig Stress machen. Welche Typen sind das, die uns dazu zwingen, unsere Inseln der Ruhe aufzusuchen?

2.2 HYPOKRITEN

Hypokriten (Heuchler) sind Menschen, die gegenüber anderen Menschen das eine anmahnen, aber selbst das andere machen. Sie sind eine Sonderform des Idioten. Weil in SHIT H aber vor I kommt, nehme ich mir die Freiheit, die Hypokriten vorzuziehen. Der Umgang mit solchen Menschen ist ein häufiger Auslöser von Stress. Und zwar gleichermaßen im Privatleben wie auch im Job. Es ist wichtig zu verstehen, wie diese Menschen ticken, die verbal für sich die höchsten Standards reklamieren, aber diesen Standards selbst nicht gerecht werden. Denn erst dieses Verständnis, im Sinne von Verhalten verstehen, nicht im Sinne von billigen, bietet die Grundlage für die Antworten, die wir benötigen, um strategisch mit diesen Personen umzugehen.

Nicht jede Hypokrisie, also Heuchelei, scheinheiliges Verhalten et cetera, ist bedenklich. Im gewissen Sinne sind wir alle sogar Hypokriten. In dem einen oder anderen Bereich verpflichten wir uns alle einem Idealbild und streben dieses an, wohl wissend, dass wir an einigen Stellen noch einen langen Weg vor uns haben – und es teilweise gar nicht möglich ist, in Perfektion im Sinne unseres eigenen Ideals zu leben. Dies gilt umso mehr, je höher und größer die eigenen Ideale sind. So könnten Sie sich einer gesunden Lebensweise verpflichtet fühlen. Sie achten dann zum Beispiel sehr genau auf Ihre Ernährung und auf ausreichend Bewegung. Und rauchen trotzdem. Viele von uns fühlen sich auch einem großen religiösen oder philosophischen Ideal verpflichtet. Dennoch gelingt es uns nur in den seltensten Fällen, diesem Ideal immer und jederzeit gerecht zu werden. Und das ist okay. Denn das Wesen eines Ideals ist, dass man nur versuchen kann, sich diesem anzunähern. Das ist eine unproblematische – vielleicht sogar eine wünschenswerte – Form der Hypokrisie, geht sie doch einher mit einem Bestreben, besser zu werden, und dem Bewusstsein, nicht perfekt zu sein. In solchen Fällen kann es natürlich trotzdem dazu kommen, dass ein Dritter ein bestimmtes Verhalten als nicht im Einklang mit den postulierten Standards identifiziert und das auch benennt. Hier hilft oft bereits ein offenes Gespräch mit konstruktivem Feedback. Um dem eigenen Ideal gerecht zu werden, wird dann der Akteur in der Regel gern das Feedback aufnehmen und an sich arbeiten, mal bewusst, mal unbewusst. Auch wenn am Ende dieses Prozesses eine unterschiedliche Bewertung stehen bleibt, werden aus solchen Situationen – zumindest wenn kein rebellischer Teenager eingebunden ist – in der Regel nicht die kritischsten SHITuationen.

Auf unternehmerischer Ebene lassen sich solche Probleme nicht ganz so leicht aufarbeiten. Ich erlebe in der Beratung sehr häufig Fälle, die nach dem Prinzip „Wasch mich, aber mach mich nicht nass" ablaufen. Ein Kunde fordert ein Ergebnis ein. Er will sein wahrgenommenes Problem nicht mehr haben. Aber gleichzeitig ist keine Bereitschaft da, an diesem Prozess mitzuarbeiten, zu investieren und sich selbst zu verändern. Das ist insbesondere dann problematisch, wenn dadurch nötige strukturelle Veränderungen im Unternehmen blockiert werden. So könnte ein Unternehmer beispielsweise von seinen Mitarbeitern in einer Rundmail das papierlose Büro einfordern und dies der Beginn einer problematischen Hypokrisie sein. Nämlich, wenn dieser Unternehmer kurz darauf eine andere E-Mail ausdruckt, den Ausdruck per Hand beschreibt, um diesen per Fax zurück an den Absender zu senden. Für die Mitarbeiter ist die gewünschte Veränderung dann selten ein glaubhaftes Ziel, wird hier doch durch den Unternehmer das Gegenteil vom gewünschten Verhalten vorgelebt.

Oft wehrt sich sogar das Unterbewusstsein aktiv gegen eine Veränderung, denn jedes Problem, wie auch jede Diagnose, haben auch ihre Vorteile. In der Psychologie werden diese als positiv empfundenen Seiten unter dem Begriff Krankheitsgewinn erklärt. Wenn jemand krank ist, kann er mit Folgendem rechnen:

- von Alltagspflichten entbunden zu werden,

- Anteilnahme/Mitleid/Mitgefühl zu erfahren und/oder
- von seiner Umwelt schonend behandelt zu werden und Hilfe zu erfahren.

Auf der ersten Ebene liegen die direkten Vorteile, die der kranke Mensch aus seinen Symptomen zieht: Zum Beispiel kann er dadurch als unangenehm empfundenen Situationen oder Konflikten aus dem Weg gehen. Auf einer zweiten Ebene (sekundärer Krankheitsgewinn) bestehen äußere Vorteile, die der kranke Mensch aus bestehenden Symptomen ziehen kann, wie dem Zugewinn an Aufmerksamkeit und Beachtung durch seine Umwelt. Dies ist in den allermeisten Fällen aber keine bewusste Abwägung, sondern eine unbewusste Logik, die den Betroffenen meist selbst nicht auffällt.

Der Stress auslösende Faktor von Hypokrisie wächst mit der Divergenz von postulierten Standards und akut gezeigtem Verhalten. Er wird also anwachsen, wenn gefordertes/angekündigtes und gezeigtes Verhalten entweder gar nichts mehr miteinander zu tun haben oder sehr weit auseinanderliegen. Insbesondere Führungskräfte müssen sich diesen Effekt immer wieder verdeutlichen: Ihr eigenes Verhalten hat direkten Einfluss auf die Performance und die Motivation der eigenen Mitarbeiter. Stellen Sie sich vor, eine Führungskraft fordert von Mitarbeitern das Übernehmen von Verantwortung, Proaktivität und kreatives Gestalten ein, lässt aber gleichzeitig keine Handlungsspielräume zu, innerhalb deren Verantwortung übernommen werden kann. Oder die Führungskraft gibt die erwarteten Ergebnisse im Detail vor, stellt aber keine entsprechenden Ressourcen zur Verfügung. Der betroffene Mitarbeiter ist dann in der Zwickmühle. Wie soll er seine Aufgabe lösen? Kann er seine Aufgabe überhaupt lösen?

Die Hypokrisie-Problematik beschäftigt beispielsweise unter dem Stichwort „agile Methoden“ aktuell viele Unternehmen und somit auch viele Mitarbeiter. Bei agilen Methoden, wie beispielsweise der aus der Softwareentwicklung übernommenen SCRUM-Methode, geht es darum, dass man von der früheren Art der Projektplanung abkommt, bei der man schon heute einen Plan hat, welches Feature und welcher Arbeitsschritt in fünf Monaten bearbeitet wird. Es wurde inzwischen verstanden, dass langfristige Planung in einer dynamischen Welt viel Zeit kostet und oft sinnlos ist, weil eben nicht bekannt ist, was in ein paar Monaten sein wird. Eine regelmäßige Neuplanung ist die Folge. Agile Methoden gehen damit anders um: Sie lassen diese Unsicherheit zu. Geplant wird nur iterativ und auf kurze Zeithorizonte, aber mit dem Ganzen im Blick. In einem kurzen Zeitraum arbeitet man an der Sache, schaut, wie weit man innerhalb des Sprints kommt, und plant auf der erreichten Basis den nächsten Zeitraum und so weiter. Der Planungsaufwand ist wesentlich geringer, im Fokus steht der Fortschritt. Nur hat auch die agile Methode ein Problem: Wir wissen eben nicht genau, wo wir am Ende ankommen werden.

Agilität ist darüber hinaus ein modernes Buzzword geworden, Dinge agil zu managen ist modern und der moderne Manager fordert dementsprechend Agilität von seinem Team. Gleichzeitig zwingen ihn die Strukturen aber, langfristig zu planen, von Budgets bis hin zur genauen Beschreibung, was am Ende inhaltlich rauskommen soll. Denn er wird an den Ergebnissen gemessen. Er fordert: Macht alles agil. Tatsächlich aber plant er das Projekt im Detail durch, denn es muss am Ende mit diesem Budget genau das geplante Ergebnis mit den definierten Funktionen rauskommen. Und schon haben wir den perfekten, aus einer Zwickmühle geborenen Hypokriten, der nun gleichzeitig zwei sich sehr unterscheidende und widersprechende Ansätze fordert. Und das oft, ohne sich dessen bewusst zu sein. Diese Zwickmühle kann sogar dazu führen, dass nicht nur die Mitarbeiter, sondern auch der Hypokrit selbst gestresst werden. Dann nämlich, wenn er als Manager mehrfach die Umsetzung gefordert hat und nicht versteht oder bemerkt, warum seine

Mitarbeiter die Vorgabe nicht umsetzen können. Er wird höchstwahrscheinlich den damit einhergehenden Kontrollverlust als Stress empfinden. Wenn er aus dieser Stresssituation heraus vielleicht immer aggressiver die Veränderung einfordert, haben wir es mit einem gestressten Hypokriten und mit echten SHIT-Momenten zu tun.

Von den Mitarbeitern wird diese Konstellation zum einen natürlich als extrem unfair wahrgenommen werden. Zum anderen wird sich der einzelne Mitarbeiter in seinem Status und seiner Sicherheit bedroht sehen. Denn was wird wohl mit ihm passieren, wenn er die Aufgabe nicht oder nicht so lösen kann, wie erwartet? Das gilt umso mehr, wenn die Führungskraft lautstark und deutlich, vielleicht sogar vor versammelter Mannschaft, ihren Unmut zu Protokoll gibt. Zusätzlich zum antizipatorischen Stress, den sich der Mitarbeiter schon selbst macht, kommt der Stress von außen dazu. Wir haben es dann mit echten SHIT-Momenten zu tun. Spannenderweise sind sich dabei die Hypokriten in den meisten Fällen nicht über ihr Verhalten – und damit auch darüber, was sie damit auslösen – im Klaren. Diese spezielle Art von Hypokrisie kann sogar zu einer echten Idiotie werden, vor der man kapitulieren könnte, wenn man nicht weiß, wie man damit umgehen soll.

2.3 IDIOTEN

Was ist eigentlich ein Idiot und wie verwenden wir hier diesen Begriff? In der Medizin war „Idiotie“ noch bis ins frühe 20. Jahrhundert als Diagnose bestimmter Formen geistiger Behinderung gebräuchlich. Für uns soll an dieser Stelle ein Idiot jemand sein, dessen Verhalten als in ärgerlicher Weise dumm und unsinnig angesehen wird. Aber dann müssen wir wiederum definieren, was „dumm“ ist, wenn der Begriff mehr fassen soll als alle Verhaltensweisen, die uns selbst – warum auch immer – nicht in den Kram passen. Wir haben es also mit einer schwierigen Antwort auf eine einfache Frage zu tun. Nun könnten wir uns an einen scheinbar objektiven Maßstab halten, nämlich den bekannten Intelligenzquotienten (IQ), und annehmen, dass die Wahrscheinlichkeit, ein Idiot zu sein, in dem Maße steigt, in dem der IQ sinkt. Idiotie wäre dann jedoch eine Eigenschaft eines Menschen, eine absolute Kategorie. Jemand wäre immer ein Idiot, genauso wie jemand mit hohem IQ immer intelligent handeln würde. Diese Definition widerspricht natürlich komplett unserer Lebenserfahrung und übrigens auch der Definition eines IQ. Denn wir erleben in unserem Alltag ja immer wieder relativ schlaue Leute, die echt dumme Sachen machen. Und umgekehrt erleben wir natürlich auch relativ dumme Leute, die echt schlaue Sachen machen. Schließlich werden jedem von uns Situationen einfallen, in denen wir uns wie Idioten benommen haben. Aber ich bin mir ganz sicher, dass Sie deshalb ja nicht grundsätzlich von sich sagen, dass Sie wirklich ein Idiot sind.

Können wir uns vorstellen, dass jemand hochbegabt ist, mit einem IQ von 130 und mehr, und sich trotzdem wie ein Idiot verhält? Wir alle kennen den sprichwörtlichen Hochbegabten, der nicht lebensfähig beziehungsweise alltagstauglich zu sein scheint. Diese Person hätte ja in jedem Fall das Potenzial, sich nicht wie ein Idiot zu verhalten, macht aber in speziellen Situationen keinen

Gebrauch von diesem Potenzial. Die Annahme hätte für uns alle den Charme, dass Idiotie eben keine absolute Kategorie wäre, keine feste Eigenschaft eines Menschen, sondern ein bestimmtes Verhalten in bestimmten Situationen. Und so ist es zum Glück auch. Und selbst wenn man mit weniger Intelligenz ausgestattet ist, macht einen das nicht automatisch zu einem Idioten. Denn Dummheit oder Idiotie ist nicht das Gegenteil von Intelligenz. Intelligenz bietet das Potenzial, nicht dumm zu agieren. Andersherum wäre ein hoher IQ nur der Nachweis für das Potenzial, sich schlau verhalten zu können. Aber wie und ob man sein eigenes Potenzial im Alltag anwendet, ist eine ganz andere Geschichte. Und auf dieser Anwendung des eigenen Potenzials im Alltag liegt unsere Konzentration.

Die folgende Definition, die ich sehr treffend finde, beschreibt Intelligenz als das Potenzial, Probleme zu lösen und auf dem Weg Lösungen, zur Not auch mit Kreativität, zu gestalten:

> „Ziele können angestrebt und die Mittel dazu geprüft, bewertet, geordnet oder auch ganz neu erfunden werden. Die Fähigkeit, mithilfe derartiger, hochkomplexer, ideeller Prozesse Probleme zu lösen und sich dabei der Umwelt oder die Umwelt sich anzupassen, bezeichnen die Psychologen als ‚Intelligenz'."
>
> ***Fritz B. Simon 2009 unter Bezug auf Piaget 1970***

Das Schöne an dieser Definition ist außerdem, dass sie den Begriff „dumm" vermeidet. Denn wie bereits geschildert, läge eine weitere Schwierigkeit darin, zu beschreiben, was ein Verhalten zu einem dummen Verhalten macht. Woran machen wir eigentlich fest, ob ein Verhalten oder eine bestimmte Entscheidung dumm ist?

In der Forschung ist IQ vereinfacht ausgedrückt definiert als die Problemlösungsgeschwindigkeit eines Menschen. Jemand, der in der Lage ist, ein Denkproblem systematisch und schnell zu lösen, beispielsweise das mentale Rotieren von dreidimensionalen Figuren in einer IQ-Testsituation, der, so zeigt die Forschung, kann in der Regel auch alle anderen kognitiven Probleme schnell lösen. Je geringer der IQ ist, desto langsamer ist die Problemlösungsgeschwindigkeit. Ein hoher IQ ist aber eben keine Garantie, sich nicht wie ein Idiot zu verhalten. Andersherum können auch hochintelligente Menschen sich wie Idioten benehmen. Denn wer schnell Probleme löst, der ist halt schneller – und ja, es gibt Menschen, die sind so langsam, dass sie nicht bei der Lösung ankommen. Aber auch, wer nun als mittel- oder hochintelligenter Mensch die Fähigkeit hat, Probleme zu lösen, der macht es vielleicht aus irgendwelchen Gründen trotzdem nicht. Oder er macht massive Fehler auf dem Weg – auch so kann Idiotie entstehen.

Aber noch etwas anderes spielt in den Themenkomplex rein: Wenn wir Entscheidungen treffen und uns für ein bestimmtes Verhalten entscheiden, treffen wir auch immer eine Annahme darüber, wie unserer Meinung nach die Zukunft aussehen wird. Kaufen wir uns ein Auto mit Dieselmotor, dann tun wir das zum Beispiel unter der Annahme, dass dieser auch noch nach unserer Nutzungszeit gut verkäuflich ist und dass die geringeren Kraftstoffpreise einen höheren Anschaffungspreis rechtfertigen. Sollte drei Monate nach dem Kauf dieses Autos die Subvention auf Diesel wegfallen und ein Fahrverbot beschlossen werden, könnte sich unsere Entscheidung für ein Dieselfahrzeug im Nachhinein als ziemlich dumm herausstellen.

Entscheidungen haben immer eine implizite Annahme über zukünftige Entwicklungen und dabei wird im Wesentlichen auf Basis von bestimmten Indikatoren und Theorien geraten – auch wenn wir uns gern einreden, dass unsere Entscheidungen mehr als das sind. Haben wir Glück, dann stellt sich die Annahme, die unserer Wette auf die Zukunft zugrunde liegt, im Nachhinein als genial heraus. Haben wir Pech, waren wir ziemlich dumm. Tatsächlich treffen wir alle Entscheidungen darüber hinaus gelegentlich sogar einfach nur gewohnheitsmäßig. Selbst wenn wir den Markt analysiert haben und fest davon überzeugt sind, alle Parameter bewertet zu haben, kann es sein, dass wir später feststellen, dass wir eben doch entscheidende Parameter nicht berücksichtigt hatten – wir wussten nur gerade nicht, was wir nicht wussten. Dieses philosophische Problem heißt Induktionsproblem. Und selbst wenn keine Induktionsproblematik unsere Entscheidung beeinflusst hat, kann es sein, dass uns die Zukunft überrascht und rückwirkend unsere damals kluge Entscheidung dumm gewesen ist. Die Corona-Pandemie hat das gut gezeigt. Einige haben sich noch vor der Pandemie, weil sie erfahrungsgemäß bisher weite Strecken gefahren sind, einen neuen Diesel bestellt. Dann kam die Pandemie und das brandneue Langstreckenfahrzeug stand auf einmal ungenutzt vor der Tür – denn jetzt war Homeoffice angesagt.

Menschen kaufen manchmal auch einen Diesel, weil sie schon immer einen gefahren sind. Ab und zu entscheiden wir also gar nicht wirklich, sondern agieren nur noch auf Basis von festen, trainierten Handlungsmustern. Und trotzdem beziehungsweise gerade deshalb gibt es immer wieder besondere Momente, in denen wir jemanden mit dem Etikett „dumm“ versehen und den Menschen dahinter als einen „Idioten“ bezeichnen. Und insbesondere dann, wenn wir vom Verhalten und den Entscheidungen dieser Idioten abhängen, ergeben sich echte SHIT-Momente.

2.3.1 Die weiße Triade

Drei Gründe, aus denen heraus wir einige Menschen vielleicht als Idioten bezeichnen, bei denen das Etikett aber nicht passt, liegen in Irrtum, Perspektive und Relevanz. Dabei handelt es sich um typische Phänomene, die uns denken lassen, dass wir es mit einem

Idioten zu tun haben, weil es nach außen so wirkt. Aber diese Wirkung muss eben nicht der Wahrheit entsprechen.

Irrtum

Jemand hat ganz einfach einen Denk- oder Wahrnehmungsfehler oder auch ganz unkompliziert: der klassische, echte Irrtum. Stellen Sie sich vor, Sie präsentieren eine Strategie auf Basis eines Zahlenwerks und haben sich dabei einfach mal am Rechner vertippt oder die Formel in Excel hatte einen Fehler. Das mag peinlich sein. Ist aber nur ein peinlicher Irrtum. Gleichzeitig können bei Fehlinformation, mangelndem und/oder unvollständigem Wissen oder bei einem unverhältnismäßigen Gewicht zugunsten oder gegen eine Idee oder Sache auch die abstrusesten Fehlbewertungen entstehen, obwohl derjenige, der die Bewertung vornimmt, an sich extrem intelligent ist.

Wichtig ist, dass ein Irrtum keiner bösen Absicht unterliegt. Ein Zahlendreher kann einfach passieren. Manche Irrtümer sind auch in einer Verwechslung von Kausalität und Korrelation begründet. Etwas, das gleichzeitig passiert, ist korreliert. Etwas, das passiert, weil etwas anderes passiert, ist kausal verknüpft. Aber oft verwechseln wir das gemeinsame Eintreten mit einer kausalen Verbindung: So ist beispielsweise die Mordrate in den USA von 2006 bis 2011 konstant gesunken. Genauso konstant ist parallel dazu auch die Nutzungsrate des Internet-Explorer-Browsers gesunken. Das sieht auf einem Chart gut aus. Trotzdem besteht natürlich keinerlei Zusammenhang zwischen beiden Entwicklungen. Die sinkende Nutzungsrate ist nicht ursächlich für die sinkende Mordrate, sondern beide Entwicklungen sind völlig unabhängig voneinander geschehen, die beiden Zahlen sind korreliert, also in einem Zusammenhang, stehen aber eben nicht ursächlich, also kausal, miteinander in Beziehung.

VERWECHSLUNG

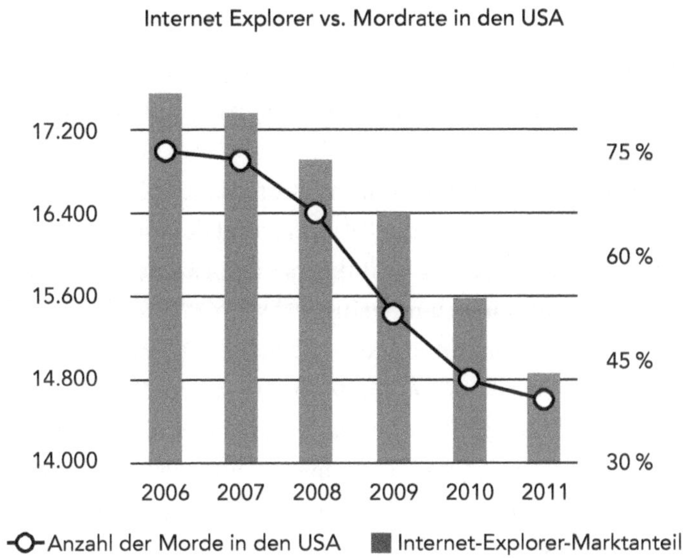

Quelle: www.futurism.com/correlation-vs-causation-2

Was in diesem Beispiel schon nach kurzem Nachdenken ganz klar ist, ist in anderen Fällen allerdings nicht so klar, vielleicht sogar strittig. Denken Sie beispielsweise an die Maßnahmen zur Eindämmung von Corona aus dem Frühjahr 2020. Können Sie genau sagen, ob die Dauer der Schulschließungen mit der Infektionsrate nur korrelierte? Oder ob die Maßnahme gar kausal für das Absinken war?

Perspektive

Manche Themen sehen aus unterschiedlichen Perspektiven betrachtet unterschiedlich aus. Nur weil wir eine Perspektive, Haltung oder Meinung eines anderen nicht verstehen, nachvollziehen oder unterstützen können, muss es nicht bedeuten, dass der andere zwangsläufig ein Idiot sein muss. Es kann sein, dass unterschiedliche Perspektiven zu unterschiedlichen, aber angemessenen Schwerpunkten bei der Bewertung von Fakten führen – wobei sich beide Personen wechselseitig nicht vorstellen können, wie der andere nur zu der Meinung kommen kann.

Einer verzerrten Perspektive liegt oft der sogenannte Verfügbarkeitsfehler zugrunde. So schätzen beispielsweise Menschen die Todeszahlen aufgrund von Tornados viel höher ein, als sie in der Realität sind. Bei Todesfällen durch Asthma ist es genau umgekehrt. Das liegt daran, dass Tornado-Tote aufgrund der medialen Berichterstattung und des Sensationsfaktors viel präsenter – sozusagen verfügbarer – sind als „langweilige“ Asthma-Tote, obwohl jeder Todesfall das gleiche individuelle Gewicht hat und Maßnahmen gegen Asthma Vorrang vor Maßnahmen gegen Tornados haben müssten. Hochrangige Politiker laufen dennoch lieber in Gummistiefeln durch verwüstete Überschwemmungsgebiete und lassen sich dabei fotografieren. In Asthma-Kliniken sieht man eher die Frau des Staatssekretärs, die für eine Stiftung wirbt und die dabei vom Reporter des Lokalteils begleitet wird.

Auch persönliche Erfahrungen beeinflussen unsere Perspektive massiv. Ihre Einstellung zur Massentierhaltung wird eine andere sein, je nachdem, ob Sie mal Massentierhaltung – beispielsweise in einer klassischen Legebatterie – erlebt haben oder nicht. Vielleicht sind Sie auch bereits Gegner der Massentierhaltung, haben aber auch großes menschliches Leid erlebt, beispielsweise als Seenotretter im Mittelmeer, und das Leid der Tiere tritt deshalb für Sie hinter das erlebte menschliche Leid zurück. All das macht einen nicht moralisch besser oder schlechter, es zeigt nur eine andere Perspektive.

Relevanz

Manchmal gibt es Themen, die zwar uns selbst ganz extrem wichtig sind, dem anderen aber nicht. Entsprechend wundern wir uns, wie lieblos ein Aspekt behandelt wird und wie viel Potenzial dabei verschenkt wird. Denken Sie in diesem Zusammenhang an aktuelle Diskussionen wie Digitalisierung oder die Diskussion um den Klimawandel. Auch unser Temperament, und zwar im Sinne unserer individuellen relativ konstanten Weise des Fühlens, Erlebens, Handelns, hat Einfluss darauf, welche Relevanz wir einem Thema zumessen. Insofern hat die Relevanz eines Themas wiederum viel mit der bereits bekannten Perspektive zu tun. Wenn Sie ein sehr offener Mensch und eher extravertierter Typ sind, dann hat das Thema Partys für Sie vermutlich eine andere Relevanz, als wenn Sie ein Mensch sind, der lieber für sich ist.

Einen Idioten darauf zu reduzieren beziehungsweise dadurch zu definieren, dass er die eigene Meinung nicht teilt oder andere Schwerpunkte setzt, mag mental bequem sein, ist aber zum einen nicht zielführend und produziert zum anderen eine pessimistische Weltsicht mit dem Glauben, dass es nahezu nur Idioten auf der Erde gibt (übrigens ein typisches Denkmuster, das sich immer mal wieder bei Hochbegabten findet). Es ist eine Sichtweise, die denjenigen oft genug selbst wie einen Idioten aussehen lässt.

Jeder von uns, mich eingeschlossen, macht sich regelmäßig der weißen Triade schuldig, oft aus Ungenauigkeit oder wenn wir Meinungen einfach unreflektiert übernehmen. Im Juni 2020 im Zuge der Black-Lives-Matters-Kampagne hatte ich mit jemandem eine Diskussion, der massiv „strukturellen Rassismus" in Deutschland anklagte und einforderte, dass wir dagegen etwas tun müssten. Er war auf meine Nachfrage aber nicht in der Lage, zu erklären, was Rassismus ist, wie sich Rassismus von Diskriminierung unterscheidet und was das Wort strukturell in diesem Zusammenhang bedeuten soll. Er, ein kluger Mensch, hat einfach nur eine mediale Standardmeinung wiedergekäut; ohne eigenes Nachdenken. Damit hat er auch die Chance vertan, im Detail und damit wirklich konstruktiv und lösungsorientiert über das Thema zu reden. Es ging ihm mehr um das Einstimmen in die Empörung, statt um das Finden einer Lösung. Das ist leider eine unserer schlimmsten Zivilisationskrankheiten, an denen wir noch ersticken könnten.

Ich bin sehr deutlich gegen Rassismus. Wenn wir jedoch reflexartig, auch bei Beispielen, die offensichtlich nicht rassistisch sind, diese verbale Keule hervorholen und durch die Gegend schwingen, helfen wir der Sache nicht und unser Verhalten verblendet schlimmstenfalls die klare Sicht auf das Problem. Für eine echte Lösung, wenn wir wirklich etwas gegen Rassismus tun wollen, brauchen wir statt abstrakter, reflexhaft wiederholter Parolen zunächst eine gute Problemanalyse und dann geeignete Maßnahmen. Und das wäre doch dringend nötig und wünschenswert! Mit diesem Beispiel sind wir auch schon mittendrin in der Königsklasse der Idiotie. Was treibt zum Beispiel einen Rassisten an? Schauen wir in die dunkle Triade.

2.3.2 Die dunkle Triade

Während man Idioten aus den Kategorien der weißen Triade, insbesondere natürlich beim Irrtum, durchaus mit Argumentation und Rhetorik – also mit den klassischen kommunikativen Werkzeugen – vom eigenen Standpunkt überzeugen kann, fällt jedes Gespräch mit den folgenden Vertretern wesentlich schwerer. Was die dunkle Triade im Hinblick auf SHITuations so kritisch macht, ist, dass man ihre Vertreter extrem schwer erreicht. Bei ihnen kam es schon über eine längere Zeit und/oder durch hochemotionale Erlebnisse zu einer echten Verhärtung im Denken. Die Denkfehler wurden Monate und Jahre wiederholt und eingeschleift oder durch emotionale Erlebnisse eingebrannt. Auf diese Weise haben sie so tiefe Spuren hinterlassen, dass der Meinungsträger mit normalen kommunikativen Mitteln nicht mehr erreicht werden kann. Diese Menschen haben kein Interesse daran, ihre Meinung zu ändern. Sie glauben manchmal sogar, dass jeder, der anderer Meinung ist, ein schlechter Mensch sein muss. Aber eins nach dem anderen, schauen wir uns zuerst die drei Typen der dunklen Triade im Detail an.

PROBLEMATISCHE IDIOTEN

EXTREMISTEN

nehmen eine maximale bis übertriebene,
meist simplifizierte Position ein

IDEOLOGEN

glauben, die einzig legitime und überlegene
Perspektive zu haben

FUNDAMENTALISTEN

glauben, eine irrtums- und fehlerfreie
Detailperspektive zu haben

Ideologen

Der Ideologe hat zwar eine bestimmte Perspektive und Haltung, aus der heraus er ein Thema betrachtet, verfügt aber immer noch über eine gewisse Flexibilität. Auch Ideologen sind Gefangene ihrer Denk- und Bezugsrahmen (=Weltbild) und sie befinden sich auf einem Meinungsspektrum immer an einem definierten, logisch passenden Bereich der Skala, auch wenn sie manchmal gar nicht genau sagen können, warum eigentlich. So mag man einfach für Freihandel sein und gar nicht wirklich herleiten können, warum das eine gute Idee sein soll. Zwar kann die eigene Position mit einer gewissen Skepsis und Unsicherheit gesehen werden, es wird also zumeist eingeräumt, dass man selbst nicht die im Detail ausgearbeitete, perfekte Lösung habe. Man sieht die Fehler beim Freihandel und es ist nicht so wichtig, ob dieser zu 70 Prozent oder 80 Prozent gegeben ist; man ist bereit, über einige Zölle, also Einschränkungen, zu diskutieren, solange die grobe Richtung stimmt. So ist dann auch der Kapitalist für den Kapitalismus und der Sozialist für den Sozialismus. Welche Unterform dieser Denkrichtungen er jeweils favorisiert, ist da vielleicht nicht so wichtig und er kennt oft die Unterschiede gar nicht (genau). Aber er ist auf jeden Fall auf der einen Seite des Meinungsspektrums.

Gleichzeitig ist den Ideologen aber klar, und hier sind Ideologen besonders, dass nur ihre Perspektive, ihre Seite des Meinungsspektrums eine richtige, eine „objektiv vertretbare" ist und alle anderen Perspektiven mindestens sachlich falsch sein müssen, meist aber auch moralisch. Entsprechend werden Personen anderer Meinung als mindestens unklug oder naiv gesehen, typischerweise erleben wir aber auch Abwertungen als „schlechte Menschen" bis hin zur Dämonisierung bestimmter Personen. Dieses moralische Element nach dem Motto: „Bist du auf der anderen Seite des Meinungsspektrums, dann ist das etwas moralisch Schlechtes an dir" ist ein typisches Moment, das den Ideologen von einem informierten Menschen mit einer Meinung unterscheidet.

Fundamentalisten

Fundamentalisten lassen nur ihre eigene Perspektive als absolut und einzig gelten und zeigen keine Bereitschaft, sich aus ihrem Denk- und Bezugsrahmen (= Weltbild) zu bewegen, auch nicht ein kleines Stück hin in Richtung der Kollegen direkt angrenzender Meinungsbilder. Sie wollen oder können sich nicht aus diesem Rahmen heraus bewegen. Der Fundamentalist glaubt, dass seine Position irrtums- und fehlerfrei und von Grund auf, also fundamental, richtig sei. Damit sind dann alle anderen Perspektiven per Definition falsch. Nur so, wie er die Dinge sieht, kann man sie machen. Er ist eine Extremform des Ideologen. Lassen diese noch ein mehr oder weniger enges Meinungsspektrum gelten, hat der Fundamentalist einen Meinungspunkt. Und wer natürlich die einzig richtige Meinung hat, der weiß: Wer diese Meinung nicht hat, ist dumm oder vielleicht sogar ein schlechter Mensch. Ziel muss es sein, dass alle so denken, wie man selbst. Somit ist Bekehrung angesagt, Kreuzzug und Jihad liegen da nicht mehr fern. Und wenn die anderen nicht bekehrbar sind, so die Überzeugung des Fundamentalisten, dann macht es die Welt besser, sie auf anderen, durchaus mal explosiven Wegen am Denken zu hindern.

Extremisten

Menschen, die eine maximale Position einnehmen, bei der die Komplexität der Umwelt gar nicht mehr vorkommt, sind Extremisten. Oft finden wir hier Ideologen, die im Spektrum der Meinung schließlich ganz nach außen gerutscht sind. Die Welt ist aber komplex und zugespitzte Aussagen sind deshalb in der Regel unklug und naiv. Von allen Positionen und Meinungen, die man haben könnte, nehmen die Extremisten eine extreme ein – mindestens in ihren Forderungen und ihrer Kommunikation, oft aber auch im Denken. Je mehr eine Differenzierung und Betrachtung der echten Unüberschaubarkeit und Kompliziertheit der Welt abhandenkommt, umso mehr haben wir es mit Extremismus zu tun. Dann müssen eben nach Überzeugung der Extremisten ganz einfach „alle Ausländer raus". Dabei bilden die Extremisten oft hochkomplexe Erklärungsmuster für vollkommen naive Sachzusammenhänge. Wir dürfen also nicht den Fehler machen, die Extremisten als kognitiv schwach und intellektuell herausgefordert zu beschreiben. Teils erleben wir sogar hochgradig differenzierte und elaborierte Argumentationslogiken. Wer sich einmal anschaut, mit welcher teils auch wissenschaftlichen Akribie und Differenziertheit die Forscher in der Zeit des Nationalsozialismus Begründungen für die Überlegenheit der eigenen Rasse generiert haben, dem kann es sehr mulmig werden, denn es zeigt wieder: Intelligenz schützt nicht davor, dumm zu handeln oder zu denken. Dementsprechend wird auch hier schon klar: Mit ein paar flotten Argumenten kriegen wir diese Typen nicht in den Griff.

Im Kopf behalten sollten wir bei dem Begriff „dunkle Triaden", dass die so vertretenen Positionen nicht immer negativ sein müssen.

Ich selbst würde mich beispielsweise als einen extremistischen Fundamentalisten bezeichnen, wenn ich an meine Position in Bezug auf Menschenrechte und humanistische Werte denke. Sie ist fundamentalistisch, weil ich nur die Position, dass alle Menschen gleiche Rechte haben sollten, als richtig ansehe. Sie ist extremistisch, weil ich im Meinungsspektrum von „Für jeden andere Rechte" bis hin zu „Gleiche Rechte für alle" genau auf diesem Extrem bin. Und immer wieder bekomme ich sehr reflexhaft das Gefühl, dass alle, die gegen gleiche Rechte für alle sind, sich an dieser Stelle nicht moralisch verhalten. Meine Haltung ist die für mich und meine Wertewelt einzig richtige – die, die ein in meiner Welt „guter Mensch" haben sollte.

Dass dem so ist, hat unter anderem auch mit einer sehr profunden Frage zu tun: Wer bin ich eigentlich? Und in der Antwort auf diese Frage geht es um Persönlichkeit oder Temperament.

2.3.3 Gastkapitel von Michael Ehlers – Die weiße Triade und rhetorische Werkzeuge

Während in der dunklen Triade basiertem SHIT oft sehr tief verankerte und sehr schwer zu verändernde psychologische Dynamiken zugrunde liegen, sind die in der weißen Triade zusammengefassten Auslöser, sich wie ein Idiot zu verhalten, zum größten Teil von äußeren Umständen und der Kenntnis bestimmter Fakten bestimmt: Irrtum, Perspektive und Relevanz.

Die weiße Triade stellt uns Fallen, in die wir alle leicht tappen können. Hier verleitet uns ein Zahlendreher in der Präsentation zu falschen Annahmen, da hat sich eine Anekdote oder ein Artikel über ein Thema in unserem Kopf festgesetzt, die uns fälschlicherweise das Gefühl geben, uns im Thema auszukennen, und deren nicht gegebene Evidenz wir in einer Diskussion vehement verteidigen.

Entscheidend ist, wie wir mit diesen Fehlern der anderen und vor allem auch mit unseren eigenen Fehlern umgehen. Zum einen liegt in diesem Umgang die große Gefahr, das Gegenüber bloßzustellen und damit weiteren Ärger zu provozieren. Zum anderen können wir auch im Umgang mit eigenen Fehlern große Souveränität demonstrieren. Es ist erstaunlich, was die richtigen Worte bewirken können. Die Rhetorik stellt uns die passenden Werkzeuge zur Verfügung, um andere geschickt, also „verletzungsfrei", auf ihre Fehler hinzuweisen und um unsere eigenen Fehler ohne Gesichtsverlust eingestehen zu können.

Denken Sie daran: Menschen machen immer wieder Fehler. Auch wenn Sie eine Führungskraft oder Autorität (Vater, Vorsitzender, Workshop-Leiterin et cetera) sind, heißt das nicht, dass Sie fehlerlos sein müssen, um respektiert zu werden. Und auch als Angestellter können Sie Respekt erwarten. Wenn Sie sich für einen Irrtum entschuldigen oder diesen eingestehen müssen, heißt das nicht, dass Sie „barfuß nach Canossa" wandern müssen. Hier ist, was Sie tun sollten:

Wenn Sie einen eigenen Fehler eingestehen müssen:

- Warten Sie nicht. Wenn Sie das Gefühl haben, sich entschuldigen zu müssen, gehen Sie es umgehend an.

- Schicken Sie keine dritte Person vor. Bitten Sie persönlich und – wenn es möglich ist – von Angesicht zu Angesicht um Entschuldigung.

- Sprechen Sie Ihre Fehler offen an, suchen Sie keine Ausreden, schieben Sie nichts auf die Umstände oder auf andere Personen und spielen Sie nichts herunter.

- Nehmen Sie Haltung an und Raum ein. Machen Sie sich nicht klein. Halten Sie Blickkontakt. Stellen Sie sich stabil und wählen Sie Ihre Worte: „Ich möchte um Entschuldigung bitten, dass ich neulich laut geworden bin/so stur war/Ihre Argumente nicht gelten lassen wollte.“

- Wenn Sie coram publico, beispielsweise im Meeting, auf Fehler hingewiesen werden: „Danke, dass Sie mich darauf hingewiesen haben. Das war mein Fehler.“

- Bieten Sie einen Plan an: „Ich werde eine Lösung suchen, um dieses Problem so schnell wie möglich zu beheben, und ich bin zuversichtlich, dass wir …“

Wie Sie jemand auf einen Irrtum hinweisen, ohne ihn bloßzustellen:

- Wann immer möglich, sprechen Sie unter vier Augen, damit Sie das Problem nicht öffentlich machen und den vermeintlichen Idioten vor anderen Leuten nicht in Verlegenheit bringen.

- Testen Sie sich vorher: Geht es wirklich um einen Fehler und ist er es wert, angesprochen zu werden, oder liegen andere Motive dahinter? Ist es vielleicht nur die Gelegenheit, dem Blödmann aus der IT-Abteilung endlich mal einen mitzugeben? Dann halten Sie lieber Ihren Mund, denn das ist es nicht wert.

- Wissen Sie es wirklich besser? Wenn nicht, lösen Sie das Problem mit einer Frage: „Entschuldige, darf ich dich kurz unterbrechen? Deine Präsentation erscheint mir sehr schlüssig. Meine Information ist … Sind deine Zahlen einfach aktueller?“ Wenn der andere unsicher ist, bieten Sie eine Klärung an: „Ich schlage vor, wir machen an dieser Stelle weiter, sollten uns diesen Punkt aber später noch mal genauer anschauen, wenn alle einverstanden sind.“

- Seien Sie höflich und taktvoll. Der vorangestellte Hinweis auf eigene Fehler kann Türen öffnen: „Entschuldige bitte, darf ich dich kurz unterbrechen? Mir ist es ja letztens passiert, dass ich einen Zahlendreher in der Berechnung hatte. Kann es sein, dass dir an dieser Stelle …"

- Wenn Sie das Gefühl haben, dass andere/die anderen dem Fehler nicht so ein Gewicht zumessen wie Sie, sollten Sie vielleicht noch einmal Ihre Perspektive überprüfen oder sich fragen, warum Sie diesem Umstand so eine hohe Relevanz einräumen.

Die vorangestellte Bitte um Erlaubnis, kurz unterbrechen zu dürfen, ist übrigens keine Floskel, sondern ein psychologischer Kniff. Dadurch, dass wir dem Redner die Gelegenheit geben, uns einen Gefallen (die Unterbrechung) zu tun, erscheinen wir ihm gleich viel sympathischer. Denn durch den gewährten Gefallen fühlt er sich gut. Die Wahrscheinlichkeit einer positiven Antwort oder Reaktion steigt bereits allein dadurch. Stellen Sie diese Formulierung also gerne wörtlich voran.

Michael Ehlers ist Rhetoriktrainer und Führungskräfte-Coach. Viele weitere Profi-Tipps, wie Sie mit den richtigen Worten besser durchs Leben kommen, finden Sie unter anderem in seinen Büchern „Nie wieder sprachlos!" und „Rhetorik – Die Kunst der Rede im digitalen Zeitalter".

2.4 TEMPERAMENTE

Seit Jahrtausenden versuchen Menschen zu verstehen, wie andere Menschen ticken. Dazu wurden diverse Typologien entwickelt. Die Bandbreite dazu reicht von abstrus bis pure Folklore, von Quatsch bis hin zu wissenschaftlich fundiert.

Eine sehr frühe Kategorisierung von Menschen geht auf das antike Griechenland zurück. Die Temperamentenlehre der alten Griechen teilt Menschen in vier Typen ein, deren Namen wir noch heute im alltäglichen Sprachgebrauch finden. Da ist jemand in melancholischer Stimmung. Oder jemand reagiert in einer bestimmten Situation ausgesprochen cholerisch. Die vier unterschiedlichen Temperamente, so glaubten die Griechen, würden durch unterschiedliche Körpersäfte erzeugt. Und auch wenn die Erklärung heute nicht mehr überzeugt, hat sich diese Typisierung dennoch bis heute im Alltag erhalten.

- **Choleriker/Zornmütige:** leicht erregbar, unausgeglichen, jähzornig, zu Wutanfällen neigend. Im positiven Sinn werden Choleriker als willensstark, furchtlos und entschlossen beschrieben.

- **Melancholiker/Traurige:** zu Schwermut, Traurigkeit, aber auch zu Misstrauen und Kritik neigend. Im positiven Sinn werden dem Melancholiker Verlässlichkeit und Selbstbeherrschung zugeschrieben.

- **Phlegmatiker/Träge:** langsam, ruhig und manchmal sogar schwerfällig. Im positiven Sinn wird er auch als friedliebend, ordentlich, zuverlässig und diplomatisch beschrieben.

- **Sanguiniker/Lebenslustige:** zu Exzessen neigender, lebhafter und leichtsinniger Mensch. Im positiven Sinn werden Sanguiniker auch als fantasievoll, gesprächig und optimistisch beschrieben.

Dass diese starre Typologie von Menschen heute nicht mehr haltbar ist, muss nicht diskutiert werden. Gleiches gilt für ganz viele Typologien, die oft wissenschaftlich auf sehr dünnem Eis gebaut sind. Trotzdem ist es spannend zu sehen, wie sich teilweise die Kategorien, in denen die Menschen schon vor Tausenden Jahren einsortiert wurden, auch in den heutigen Modellen wiederfinden. Denn Menschen haben bereits sehr lange und sehr häufig versucht, andere Menschen in Kategorien einzuteilen, um deren Verhalten besser zu verstehen und ein potenzielles Verhalten besser vorhersagen zu können.

Dahinter stehen zwei zentrale Fragen. Erstens: Warum tun Menschen, was sie tun – und was davon ist stabil? Zweitens: Was können wir wie verändern? Diese Fragen sind im Kern immer die Fragen, die hinter jedem Veränderungs- und Coachingprozess sowie hinter jedem Training stehen. Genauso wie sie hinter jedem Change-Projekt und hinter jeder Transformation stehen.

2.5 WARUM WIR TUN, WAS WIR TUN – DIE GENESE VON VERHALTEN

Wann immer wir mit Menschen umgehen, nicht nur während des SHIT-Moments, sondern auch in normalen Beziehungen oder auch bei Zusammenarbeit und Führung, wollen wir das jetzige Verhalten verstehen und wir wollen verstehen, was passieren muss, damit nachher etwas anderes als bisher passiert. Und natürlich wollen wir, dass es nicht nur anders ist, sondern wir wollen ein Verhalten in unserem Sinne erreichen.

Um zu diesem Ziel zu gelangen, ist es ganz wichtig, einen differenzierten Blick auf das Verhalten zu richten. Wir haben dazu gute Grundlagen in der Neurowissenschaft, in der Komplexitätstheorie und bedienen uns auch noch weiterer Elemente der Psychologie und Soziologie. Auf dieser breiten Basis habe ich ein eigenes Verhaltensmodell aufgebaut, das die Entstehung menschlichen Verhaltens erklärt. Wenn sich Menschen so verhalten, liegen diesem Verhalten im Ergebnis zwei ursächliche Komponenten zugrunde, die dieses Verhalten prägen. Die eine ist die sogenannte Persönlichkeit. Der Begriff fasst die Verhaltensprädispositionen zusammen, also die Neigungen, die man im Verhalten hat, in einer bestimmten Situation dieses und nicht jenes zu tun und die über weite Phasen unseres Lebens sehr, sehr stabil sind. Unsere Persönlichkeit ändert sich im Laufe unseres Lebens also kaum. Und wenn sie sich ändert, dann sehr vorhersehbar und erst wieder mit fortschreitendem Älterwerden.

Die zweite Ursache von Verhalten liegt in der Intelligenz, die wir in Kapitel 2.3 bereits als Problemlösungsgeschwindigkeit definiert haben. Jemand, der intelligenter ist, löst eine Denkaufgabe schneller. Der beschäftigt sich eine Zeit mit dem Problem und dann hat er es verstanden. Wer weniger intelligent ist, braucht eben etwas länger. Ausgestattet mit diesen beiden sehr stabilen Komponenten, die uns als Rahmenbedingungen weitgehend von der Natur vorgegeben wurden, ziehen wir raus in die Welt und interagieren mit ihr. Und dabei lernen wir. Wir schauen, was klappt denn da draußen? Was funktioniert und was funktioniert vielleicht auch nicht, wenn wir etwas tun? Aus unseren gesammelten Erlebnissen und Ergebnissen bilden sich sehr früh die verschiedenen für uns typischen Verhaltens- und Denkmuster, geprägt von unserer Intelligenz und unserer Persönlichkeit. Und unsere Erlebnisse mit und in unserer Umwelt prägen teilweise wiederum unsere Persönlichkeit zurück – aber deutlich weniger intensiv.

Der Begriff Denkmuster und in welcher Beziehung er zur Intelligenz steht, lässt sich sehr gut an einem überspitzten Beispiel zeigen. Wir nehmen an, jemand mit einer hoch ausgeprägten Intelligenz steht vor einem Problem. Er schnappt sich ein paar Bücher, liest diese, weil er es kann, schnell durch und versteht sofort, schaut ein Video-Tutorial und hat danach begriffen, wie er sein Problem lösen kann. Er handelt anschließend entsprechend. Danach hat er nicht nur gelernt, dieses spezifische Problem zu lösen, sondern er hat für sich gelernt, dass die Lösung für ein Problem mit ein bisschen Fleiß gefunden werden kann. Dieses Denkmuster verinnerlicht er.

Jemand mit deutlich niedrigerer Intelligenz weiß vielleicht gar nicht, wo er beginnen soll, um nach der Lösung zu suchen. Mit Büchern kann er wenig anfangen und er braucht ganze Wochenenden, um sich einem Problem anzunähern. Oft versteht er bei differenzierten Büchern nur Bahnhof. Auch dieser Mensch lernt etwas, wenn er auf neue Probleme stößt. Nämlich, dass Probleme Ärger bedeuten, in angemessener Zeit kaum zu bewältigen sind und man sich bloß von ihnen fernhalten sollte. Die unterschiedlichen Denkmuster, die sich daraus entwickeln: „Mist, ein Problem. Das kann ich nicht.“, im Gegensatz zu „Oh, ein Problem. Mal schauen, wie die Lösung aussieht.“ Und aus diesen Denkmustern entwickeln sich Verhaltensmuster.

Auch Verhaltensmuster entwickeln sich im Zusammenspiel von der Persönlichkeit mit der Umwelt in sozialer Interaktion. Ein extravertierter Mensch geht beispielsweise auf eine Party und erzählt einen unangemessenen Witz. Statt bewunderndem Lachen erntet er allerdings betretenes Schweigen. Er lernt, dass es in manchen Situationen unangemessen ist, die volle Dosis eigener Extravertiertheit in Form von schmutzigen Witzen auszuleben. Er eignet sich das Muster an, sich bei Witzen, die er auf Partys erzählen möchte, doch lieber mal auf die Zunge zu beißen und sie lieber vorher mal im kleineren Kreis anzutesten. Die Persönlichkeitseigenschaft ist also die Extraversion, die sich aber in der Umwelt noch mal in Verhaltensmuster einbettet und aufgrund dieser Verhaltensmuster mal mehr und mal weniger durchscheint.

GENESE VON VERHALTEN

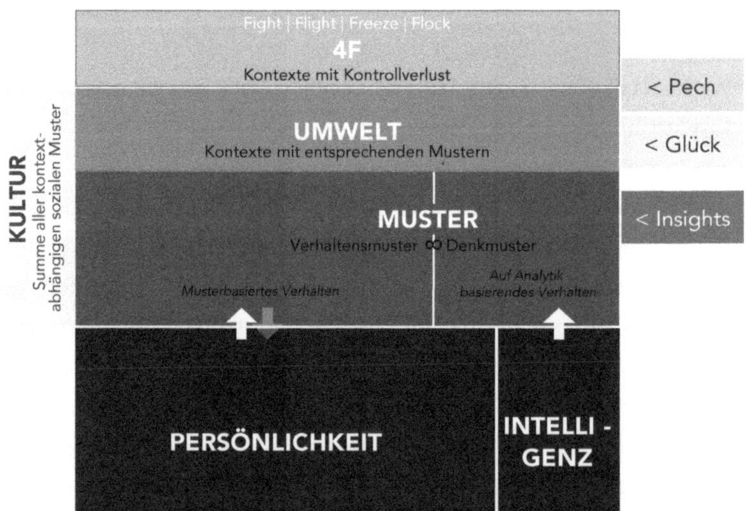

Wenn wir alle Verhaltens- und Denkmuster aller Menschen innerhalb einer bestimmten Umwelt zusammenlegen, haben wir die Kultur dieser Umwelt vor uns. Kultur ist die Summe aller kontextabhängigen sozialen Muster. Es ist ein kultureller Bestandteil, wenn wir uns im Aufzug alle mit dem Gesicht zur Tür stellen und schweigen. Und wenn sich alle kollektiv daran halten, haben wir folgerichtig ein kollektives Verhaltensmuster, das wiederum Bestandteil der Kultur ist. Auch die Art, wie man über bestimmte Dinge denkt, kann ein Kulturbestandteil sein. Kulturen existieren auf verschiedenen Ebenen. Ein Team hat beispielsweise eine bestimmte Kultur, eine Organisation hat eine bestimmte Kultur und auch ein Land, vielleicht sogar mit unterschiedlichen Subkulturen. Leider klappt in unserer Interaktion mit der Umwelt nicht immer alles so, wie wir es planen. Man könnte auch sagen, zum Glück klappt nicht immer alles so, wie wir es planen. Wir leben grundsätzlich in Unsicherheit. Und in dieser Unsicherheit passieren verschiedene Dinge, die uns beeinflussen. Wir könnten beispielsweise ganz einfach mal Pech haben. Wenn uns mal was passiert, ist das blöd, wir haben ganz einfach mal Pech gehabt. Es gibt natürlich auch Glück. Der Lottogewinn ist einfach nur Glück. Oder dass die eigene Mappe beim Bewerbungsverfahren vielleicht ganz oben liegt. Jedenfalls ist irgendetwas passiert, was man nicht – oder so gut wie nicht – aktiv hätte gestalten oder beeinflussen können. Wenn wir mitbekommen, dass wir Glück hatten, gehen unsere Verhaltensmuster an, die wir normalerweise haben, wenn wir uns belohnen wollen.

Außerdem gibt es die sogenannten Insights oder Aha-Momente. Das sind die Momente, in denen es aus irgendeinem Grund plötzlich klick im Kopf macht und man eine Idee hat. Plötzlich weiß man, was man tun muss, und plötzlich macht man etwas ganz anders als sonst. Der Aha-Moment gebiert ein ganz neues Denkmuster. Es erschließen sich plötzlich neue Sichtweisen auf bekannte Situationen.

Zu guter Letzt: Gerade, wenn wir mal Pech haben, wenn es mal bei uns einschlägt und wir zum Beispiel unverschuldet unseren Job verlieren, erleben wir häufig ein Gefühl der Kontrolllosigkeit. Und dann haben wir es mit Stress zu tun. Wir wissen bereits, dass Stress als gefühlter oder echter Kontrollverlust definiert ist. Stress auslösende Situationen sind genau die Situationen, die wir mit unseren bekannten Handlungsmustern nicht mehr bewältigen können. Stress ist in so einem Fall der kurzfristige Handlungsplan, wie wir durch Situationen durchkommen, über die wir keine Kontrolle (mehr) haben. Die dann ablaufenden Strategien habe ich mit den 4F bereits vorgestellt. Wenn Sie mehr über das Thema wissen wollen, schauen Sie auch gern auf www.handlingshit.de/4F.

Wenn wir ein Verhalten ändern wollen, müssen wir uns immer zuerst fragen, was die Ursache für dieses Verhalten ist. Welche Denkmuster, aber auch welche Gewohnheiten und Verhaltensmuster zeigt die Person, die etwas ändern möchte oder der wir helfen möchten, sich zu ändern? Ist ihr oder sein Verhalten die Manifestation bestehender Muster oder hat dieser Mensch einfach nur gerade Stress?

Verhaltensmuster und kulturelle Bestandteile können wir von außen oft gut beobachten, auch wenn sie den Betroffenen selbst meist gar nicht bewusst sind. Wir sehen ja, dass sich die Menschen in einem bestimmten Unternehmen immer mit dem Gesicht zur Tür in den Aufzug stellen. Wir können diese Verhaltensmuster identifizieren und davon ausgehen, dass sich ein Mensch aus dieser Kultur in einer ähnlichen Situation entsprechend dem kulturellen Verhaltensmuster verhält. Schwieriger ist es mit der Persönlichkeit. Um hier Vorhersagen treffen zu können, wurden viele, viele Tests entwickelt, die helfen sollen, die Persönlichkeitsstruktur eines Menschen abzubilden. Die Tests sollen die Frage beantworten, wie ein bestimmter Persönlichkeitstyp in einer bestimmten Situation reagieren würde, sollen also der Verhaltensprädisposition dienen. Die Interaktion von Persönlichkeit mit allen anderen Aspekten, die das Verhalten einer Person ausmachen, nennen wir Psychodynamik, also das Zusammenspiel innerhalb der Psyche ähnlich den Gesetzen der Dynamik. Und diese Fragen sind natürlich auch für uns heute sehr wichtig, um SHITuations zu vermeiden oder zumindest ihre Entstehung zu verstehen.

Um das zu tun, arbeite ich seit fast zwei Dekaden mit Persönlichkeitstests und -analysen. In diesem Rahmen habe ich zum einen so ziemlich jeden Test und jede Analyse, die es am Markt gibt, selbst gemacht und außerdem als Coach und Coachee eine ganze Menge Erfahrung sammeln können. Dazu kommt die wissenschaftliche Beschäftigung mit dem Thema. Denn nicht jeder Test ist gleich gut: Wenn eine Person beispielsweise einen Test in kurzem Abstand zweimal macht und es kommen massiv unterschiedliche Ergebnisse dabei heraus, dann ist das ein Anzeichen einer geringen Güte eines Tests – eines von vielen. So kann man also schnell die Qualität und Güte eines Tests ermitteln. Und das wurde auch für ganz viele gemacht.

Umso erstaunlicher ist es, dass die Summe von nicht wissenschaftlich fundierten oder sogar wissenschaftlich abzulehnenden esoterischen Tests der Persönlichkeit so groß ist und diese meist wertlosen Tests den Markt sogar dominieren. Die Anwender (und Anbieter) ignorieren dabei geflissentlich zum Teil die wissenschaftliche Kritik und verweisen auf ihre guten Erfahrungen mit dem Test. Diese funktionieren dann aber meist auf der Basis, dass die Teilnehmer zehn Fragen der Güteklasse „Unternimmst du gerne etwas mit Freunden?“ bekommen und als Kernerkenntnis, wenn diese alle mit Ja beantwortet werden, gibt es das erstaunliche Ergebnis, dass man ein sozial orientierter Mensch ist, dem Freundschaft wichtig ist. Und das wird dann als gigantische Erkenntnis verkauft. So ermöglichen diese wenig fundierten und teils naiven Tests trotz ihrer extremen Verbreitung keine validen Aussagen zu bestimmten Persönlichkeitsmerkmalen. Trotzdem wird immer wieder, auch für die abstrusesten Tests, mit der Einleitung „Eine Studie hat …" die angebliche Validität und Verlässlichkeit des jeweiligen Tests behauptet. Schaut man dann in die *eine* Studie, merkt man, dass schon diese so gut wie keinem wissenschaftlichen Standard entspricht oder auf diese eine Studie gleich ein Dutzend andere kommen, die das Gegenteil behaupten.

Doch in einem guten Persönlichkeitstest steckt viel mehr. Er erlaubt einen differenzierten Blick auf verschiedene Persönlichkeitsmerkmale, und das wissenschaftlich belegt. Aufgrund eines komplexen mathematisch-statistischen Modells sind die Ergebnisse mehr als nur die Zusammenfassung der Antworten auf die einzelnen Fragen. So können zum Beispiel aus einem Set von Fragen, in denen die Worte Kunst und Kreativität gar nicht auftauchen, trotzdem Rückschlüsse ermöglicht werden, ob jemand hohe Kreativität zu schätzen weiß oder ob jemand Kunst nicht versteht.

Auf der Suche nach dem besten, validesten und hilfreichsten Persönlichkeitstest bin ich auf das wissenschaftlich am besten fundierte und sehr gut verifizierte Modell namens BIG-5-Modell gestoßen, das auch O.C.E.A.N. genannt wird und auf Costa und McCrae (1980) zurückgeht. Es ist heutzutage das anerkannte Standardpersönlichkeitsmodell der Psychologie und betrachtet fünf Hauptpersönlichkeitskategorien, deren Anfangsbuchstaben im Englischen das Akronym O.C.E.A.N. bilden.

- **Openness (Offenheit)**
- **Conscientiousness (Gewissenhaftigkeit)**
- **Extraversion (Extraversion)**
- **Agreeableness (Bindung, in der Literatur oft auch soziale Verträglichkeit)**
- **Neuroticism (Neurotizismus)**

Dieses Modell wurde später in der Forschung erweitert. Jede der fünf Hauptkategorien – die auch Dimensionen genannt werden – setzt sich in der erweiterten Variante aus zwei weiteren Kategorien – auch Facetten oder Aspekte genannt – zusammen, sodass eine Beschreibung der Persönlichkeit auf dem komplexen Zusammenspiel von insgesamt zehn Aspekten beruht. In jeder Dimension kann ein Mensch durch hohe oder niedrige Werte beschrieben werden. Kein Mensch ist nur durch einen einzigen Aspekt geprägt. Diese

10-Faktoren-Variante des Modells, das von einem kanadischen Forscherteam, bestehend aus Colin G. DeYoung, Lena C. Quilty und Jordan B. Peterson, entwickelt und 2007 publiziert wurde, haben mein Team und ich in den letzten zehn Jahren intensiv genutzt und es auf Basis unserer Erfahrungen in der Persönlichkeitsentwicklung weiterentwickelt. Wir nennen es DEEP OCEAN, denn es geht noch einmal deutlich tiefer.

DEEP-OCEAN-MODELL

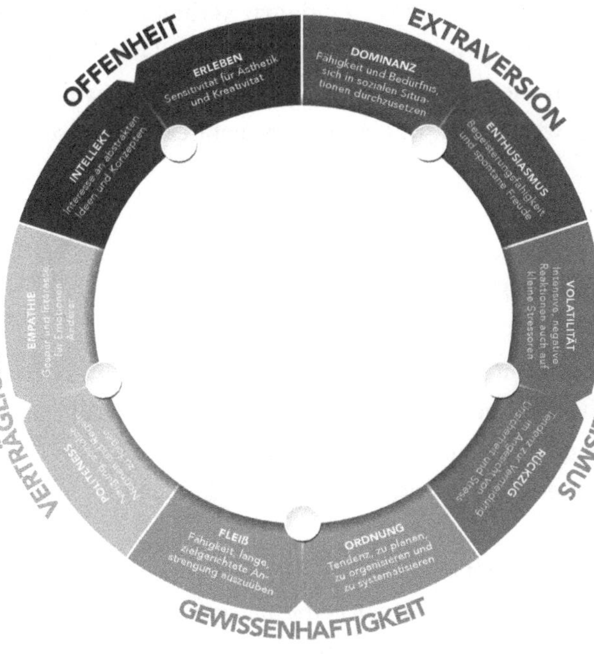

Im Folgenden werde ich die deutschen Namen der Dimensionen und Aspekte verwenden, wenn wir das Modell durchgehen. Wer an dieser Stelle übrigens schon ahnt, dass er den Test auch für sich selbst machen möchte, der kann das beispielsweise unter www.handlingshit.de/OCEAN tun. Ich empfehle es ausdrücklich jedem, der sich selbst besser kennenlernen und weiterentwickeln möchte.

Vorab: Bei der Betrachtung des Modells und vor allem bei der Betrachtung der eigenen Persönlichkeit ist eine Sache für Sie sehr wichtig: Die Benennungen der Kategorien implizieren für Laien auf den ersten Blick oft bereits eine Bewertung des dahinterstehenden Verhaltens im Sinne von gut oder schlecht. Dieser Gedanke ist für viele Menschen auch bereits im Wort Test mit enthalten. Man denkt schnell, dass beispielsweise hohe Extraversion gut und hoher Neurotizismus schlecht ist. Neurotizismus klingt ja irgendwie schon nach Klinik, Psychotherapeut und Neurose. Neurotisch ist ja nicht gut, oder?! Bei den Kategorien handelt es sich aber eben nicht um Bewertungen des damit verbundenen Verhaltens, sondern um erst einmal neutral gemeinte Beschreibungen. Die Tests werden im Englischen meist Assessments genannt, was mit Einschätzung übersetzt werden kann. Und darum geht es – eine wertfreie Einschätzung.

2.5.1 Offenheit: Intellekt & Erleben

Ein Mensch mit hohen Werten für Offenheit ist jemand, der offen ist für Erfahrungen, also tatsächliche physische Erfahrungen, neue Situationen und neue Erlebnisse, aber gleichzeitig auch für intellektuelle Neuerungen, neue, besondere Gedanken und Ideen.

Offenheit teilt sich also in zwei Themenbereiche. Einmal in **Offenheit im Erleben**. Damit ist gemeint, was wir gerne machen und gerne erleben. Alles das, was in unserem Umfeld passieren sollte, damit wir uns wohlfühlen. Auf der anderen Seite steht die **Offenheit im Intellekt**. Bitte verwechseln Sie an dieser Stelle nicht Intellekt mit Intelligenz. Hier geht es um die Offenheit, um Kreativität im Denken. Um die Dinge, die wir gerne in unserem Denken, in unserem Kopf erfahren wollen: Science-Fiction, Fantasie oder wenn verschiedene philosophische Themen auf einmal schlüssig zusammenpassen.

Grundsätzlich geht es in dieser Dimension immer um neue Ideen und um die Frage, inwiefern jemand bereit ist, etwas Neues zu erleben und kreativ mit der Welt umzugehen. Um einfach etwas anders zu machen oder anders zu denken als zuvor. Um Abwechslung zu fordern und Kreativität ihren Lauf zu lassen. Und das alles gibt es in diesen zwei Themenbereichen: Wer hohe Werte im Intellekt hat, sammelt gerne neue Ideen, probiert gerne neue Dinge aus und möchte immer wieder irgendetwas Neues, Besonderes erleben. Diese neuen geistigen Erlebnisse müssen aber zusammenpassen. Die Person freut sich beispielsweise, wenn die eine philosophische Theorie so wunderbar mit der anderen philosophischen Theorie zusammenpasst. Sie freut sich, wenn sie ein Fantasybuch liest und daraufhin im Kopf eine harmonische neue Welt entsteht. Wer hoch im Intellekt ist, beschäftigt sich auch gerne mit verschiedenen Denkmustern und Logiken zu Fragen wie: „Wie muss denn die Gesellschaft eigentlich sein und wie könnte alles irgendwie zusammenpassen?“

Wer hoch in Offenheit im Erleben ist, achtet vor allem darauf, diese Qualitäten auch in seinem persönlichen Umfeld zu erleben. Diese Menschen machen gerne etwas Kreatives und das kann auch nur ganz für sich selbst geschehen. Der eine töpfert, die nächste macht Kunst, wieder einer ist gar nicht selbst kreativ, sondern erlebt Kreativität beispielsweise gerne in Ausstellungen. Für manche ist die Offenheit für Erfahrungen im Erleben dann gegeben, wenn sie in den Wald gehen und die Natur erleben. Für andere braucht es dann schon das Museum mit der ganz besonderen Kunst, zu der so gut wie keiner sonst irgendeinen Bezug hat. Im Erleben meinen wir also vor allem Dinge wie Kunst, wie Ästhetik und Stimmungen. Auch schöne Räume oder Dekoration zu Hause, damit eine Wohlfühlatmosphäre und ein rundes Ganzes für diese Personen entstehen.

Offenheit ist eine Dimension, die sehr stark mit Intelligenz korreliert. Bei Menschen, die hoch in Offenheit sind, stellen wir häufig fest, dass diese auch sehr intelligent sind. Aber keine Sorge, wenn Ihr Test ergeben hat, dass Sie in diesem Bereich nur eine geringe

Ausprägung haben, heißt das keineswegs, dass Sie nicht oder weniger intelligent sein müssen. Es handelt sich nämlich nur um eine Korrelation, nicht um eine Kausalität. Das heißt, es gibt die Tendenz dieser Verbindung. Diese Tendenz liegt daran, dass Offenheit – wenn wir einen Blick ins Gehirn wagen – viel mit Kreativität und Ästhetik zu tun hat. Und Kreativität bedeutet, dass Regionen im Gehirn, die auch weit voneinander entfernt sein können, miteinander reden können, verschaltet sind und vielleicht sogar ganz neue Ideen produzieren. Diese Verschaltungen sind wichtig bei Kreativität und Kreativität ist auch wichtig bei Intelligenz. Denn Intelligenz heißt auch, Probleme kreativ lösen zu können.

Auf der anderen Seite erleben wir bei Menschen mit hoher Offenheit sehr stark, dass sie nach Neuem suchen. Sie haben deshalb eine ganz hohe Toleranz für Unsicherheit und fühlen sich auch in komplexen, komplizierten Zusammenhängen sehr wohl. Die einen in den mentalen intellektuellen Zusammenhängen, die anderen in den Erlebnis- und Erfahrungszusammenhängen. Diese Menschen sind dementsprechend auch häufiger etwas unkonventionell und machen Dinge anders, als man selbst sie jemals tun würde. Wenn man es zu sehr zu anders macht, kann man natürlich gesellschaftlich anecken. Das kann in sozialen Bezügen ein bisschen schwierig sein. Man möchte nicht unbedingt ein besonders kreativer Denker in einem totalitären System oder einer totalitären Organisation sein.

Ganz häufig führt aber die hohe Kreativität, die mit der Offenheit einhergeht, dazu, dass neue und innovative Lösungen gefunden werden. Und an diesem Punkt kann Offenheit auch sehr stark mit Erfolg korrelieren.

Wer offen ist, der sieht mit der genannten hohen Toleranz für verschiedene komplexe Situationen ganz häufig das große Bild. Diese Menschen arbeiten sich dann eben durch eine schwierige und unübersichtliche Situation hindurch und versuchen jedenfalls nicht, dieser Situation aktiv aus dem Weg zu gehen. Gleichzeitig kann diese Neigung zum Problem werden. Denn wer zu viel Toleranz für unübersichtliche Situationen hat, der neigt leider gerne dazu, sich ein bisschen zu verlieren. Der neigt dazu, den Fokus vom Detail zu nehmen und die Welt eben nicht so zu ordnen, wie man das eventuell an dieser Stelle machen müsste. Übersicht und Sortierung können dann an verschiedenen Stellen verloren gehen. Und natürlich kann man sich auch in Kreativität verzetteln und vergessen, jetzt einfach einmal die ganz pragmatische Anwendung in der Praxis hinzubekommen.

Viele Menschen, die hoch in Offenheit, entweder im Erleben oder im Intellekt sind, sagen von sich, dass sie sich selber gar nicht als so kreativ erleben oder als einen Menschen, der viel Ästhetik zulassen würde. Dieser scheinbare Widerspruch kann zwei Gründe haben: Zum einen kann es sein, dass diese Menschen, den hohen Kreativitätslevel, den sie in den Augen der anderen haben, für ganz normal halten und ihn deshalb nicht ungewöhnlich finden, weil die eigene Kreativität als sehr selbstverständlich wahrgenommen wird.

Auf der anderen Seite erleben wir immer wieder Menschen, die sehr hoch in Offenheit sind, die damit verbundenen Neigungen aber in der Praxis – im privaten und im beruflichen Alltag – kaum noch ausleben. Und zwar, weil sie sich vor lauter Arbeit und Pflichtgefühl – und vielleicht auch vor lauter anderen Persönlichkeitseigenschaften – einfach nicht die Zeit gönnen, ihre Kreativität zuzulassen.

Es ist wichtig, sich daran zu erinnern, dass Kreativität aus neurologischer Sicht sehr hilfreich ist. Es tut dem Gehirn gut, etwas Kreatives zu tun – im Denken und auch im Erleben.

Diejenigen von Ihnen, die hoch in Offenheit sind, achten bitte darauf, dass Sie sich Zeiträume nehmen, um diese Kreativität auszuleben, und darauf, diesem Bedürfnis immer wieder einen Raum zu geben. Diejenigen, die sehr geringe Werte aufweisen, haben die Chance, sich zu überlegen, wo sie vielleicht in einigen spielerischen Bereichen doch einmal ihre Kreativität und Ästhetik ausleben können, um dem Gehirn ein bisschen Futter für die Entwicklung zu geben.

2.5.2 Extraversion: Dominanz & Enthusiasmus

Menschen mit hoher Ausprägung sind gesellig und vernetzend. Menschen mit geringer Ausprägung sind zurückhaltend und reserviert (Introversion). Sie haben bestimmt schon beide Ausprägungsvarianten der Extraversion erlebt: Da bekommt jemand eine gute Nachricht und jetzt gibt es den einen, der springt vor Freude in die Luft. Und der andere nimmt eine freudige Nachricht so zur Kenntnis: „Hmmja, okay.“ Findet er schon gut. Aber vielmehr passiert da nicht. Extraversion ist ein Thema, über das vor allem im Zusammenhang mit „extravertierten Typen“ gesprochen oder geschrieben wird. Aber meistens hat Extraversion nicht die Bedeutung, die ihr typischerweise beigemessen wird. Denn bei Extraversion geht es im Wesentlichen um positive Emotionen. Und um die Frage, ob und wie wir unsere Ziele erreichen.

In unserem Gehirn, ganz genau im basalen Vorderhirn und dort wiederum im Nucleus Accumbens, gibt es ein sogenanntes Belohnungserwartungssystem. Und in diesem neuronalen Belohnungserwartungssystem geht es – natürlich – um die Erwartung von Belohnung. Und was produziert unser Gehirn, wenn wir eine Belohnung erwarten? Es produziert natürlich Vorfreude! Und mit der Vorfreude kommt auch eine ganze Menge Lust und Drive, irgendetwas zu machen, um sicherzustellen, dass das, was wir wollen, auch tatsächlich passiert. Wir kommen in Bewegung, lateinisch steckt „movere“ dahinter, es geht also um Motivation. Je nachdem, wie viel wir davon haben, stehen wir sogar manchmal nachts auf und müssen dringend einmal eine neue Idee aufs Papier bringen, weil jetzt gerade die Motivation einschlägt. Ein typischer Aha-Moment, ein klasse Gefühl, das eine Menge Motivation freisetzt und das wir in Kapitel 4 noch besser kennenlernen werden.

Wenn wir uns mit Extraversion beschäftigen, beschäftigen wir uns mit positiven Emotionen, also unserem Belohnungssystem. Und wir beschäftigen uns mit der Begeisterung und dem Willen, die nötig sind, um das, worauf man sich freut, auch wirklich zu bekommen. Die Unterpunkte zur Extraversion sind also mit anderen Worten **Enthusiasmus** auf der einen und **Durchsetzung** auf der anderen Seite.

Jetzt verstehen wir auch, wie man dazu kommt, zu sagen, dass jemand, der extravertiert ist – das Wort wird oft auch als extrovertiert benutzt –, gerne auf Partys geht und überhaupt offen für und im Austausch mit Menschen ist. Tatsächlich passen diese Verhaltensmuster aber nur „aus Versehen", oder besser formuliert indirekt, zu den mit Extravertiertheit verbundenen positiven Emotionen. Denn wer hoch in Extraversion ist, der ist hoch in Vorfreude. Und so jemand denkt an eine Party und meint: „Supergeil! Da kann ich ganz viele Leute treffen und Witze erzählen und Spaß haben." Dieser Mensch haut seinen Witz übrigens auch erst einmal raus, bevor er darüber nachdenkt, ob sein Witz in dieser Situation überhaupt angemessen ist. Und Menschen, die mit hohem Enthusiasmus in eine soziale Situation gehen, charakterisieren wir im Alltag als extrovertiert.

In Extraversion steckt vor allem positives Erleben. Positives Erleben oder Belohnungserwartung ist eine zentrale, wichtige Funktion im Gehirn, wenn es um die Frage geht, ob wir bereit sind, für das, was wir haben wollen, zu arbeiten, und damit verbunden eben auch, ob wir es dann tatsächlich bekommen. Denn die positive Emotion tritt immer dann ein, wenn wir glauben, dass wir etwas, was uns wichtig ist, in Zukunft schaffen können. Dort, wo wir einmal vor einer Hürde stehen, ermöglicht uns die positive Emotion, diese Hürde zu bewältigen, indem sie uns mit viel Vorfreude und viel Elan, mit Begeisterung und Motivation immer wieder versuchen lässt, die Hürde zu überwinden – bis wir es dann am Ende schaffen. Extraversion kommt somit eine wichtige Funktion rund um zielorientiertes Verhalten zu. Denn dort geht es darum, ob ich die Lust und die Begeisterung habe – auch die Verhaltensenergie im Sinne von Bewegungsenergie –, die mich dabei unterstützt, meine Ziele zu erreichen.

Das neurologische System arbeitet unter anderem mit dem Botenstoff Dopamin. Und Dopamin ist auch für die motorischen Bereiche des Gehirns ein zentraler Botenstoff. Das heißt, Dopamin ist das, was uns in Bewegung bringt. Ergo bringen uns Motivation und Begeisterung als Folge der Extraversion in Bewegung.

Das können wir auf zwei Ebenen feststellen. Einmal erleben wir Enthusiasmus. Also die Begeisterung, wenn etwas passiert. Das ist im Wesentlichen die Vorfreude, die wir fühlen, wenn wir Lust auf etwas haben. Auf der anderen Seite haben wir das Thema Durchsetzung im Sinne des zielgerichteten Verhaltens. Wer hoch in Durchsetzung ist, der hat eine Idee und eine Meinung und glaubt erst einmal, dass das die richtige Idee ist und auch die Idee, die es verdient, durchgesetzt zu werden. Und dementsprechend geht er heran mit seiner gesamten Handlungsenergie. Dieser Mensch will mit allem, was er hat, dafür sorgen, dass seine Idee wirklich durchgesetzt wird. Je öfter man sein jeweiliges Ziel erreicht, je mehr man also etwas tut und damit Erfolg hat, umso mehr Drive entsteht daraus. Und so kann sich Durchsetzungsfähigkeit auch über verschiedene gelernte Verhaltensmuster Stück für Stück verstärken.

Extraversion scheint auf den ersten Blick ausschließlich positiv besetzt zu sein. Und sicherlich sorgt Extraversion für viele schöne Momente. Wir sind häufig gerne in einem Raum mit denjenigen, die hoch in Extraversion sind. Mit denen, die Stimmung machen und für gute Laune sorgen wollen. Aber natürlich hat jede der Persönlichkeitseigenschaften auch Seiten, die in bestimmten Situationen Schwierigkeiten machen können. So erleben wir bei Menschen, die hoch in Extraversion sind, auch eine hohe Risikofreude und eine hohe Impulsivität. Und nicht immer ist es angemessen, dass man schnell und übermäßig begeistert ist. Zu merken, dass der schmutzige Witz nicht angemessen war, ist blöd, wenn es passiert, nachdem man den erzählte. Wir kennen sicherlich alle diesen einen Menschen, der von einer Geschäftsidee nach der anderen begeistert ist, aber nichts richtig zu Ende macht und keine seiner Ideen verwirklicht. Ohne große Beständigkeit taumeln diese Menschen von einem aus ihrem Empfinden begeisterungswürdigen Thema zum nächsten.

Hier heißt es insbesondere für diese Menschen selbst, genau hinzuschauen, in welchen Momenten Begeisterungsfähigkeit, Enthusiasmus, aber auch Durchsetzungsfähigkeit und -wille angemessen sind. Es gilt zu kalibrieren, wann hilft es und wann es nicht hilft. Wenn wir gering in Durchsetzung sind, haben wir sicherlich immer wieder mit dem Thema zu kämpfen, dass wir mehr für uns selber, für unsere eigenen Bedürfnisse, einstehen sollten. Wir erleben häufig, dass Menschen mit geringer Ausprägung in dieser Dimension zum Beispiel in Gehaltsverhandlungen nicht klar ihren Wunsch oder ihre Position auf den Tisch bringen oder vielleicht bereits im Vorfeld abgewunken wird: „Ach komm, ist nicht so schlimm, dann halt nicht." Der Knackpunkt ist dann insbesondere, für die eigenen Wünsche wirklich einstehen zu wollen und zu müssen. Wer gering in Enthusiasmus ist, hat dagegen oft ein anderes Thema. Nämlich, sich überhaupt einmal in Begeisterung für Neues, Anderes oder Innovatives bringen zu lassen, sich in neue Themen zu wagen und nicht bloß in bestehenden Bahnen zu laufen.

2.5.3 Neurotizismus: Volatilität & Rückzug

Wenn wir über die Persönlichkeitseigenschaft Neurotizismus reden, reden wir über Menschen, die bei hoher Ausprägung stressanfällig und emotional bis aufbrausend, gleichzeitig aber auch verletzlich und von hoher Selbstreflektion geprägt sind.

Menschen mit hohen Werten in Neurotizismus gehen beispielsweise aus einem Gespräch heraus, das objektiv wirklich gut gelaufen ist. Wo Menschen mit anderer Ausprägung sich feiern, stellen sich diese Menschen Fragen: „War das wirklich okay? Mag der mich wirklich? Hätte ich an der einen Stelle nicht besser oder anders formulieren sollen? Hat der nicht doch ganz komisch geschaut?" Sie haben Zweifel und die Bedenken steigen in ihnen auf.

Bei Neurotizismus geht es um das Gegenteil von positiver Emotion. Also auch um das Gegenteil von Extraversion, für die positive Emotionen prägend sind. Das Gegenteil von Extraversion ist also nicht, wie oft geglaubt, die schon erwähnte Introversion. Introversion ist von einem geringeren Grad positiver Emotionen geprägt, also eine niedrige Ausprägung von Extraversion. Das Gegenteil von positiver Emotion ist aber die negative Emotion. Für die Persönlichkeitseigenschaft Extraversion ist das Belohnungssystem im Gehirn entscheidend. Auf der anderen Seite haben wir das Stress- und Angstsystem, das den Neurotizismus bespielt. Bei Menschen mit hohen Werten in Neurotizismus ist dieses Stress- und Angstsystem deutlich stärker ausgeprägt und sehr viel aktiver. Dieser Umstand führt in der Regel auch zu einer sehr ausgeprägten Selbstwahrnehmung. Es findet also eine sehr intensive Reflektion statt und meistens eine sehr kritische Betrachtung seiner selbst. Man fragt sich, ob man gut genug ist, und immer wieder, wie man in einer bestimmten Situation zurechtkommen soll. Häufig finden wir ausgeprägte Selbstzweifel.

Sie können sich das etwa so vorstellen wie bei einer Alarmanlage, die das Stress- und Angstsystem aktiviert. Die Amygdala, die als eine Art Alarmanlage fungiert, haben wir schon kennengelernt. Es wird die ganze Zeit überwacht, inwiefern das, was gerade passiert, einem Alarm angemessen wäre. Bei Menschen mit einem hohen Wert in Neurotizismus ist diese Alarmanlage sehr empfindlich und geht bereits bei den kleinsten Reizen an. Nur weil eine Nacktschnecke auf dem Rasen kriecht, wird schon einmal Alarm ausgelöst. Und anstatt dass der Fehlalarm dann abgestellt wird, fangen Menschen mit hohem Neurotizismus nun an, ausgedehnt darüber nachzudenken, inwiefern die Schnecke ihnen doch gefährlich werden kann. Wo andere Menschen überhaupt nicht verstehen, wie man wegen solcher Kleinigkeiten Sorgen haben könnte, oder die Kleinigkeit nicht mal wahrgenommen haben, da sind die, die in Neurotizismus hoch sind, schon längst mit schrillender Alarmanlage dabei, über die Situation nachzudenken beziehungsweise eine Reaktion auf diese Situation zu finden.

Wir finden zwei mögliche Reaktionen, die gleichzeitig auch die zwei Dimensionen von Neurotizismus darstellen. Die eine ist der **Rückzug**. Menschen mit einem hohen Neurotizismus und einer Neigung zum Rückzug machen genau das: Wenn sie Stress und Angst wahrnehmen, wollen sie sich aus der Situation zurückziehen und werden eher versuchen, eine angstbesetzte Situation jetzt und in Zukunft zu vermeiden. Sie möchten die Situation gerne ignorieren und das Geschehen wegschieben, denn sie haben einfach keine Lust auf Stress. Sie versuchen, die möglichen negativen Konsequenzen und die Probleme, die in einer Situation entstehen könnten, wegzuschieben, indem sie einfach die komplette Situation vermeiden. Entsprechend finden wir hier auch eine besondere Neigung zum Prokrastinieren, also der Neigung, erst einmal gar nichts zu unternehmen und die Sache aufzuschieben.

Neben Rückzug gibt es auch noch die Dimension **Volatilität**. Die Menschen, die zur Volatilität neigen, also zur Schwankung, sind diejenigen, die sich einmal zurückziehen, also aus der Situation herauswollen, und dann aber denken: „Nein, das geht nicht. Ich muss da jetzt durch, ich muss das bearbeiten." Sie stürzen sich dementsprechend in die Situation, laufen mit dem Baseballschläger auf den Rasen, um die eindringende Schnecke zu finden, bekommen dann Angst, wenn ein Ast im Gebüsch knackst, und laufen panisch wieder hinein. Und aus dieser Neigung entsteht über die Zeit eine Wellenbewegung. Rein in die Situation – raus aus der Situation! Da gibt es dann sogar Momente, wo man vielleicht ein bisschen Extraversion in sich entdeckt und die Situation packen will. Aber dann passiert irgendeine Kleinigkeit und man will nicht mehr. Dann wird zurückgeschwenkt auf Rückzug. Neurotizistische Menschen mit einer Neigung zu Volatilität pendeln also zwischen dem Wunsch, den Stressor zu lösen oder mit 4F drauflos- oder wegzurennen, und dem Wunsch, den Stressor gleich ganz zu ignorieren.

Auch diese Persönlichkeitseigenschaft hat natürlich eine Funktion, nämlich eine Schutzfunktion. Sie will uns vor bedenklichen Themen und Stressoren warnen und dafür sorgen, dass wir rechtzeitig auf Abstand gehen, um nicht von ihnen geschädigt zu werden. In der Savanne war es meist nicht die Nacktschnecke, sondern eine Schlange, die auch giftig sein konnte.

Die Reaktionen, die wir dann erleben, sind teilweise sehr erstaunlich. Ganz häufig erleben wir zum Beispiel Menschen, die nach außen die Contenance sehr lange und sehr bewusst bewahren. Bis zu diesem einen Moment, in dem sie sich ein bisschen zu sehr gestresst fühlen. Und dann knallt es plötzlich. Aber richtig! Menschen mit hoher Ausprägung in Neurotizismus und Volatilität sind nämlich die typischen Choleriker, die, wenn es erst einmal so weit ist, versuchen, eine Situation mit Aggression (das Fight der 4F) zu lösen. Wir alle kennen das von der Ketchup-Flasche, bei der man den Ketchup herausdrückt: Lange passiert nix, mehr Druck, nix, mehr Druck, wieder nix, noch mehr Druck, immer noch nix, und noch fester und dann, wie aus dem Nichts, treten gefühlte 15 Liter Ketchup in Mach 3 aus der Flasche und ertränken alles Essen auf unserem Teller und treffen natürlich auch den Pullover des Tischnachbarn.

Je weniger Druck es auf die Flasche braucht, also je höher die Volatilität, umso schneller kommt es zu den cholerischen Ausbrüchen. Es sind Menschen, die die Dinge bis zu einem gewissen Maß in sich hineinfressen und dann, wenn der Tropfen das Fass zum Überlaufen bringt, explodieren.

Das heißt nicht, dass man gleich ein Choleriker ist, wenn man sich einmal aufregt oder einmal ausrastet. Das passiert auch Menschen mit anderer Ausprägung. Ein berufsmäßiger Choleriker ist aber gekennzeichnet von hohem Neurotizismus mit hoher Volatilität und er wird deshalb zwangsläufig „explodieren", wenn für ihn und nach seinem Empfinden das Maß voll ist. Das kann schnell mal passieren – je höher die Volatilität, umso schneller und öfter kommt es dazu.

Neurotizismus ist eine Persönlichkeitseigenschaft, die in der Tat mit einigen Problemen einhergeht. Denn wenn man regelmäßig anfällig für Angst und für Stress ist, dann macht das auch physiologisch etwas mit dem Körper. Das wissen Sie bereits aus den Abschnitten, die sich mit Stress beschäftigen. Diejenigen, die versäumen, aktiv mit ihrem Neurotizismus umzugehen, haben beispielsweise eine höhere Wahrscheinlichkeit, eine Depression oder eine Angststörung zu entwickeln. Wir erleben auch eine geringere Lebenszufriedenheit und geringere Angaben von Glücklichsein.

Die gute Nachricht ist, dass das nicht automatisch so sein muss. Neurotizismus ist zwar in der Tat eine Herausforderung für jeden „Betroffenen". Mit den richtigen Methoden und Werkzeugen kann aber ein guter Umgang damit gefunden werden, sodass man sogar aus dem Neurotizismus eine Stärke machen kann. Denn früh Bedenken zu haben führt natürlich auch dazu, dass man sich gut optimieren kann. Man ist nämlich offen für kritisches Feedback. Und wenn das Feedback gut ist – also hilfreich und beschreibend – und nicht bewertend, liegen insbesondere in der mit Neurotizismus verbundenen tiefen Selbstreflektion große Chancen der Persönlichkeitsentwicklung. Wenn wir in Teams arbeiten, freuen wir uns immer über jemanden mit hohem Neurotizismus, da können wir uns sicher sein, dass das Risikomanagement sitzt und keine unnötigen Fehler gemacht werden.

Denn eine weitere Stärke kann an der richtigen Stelle die mit Neurotizismus verbundene geringe Risikobereitschaft sein. Diejenigen, die hoch in Neurotizismus sind, machen keine Dummheiten. Die Extravertierten springen begeistert auf die neue Idee an und in das Abenteuer, das macht sie indirekt hoch risikobereit. Aber wer Risiken eingeht, verliert auch einmal. Ein Abenteuer kann auch schiefgehen. Und vor diesen Risiken sind natürlich diejenigen, die hoch in Neurotizismus sind, ordentlich geschützt.

2.5.4 Verträglichkeit: Politeness & Empathie

Sie nehmen an einem Gruppengespräch teil und plötzlich sagt irgendjemand etwas, mit dem Sie überhaupt nicht einverstanden sind. Wenn Sie sich jetzt denken: „Na, da kann ich aber jetzt nicht so direkt dagegenreden", dann könnte es sein, dass Sie hoch in der Persönlichkeitseigenschaft sind, um die es jetzt geht. Die Kollegin neben Ihnen, die im Gegensatz zu Ihnen direkt loslegt und dem Redner vehement und sehr offen widerspricht, hat hier sehr wahrscheinlich eine wesentlich geringere Ausprägung. Ich nenne diese Dimension Verträglichkeit, da es vor allem um das soziale Miteinander geht und die Frage, was man dafür tut, dass keine Konflikte entstehen und man sich stattdessen verträgt.

Auf Englisch heißt diese Persönlichkeitseigenschaft „Agreeableness". In dem Wort steckt zum einen „to agree", also „zustimmen", und zum anderen „to be able", also fähig sein. Man könnte Verträglichkeit also auch als die Bereitschaft oder Neigung definieren, jemandem zuzustimmen.

Die Menschen, die hoch in dieser Eigenschaft sind, vermeiden gerne Konflikte. Denn sie mögen Harmonie und sie trauen sich ganz häufig nicht, ihre eigene Meinung in den Vordergrund zu stellen, einen Konflikt einzugehen oder sich vielleicht offen und aktiv gegen jemanden zu stellen.

Dabei zeigt sich auch dieses Persönlichkeitsmerkmal in zwei verschiedenen Themenbereichen. Auf der einen Seite steht die Dimension **Empathie**, also Mitgefühl. Mitfühlende Menschen haben intuitiv ein Gespür dafür, wie es dem Gegenüber gerade geht und was mit ihm los ist. Sie verstehen und bedenken auch, was ihr eigenes Verhalten in ihm auslösen und wie es sich anfühlen würde, wenn sie ihm widersprächen: „Wie verunsichert ist der dann und sollte ich ihn denn überhaupt an dieser Stelle verunsichern? Darf ich das denn? Der Arme! Wie wird der sich fühlen, wenn ich jetzt dagegenrede? Wie würde es mir gehen, wenn das jemand mit mir täte?!" Diese Menschen bedenken aber auch, was ein Konflikt für sie selbst bedeuten würde. „Will ich das überhaupt und ertrage ich das?" Diejenigen, die hoch in Mitgefühl sind, neigen also zur Konfliktvermeidung, weil sie ein hohes Einfühlungsvermögen in das Gegenüber, aber eben auch in sich selber haben.

Die zweite Dimension der Verträglichkeit ist die Konformität oder auch **Politeness**, zu Deutsch am besten mit Höflichkeit übersetzt. Höflichkeit meint in diesem Sinne weniger Bitte-/Danke-Floskeln, sondern zielt vielmehr auf den ursprünglichen Kern des Wortes im Sinne eines Sich-Verhaltens in den festen Regeln eines höfischen Zeremoniells. Also eines Verhaltens innerhalb eines sehr strikt und von Gottes Gnaden gegebenen Regelwerks, das nicht hinterfragt werden durfte. Man wusste am Hof genau, wer was zu sagen hatte. Man wusste, wer was durfte und wer nicht. Man kannte die Etikette und man kannte die Normen. Und wer sich nicht an die sozialen Normen hielt, der flog hinaus und landete beim Gesindel vor den Stadtmauern beziehungsweise wurde sanktioniert bis hin zu „Kopf ab". Es geht also in dieser Dimension insbesondere um die Neigung, soziale Normen und Konventionen einzuhalten. Wer sehr hoch darin ist, sieht die Normen als gegeben an. Er oder sie orientiert sich an der Stabilität der Gesellschaft, der Stabilität der (Organisations-) Kultur und will auch gar nicht von den Normen abweichen, denn: Das! macht! man! nicht!

Wer eine geringe Ausprägung in der Politeness besitzt, der sieht heute die soziale Norm, die durch ein Straßenschild repräsentiert wird, nämlich beispielsweise die Norm, langsam zu fahren, eher als eine Empfehlung. So 20, 30 Kilometer pro Stunde darüber gehen für diese Menschen auch. Wer ganz gering in Politeness ist, hat sogar systematisch eine Neigung, gegen soziale Normen zu sein und sie vielleicht sogar aktiv abzulehnen, also die Norm aktiv zu missachten, eben weil es eine Norm ist und damit auch Freiheit einschränkt.

Das können wir bei allen Arten von Normen erleben, auch bei der Frage, wie man eigentlich miteinander umgeht. Wie aktiv kann man in einen Konflikt gehen? Wie direkt oder teilweise auch schon aggressiv darf man Feedback geben? Wir erleben also die Neigung, sich an verschiedenen Normen zu orientieren, wenn jemand hoch in Politeness ist. Oder die Neigung, sich eben nicht daran zu orientieren, wenn eine geringe Ausprägung in Politeness vorhanden ist.

Dementsprechend sind vor allem die Menschen, die sehr hoch in Höflichkeit und gleichzeitig sehr hoch in Empathie sind, ganz häufig Menschen, die versuchen, Konflikte zu vermeiden. Denn Konflikte sind irgendwo auch gegen die Regel. Insbesondere lehnen sie es ab, wenn die Missachtung einer Norm zu einem Konflikt führt. Auch diejenigen, die hoch in Empathie sind, neigen dazu, Konflikte zu vermeiden und stellen dafür gerne ihre eigene Meinung und ihre Wünsche hintan, anstatt dafür zu kämpfen. Und zwar, weil sie glauben, dem Gesprächspartner durch ihre Forderung oder ihren Standpunkt Schwierigkeiten zu bereiten: „Der Arme, der muss dann mit meiner Forderung leben und sie womöglich umsetzen und deshalb nehme ich ihm diese Last ab und stelle die Forderung gar nicht erst." Das ist dabei meist keine bewusste, logische Abwägung, sondern eine emotional-intuitive. Sie fühlen jetzt schon den Schmerz des Konflikts in sich, den der Gegenüber haben würde, wenn man ihm jetzt widersprechen würde.

Wenn wir jemanden haben, der dazu hoch in Durchsetzung ist, muss das gar kein Problem sein. Wenn man beispielsweise eine Gehaltsverhandlung führt, dann schafft man es aufgrund dieser weiteren Persönlichkeitseigenschaft dennoch, seine Forderung durchzusetzen. Aber wer zusätzlich gering in Durchsetzung ist, neigt sehr stark dazu, überhaupt nicht seine eigene Forderung in den Raum zu stellen, sondern eher zaghaft zu fragen: „Was bekommt man hier denn so an Gehalt?" Wer anders tickt und gering in Höflichkeit und hoch in Durchsetzung ist, kommt natürlich im Gespräch anders um die Ecke und sagt: „Ich will folgendes Gehalt, weil ich das eben wert bin." Wenn diese Person zusätzlich gering in Empathie und Politeness ist, fügt sie vielleicht in Gedanken noch ein: „Und wenn das Schwierigkeiten macht, ist mir das auch egal, und jetzt guck nicht so blöd!", hinzu und hat keinerlei Probleme damit, eine hohe oder extreme Forderung in den Raum zu stellen. Wer also gering in Empathie und gering in Politeness ist, wird sich systematisch auch mit Klarheit bis Härte für seine eigenen Interessen einsetzen, ohne ein Problem damit zu haben, dass daraus Konflikte entstehen. Er kann dann als sehr wettbewerbsorientiert wahrgenommen werden, was durchaus positiv konnotiert sein kann. Er kann jedoch auch schnell als aggressiv, teilweise als stur und kalt wahrgenommen werden. Oft sind das auch die Typen, die nur nehmen, aber wenig geben.

Wer sehr hoch in beiden Aspekten ist, wird dagegen sehr häufig als jemand wahrgenommen, der es allen recht machen und überhaupt nicht für seine eigene Meinung einstehen will und gar keine echten Ecken und Kanten hat. Er kann schnell als rückgratlos erscheinen. Emotional fühlen sich diese Menschen, als würde es ihnen extra schwer gemacht, das zu bekommen, was sie eigentlich verdienen würden. Sie hoffen, dass die Gegenüber es ihnen auch recht machen wollten und ihre Interessen befriedigt würden, ohne es einfordern zu müssen. Beim oft vergeblichen Warten darauf kann eine Menge Frust entstehen, der im Extremfall in Resignation umkippen kann.

Es gilt also genau hinzuschauen, wo Sie stehen, und dann zu verstehen, welche Vor- und welche Nachteile jede Ausprägung hat. Mit dieser Klarheit können Sie dann einen guten Rahmen für Ihre Themen schaffen. Denn es macht sicherlich ab und zu Sinn, nicht jede unsinnige Regel einzuhalten. Schließlich funktioniert Innovation und Kreativität letztlich auch über das Nichteinhalten von Regeln. Aber Sie wollen natürlich auch nicht alle Regeln missachten, denn dann landen Sie schlimmstenfalls irgendwann in der nächsten Justizvollzugsanstalt.

Auch bei Empathie ist es wichtig, Empathie für Ihr Gegenüber zu entwickeln und zu verstehen, was das jetzt gerade mit ihm macht. Aber es allen an allen Stellen recht zu machen, kann auch schwierig sein. Denn Sie werden dann nicht mehr das bekommen, was Sie brauchen oder wollen und vergessen eventuell, Empathie für sich selbst aufzubringen.

Hier zeigt sich ein zentraler Punkt im Thema Persönlichkeitsentwicklung, welcher vor allem mit Blick auf die Dimension Verträglichkeit sehr spannend ist. Es gilt genau hinzuschauen und herauszufinden, wo Sie mit Ihren Persönlichkeitseigenschaften stehen, wie Sie sich gegebenenfalls in Ihren Persönlichkeitseigenschaften entwickeln sollten und welche anderen Persönlichkeitseigenschaften Sie ausspielen müssen.

2.5.5 Gewissenhaftigkeit: Fleiß & Ordnung

Menschen mit hoher Ausprägung sind effektiv und organisiert bis hin zum Perfektionismus. Menschen mit geringer Ausprägung sind unbekümmert bis hin zur Nachlässigkeit.

Auch diese Kategorie teilt sich in zwei Dimensionen: Fleiß und Ordnung. Hohe Werte für Gewissenhaftigkeit haben sehr fleißige und/oder sehr ordentliche Personen. Tatsächlich kann man in dieser Kategorie nämlich durchaus auch sehr ordentlich und weniger fleißig oder andersherum sehr fleißig, aber dafür weniger ordentlich sein. In dieser Kategorie hoch ausgeprägte Menschen müssen „ran", die wollen etwas tun, sonst fühlen sie sich nicht wohl. Sie haben wieder einmal richtig Gas gegeben und die letzten Tage durchgearbeitet. Das letzte freie Wochenende ist auch schon länger her. Und eigentlich müssten sie sich wieder mindestens zwei freie Tage gönnen. Und so sitzen sie am Samstagmorgen mit einer Tasse Kaffee entspannt auf dem Sofa und alles sollte gut sein. Aber irgendetwas nagt an ihnen. Denn da ist noch diese eine Sache, die sie ja noch dringend erledigen wollten. Und das war's mit dem freien Samstag, denn sie entscheiden sich dafür, diese Sache dann doch noch „schnell" zu erledigen.

Manche Menschen kennen diese Situation viel zu gut. Und andere kämen überhaupt nicht auf die Idee, sich an einem freien Tag den Kopf zu zerbrechen. Und bei beiden Gruppen geht es um die Persönlichkeitseigenschaft namens Gewissenhaftigkeit.

Spannenderweise lehrt uns ein Blick in unser Gehirn, dass diese Persönlichkeitseigenschaft mit einem neurologischen System verknüpft ist, das unter anderem auch für Ekel zuständig ist. Es geht in diesem System außerdem sehr stark um Kategorisierungen, um Sortierung und um das Festhalten an bestehenden Kategorien. Wir finden zwei Subsysteme: nämlich den Fleiß auf der einen und auf der anderen Seite die Ordentlichkeit oder die Ordnung.

Für Menschen, die hoch in der Kategorie Ordnung sind, sind Systematisierung und Strukturierung ganz wichtig. Sie gehören zu denjenigen, die schon intuitiv dazu neigen, ihre Arbeit in einer To-do-Liste zu organisieren, die sie regelmäßig updaten und abarbeiten. Sie erstellen sich auch vor dem Urlaub gern eine längere Excel-Tabelle, in der sie schon einmal die Handlungsoptionen am Urlaubsort differenziert und wetterabhängig durchplanen.

Tatsächlich geht es so weit, dass diese Menschen, wenn sie ihre Systematisierung aus irgendeinem Grund verlieren, vielleicht, weil sie gerade überarbeitet sind, sich tatsächlich ein wenig vor sich selbst ekeln. Und auch die mit der anderen Subeigenschaft – Fleiß – ekeln sich zuweilen vor sich selbst. Nämlich, wenn sie auf dem Sofa sitzen und versuchen, zu entspannen, aber im Hinterkopf wissen, dass es eigentlich noch etwas zu tun gäbe. „Wie kann man denn faul in der Ecke liegen und dem Herrgott die Zeit stehlen, wenn man doch eigentlich etwas zu tun hätte: Das geht doch nicht!" Das ist ein Gefühl, das Menschen, die sehr hoch in Fleiß sind, regelmäßig an sich beobachten.

Es verwundert natürlich nicht, dass diese beiden Eigenschaften sehr stark mit beruflichem Erfolg und Einkommen korrelieren. Denn wer eine Neigung hat, immer wieder fleißig und in Aktivität zu sein, dabei vielleicht auch noch ordentlich und systematisch vorgeht und die Dinge wirklich abarbeitet, hat natürlich in vielen Berufen eine gute Grundlage, um mindestens auf lange Sicht erfolgreich zu sein.

Auch darum geht es bei dieser Persönlichkeitseigenschaft. Wie sehr bin ich eigentlich willens, durch mein jetziges Handeln ein Ziel in der Zukunft zu erreichen?

Insbesondere Menschen, die hoch in Fleiß sind, haben nämlich für sich einen Weg gefunden, den belohnenden Moment immer wieder nach hinten zu schieben. Sie sind konstant in der Aktivierung und damit sehr gut aufgestellt in einem Bereich, der „aufgeschobene Belohnung" oder auf Englisch „delay gratification" heißt. Dies ist dementsprechend hilfreich, um nicht in „sofortige Belohnungen" oder „instant gratification" zu verfallen, die in der Regel eine Ablenkung darstellen, die uns von der Erreichung unserer langfristigen

Ziele abhalten. Einige Menschen sind aber so hoch in Fleiß, dass sie sich die Belohnung immer weiter für spätere Momente aufsparen, weil es ja jetzt noch etwas zu tun gibt, sodass sie diese Momente der Belohnung, in denen sie genug getan haben, in ihrer Wahrnehmung nie erreichen werden.

Oftmals wissen diese Menschen nichts davon beziehungsweise ist ihnen dieses Muster nicht bewusst. Sie sind begeistert und angetrieben von dem, was ihnen winkt, wenn sie etwas abarbeiten. Aber wenn sie es abgearbeitet haben, stürzen sie sich schon wieder in die nächste Aufgabe. Denn es gibt immer was zu tun!

Spannenderweise führt dieses Persönlichkeitsmuster oft zu paradoxen Situationen. Häufig sind diejenigen, die fleißig und ordentlich sind, selbst dann nicht mit sich zufrieden, wenn sie gerade und für alle Augen sichtbar hohen Fleiß und hohe Ordnung gezeigt haben. Innerhalb ihrer sozialen Gruppe sind sie vielleicht sogar viel fleißiger und ordentlicher als die übrigen. Aber ihr eigener Anspruch liegt noch darüber. Weil sie immer im Blick behalten, was noch zu tun wäre. Diese Menschen nehmen vor allem die Situationen wahr, in denen sie sich gerade nicht ordentlich verhalten haben; deshalb haben sie ein latentes Gefühl, nicht gut genug zu sein.

Insbesondere wenn dieses Muster mit einem hohen Neurotizismus einhergeht, kann schnell eine schwierige psychologische Dynamik entstehen, die viele der Betroffenen sehr frustriert.

Wir können trotzdem festhalten, dass Ordnung und Fleiß zwei Eigenschaften sind, die in der heutigen Gesellschaft und in unserer Arbeitskultur sehr positiv sind – sie korrelieren mit beruflichem Erfolg, der ja häufig mit persönlichem Erfolg gleichgesetzt wird, und der verschafft einem in unserer Gesellschaft nicht nur hohes Einkommen, sondern auch hohes Ansehen.

Allerdings ist es das eine, immer nur fleißig, sortiert und ordentlich zu arbeiten. Auch einmal Phasen von Entspannung und von Ruhe zu haben, das Miteinander von Menschen genießen zu können, ist das andere. Eine Gruppe von Menschen, eine Partygesellschaft gar, ist per se nicht ordentlich. Das heißt, ganz viele Leute mit hoher Ordnung fühlen sich dort ganz schnell unwohl. Insbesondere wenn sie geringe Extraversion und hohen Neurotizismus haben. An dieser Stelle sind diejenigen, die gering in Ordnung sind, im Vorteil. Sie können einen schönen Moment für sich nutzen und genießen. Insbesondere dann, wenn eine hohe Offenheit für Erfahrungen und Erleben dazukommt.

Wer hoch in Gewissenhaftigkeit ist, neigt also zu einer beständigen, systematischen Leistung und fordert eine Belohnung erst in der Zukunft. Sie oder er geht die gerade und vordefinierte Straße beharrlich Schritt für Schritt weiter. „Ist der Weg auch lang, solange ich weiß, wo er ist, gehe ich ihn gerne", lautet ihr/sein Motto. Sie würden diesen Weg oftmals gerne schneller gehen, als sie können. Und diese Leistungsorientierung kann natürlich häufig in Perfektionismus umschlagen.

Leider geraten Menschen, die hoch in Ordnung sind, in Schwierigkeiten, wenn auf ihrem langen Weg, dieser vordefinierten Straße, plötzlich eine Blockade steht. Jetzt müssen sie ordentlich und fleißig damit umgehen. Sie arbeiten jetzt an der Blockade, versuchen diese wegzuräumen, arbeiten und sind damit beschäftigt, das Ding Stück für Stück abzutragen. Jemand, der hoch in Offenheit, vor allem hoch in Offenheit für Erleben ist, würde sich sagen: „Schau mal an, da mache ich doch mal eine Pause oder gehe einfach mal einen Umweg und nutze die geschenkte Zeit, um die Schönheit des Moments zu genießen." Das heißt, dass in der Gewissenhaftigkeit auch eine Beständigkeit liegt, die auf der anderen Seite dazu führen kann, dass die Kreativität und auch die Lust auf neue und andere Möglichkeiten genau dadurch blockiert werden. Das kann in beruflicher Hinsicht den Unterschied zwischen Buchhalter und Chief Financial Officer ausmachen.

Wie ausgeprägt sind Sie in dieser Kategorie? Wer hoch in Fleiß ist, für den geht es immer wieder darum, die Enklaven für sich zu finden, in denen man sich entspannt und wo man zur Ruhe kommen und Kräfte sammeln kann. Vor allem geht es darum, sich diese

Enklaven bewusst zu schaffen und freizuhalten. Und nein, das muss man nicht fleißig machen. Man muss nicht mit viel Mühe und Aktivität einen Urlaub abarbeiten, sondern man sollte ihn in diesem Fall einfach genießen.

Wer gering in Fleiß ist, dem stellt sich immer wieder die Frage, wie er in die Produktivität kommt. Wenn eine geringe Ausprägung in Fleiß mit hohem Enthusiasmus einhergeht, kommt diese Person zwar schnell in Aktivität. Dann heißt es aber Beständigkeit üben und Themen auch einmal zu Ende bringen und abarbeiten.

Wer hoch in Ordnung ist, sollte sich ab und zu selbst die Frage stellen, wo Ordnung wirklich hilft, wo die Systematisierung ihn weiterbringt und wo er vielleicht zu perfektionistisch ist. Er sollte vielleicht an einer Haltung arbeiten, die von „better done than perfect" geprägt ist – also von der Einsicht, dass es manchmal besser ist, wenn Dinge erledigt sind, auch wenn sie nach den eigenen Maßstäben nicht perfekt sind, und man etwas einfach beginnt, um es später zu optimieren, statt direkt den ersten perfekten Wurf anzustreben. Also besser unperfekt erledigt als perfekt gar nicht begonnen.

Und wer gering in Ordnung ist, der steht auf der anderen Seite vor der Herausforderung, sich immer wieder in eine Systematik zu zwingen. Denn zu viel Unsicherheit und Durcheinander helfen nicht gerade dabei, die Steine auf dem Weg zum Erfolg aus dem Weg zu räumen.

2.5.6 Individuelle und soziale Psychodynamik

Ich empfehle jedem Leser, der das vielleicht noch nicht getan hat, einen solchen Persönlichkeitstest zu machen und ganz in Ruhe die eigenen Ergebnisse zu reflektieren. Achten Sie darauf, in welchen Kategorien Sie die größten Ausschläge in die eine oder andere Richtung sehen. Und schauen Sie auch, wie die verschiedenen Ausprägungen zusammen miteinander wirken – ein Thema, das (individuelle) Psychodynamik heißt. Davon gibt es extrem viele und der Umgang mit der eigenen Psychodynamik hängt stark von den individuellen Erfahrungen und Denkmustern ab. Dementsprechend ist es an dieser Stelle praktisch unmöglich, ein vollumfassendes Bild von Psychodynamiken zu geben. Zur Veranschaulichung dieses Themas möchten wir Ihnen dennoch ein paar ausgewählte Psychodynamiken skizzieren, die uns regelmäßig in der Praxis begegnen, um Ihnen ein grundlegendes Verständnis von Psychodynamiken zu ermöglichen.

Das hungrige Eichhörnchen: Wenn Sie hoch in Enthusiasmus und Fleiß oder Offenheit, aber gering in Ordnung sind, dann haben Sie die Neigung, von ganz vielen Dingen extrem begeistert zu sein, und arbeiten sofort drauflos. Jede Nuss, die Sie finden, wird akribisch bearbeitet und versteckt, jede einzelne, Hunderte. Leider waren sie aber auch gleichzeitig gering in Ordnung, es gibt kein System beim Verstecken der Nüsse und so richtig gut sind die Verstecke auch nicht immer. Im Winter, wenn Sie die Nüsse brauchen, finden Sie also nur ein paar wenige, weil Sie einige Verstecke vergessen haben. Andere sind leer, weil Sie die jeweilige Nuss nicht gut genug verbuddelt haben.

Der übermütige Hund: Sie sind hoch in Dominanz, gering in Politeness und hoch in Neurotizismus und Empathie. An Ihnen kommt ein sehr großer Hund vorbei, instinktiv bellen Sie diesen an, auch wenn sich das eigentlich nicht gehört für einen Erwachsenen. Aber immerhin läuft der gerade an Ihrem Haus vorbei und so, wie er läuft, ist es Ihrer Meinung nach sowieso komisch. So läuft doch kein Hund. Das muss dem ja mal einer erklären, sonst läuft der sich noch kaputt, also machen Sie das auf Ihre gewohnte, direkte, bellende Art. Nun reagiert dieser Hund ebenfalls aggressiv und Sie bekommen aufgrund des Neurotizismus Angst vor Ihrer eigenen Courage, sorgen sich, was da wohl alles falschlief und hätte falschlaufen können, verstecken sich beim Herrchen und haben nun eigentlich Mitleid, was Ihr Bellen in dem Hund ausgelöst haben könnte.

Das frustrierte Faultier: Mit hoher Ordnung hat das Faultier einen immensen Anspruch an sich selbst, es muss alles systematisch und richtig gut, also perfekt sein. Durch den zusätzlichen Aspekt, dass der Intellekt hoch ist, kommt noch ein Ästhetikbedürfnis dazu; alles muss rund sein und perfekt zusammenpassen. Dazu benötigt das Faultier leider etwas, das das frustrierte Faultier eben nicht hat: Fleiß. Und wenn schon der Fleiß nicht reicht, dann könnte man ja eine andere Dimension haben, die hilft: nämlich den Enthusiasmus, der einen motivieren würde, dann doch noch etwas zu tun. Aber auch den hat das frustrierte Faultier leider nicht. Dementsprechend lebt es konstant und chronisch unter seinen eigenen Ansprüchen und ist, wie der Name schon sagt, frustriert und faul.

Es entstehen also schon einige Themen aus der Interaktion von einzelnen Persönlichkeitseigenschaften. Sicherlich haben wir selbst auch ganz häufig mit einer besonderen Kombination unserer Persönlichkeitseigenschaften zu kämpfen. Aber natürlich haben auch andere Menschen Persönlichkeiten und diese können einmal besser und einmal schlechter mit unserer eigenen Persönlichkeit zusammenpassen. Probleme entstehen typischerweise genau dann, wenn wir auf Menschen treffen, die uns auf der Skala unserer Persönlichkeitsausprägungen genau gegenüberliegen. Dieses Themenfeld heißt dann ***soziale*** **Psychodynamik**.

Trifft jemand mit hohem Neurotizismus und geringer Verträglichkeit auf einen sehr introvertierten Menschen mit hoher Verträglichkeit und Gewissenhaftigkeit, können schnell Konflikte auf der persönlichen Ebene entstehen. Jemand mit hoher Gewissenhaftigkeit kann kaum verstehen, wie jemand mit geringer Gewissenhaftigkeit nur so „schlampig und nachlässig" sein kann. Da Gewissenhaftigkeit mit der Region im Gehirn assoziiert ist, die für Ekel zuständig ist, ekeln sich solche Menschen sogar buchstäblich vor den unordentlichen Menschen – keine gute Grundlage für ein harmonisches Miteinander.

Eine typische Konstellation jedenfalls, die viele Leserinnen und Leser vielleicht noch aus einer eventuellen Wohngemeinschaft-Zeit kennen. Vielleicht erkennen Sie bereits durch diese Selbstreflektion, was Ihre eigene Persönlichkeit mit einem aktuellen oder in der Vergangenheit erlebten SHIT-Moment zu tun haben könnte.

Die Wahrscheinlichkeit ist sehr hoch, dass Ihr SHIT damit zu tun hat, dass das Gegenüber einfach eine andere Ausprägung der Persönlichkeit hatte. Es gilt dann, mit so einer Situation anders umzugehen, als wenn ihr SHIT-Moment eine Stressreaktion beim anderen ist. Denn neben der Persönlichkeit spielt noch ein weiterer Faktor stark in das Verhalten hinein – der Kontext, in dem wir uns befinden.

Es gibt Situationen, in denen selbst ein extrem Introvertierter aufblüht, sich in den Mittelpunkt stellt und aus dem Erzählen nicht mehr herauskommt. Oder, in denen ein extrem wenig neurotizistischer Mensch einen Wutanfall bekommt und aufbrausend reagiert. Eine der großen Determinanten ist nämlich der empfundene Stressfaktor, wie ausgeprägt also das Gefühl des Kontrollverlustes in der jeweiligen Situation empfunden wird. Um uns insgesamt souveräner zu präsentieren und uns nicht selbst wie ein Idiot zu verhalten, werden wir lernen müssen, wie wir damit umgehen können, wenn wir jemanden besonders extrem in der einen oder anderen Ausprägung seiner Persönlichkeit erleben. Was tun, wenn jemand einen Wutanfall hat? Was tun, wenn jemand immer nur dagegen ist? Was tun, wenn jemand extrem gelassen und nachlässig agiert? Genau diese Fähigkeiten wollen und werden wir erlernen und mit dem nächsten Kapitel werden wir den ganz konkreten Werkzeugen, die wir dafür benötigen, immer näher kommen.

DREI

WANN UND WARUM WIR SHIT ERWARTEN KÖNNEN

3.1 NOCH EINMAL STRESS: WANN SHIT ZUSCHLÄGT

Wir haben gesehen, dass das Verhalten von Menschen in bestimmten Situationen maßgeblich von ihren Persönlichkeitsmerkmalen bestimmt wird. Denn von den Persönlichkeitsmerkmalen ist abhängig, ob und wie sehr Menschen eine bestimmte Situation als relevant und damit stressbesetzt empfinden. Wenn wir für uns selbst solche Situationen zukünftig vermeiden oder souveräner managen wollen, müssen wir uns damit beschäftigen, was Stress in uns und in anderen auslöst.

Das nachfolgend beschriebene Modell lernte ich auf einer Konferenz für Neuro-Leadership kennen, für die ich allein nach San Francisco flog, Sie erinnern sich? Der Stress, den ich vor der Reise hatte, lag vor allem an meiner Unsicherheit, was mich erwarten würde, und an dem Gefühl, vielleicht auf einem anderen Kontinent gar nicht zurechtzukommen. Damit waren zwei Faktoren, die Stress auslösen, bei mir aktiv. Zwei von insgesamt fünf.

Das sogenannte SCARF-Modell hilft uns, zu verstehen, was uns Stress machen könnte, welche Empfindungen also als Stressoren fungieren könnten. Die Dimensionen betreffen insbesondere, aber nicht nur, soziale Situationen. SCARF ist ein Akronym aus den Anfangsbuchstaben der englischen Begriffe für die einzelnen Dimensionen, weiter unten in Klammern hinter den deutschsprachigen Begriffen.

Dieses neurowissenschaftlich fundierte Modell (vergleiche Rock & Schwartz, 2008) zeigt, in welche Bereiche sich die Stressoren gruppieren lassen. Es hilft uns, genauer zu verstehen, was der Auslöser einer 4F-Reaktion gewesen ist, und somit, wie wir sie in Zukunft verhindern können.

- **Status (Status)**
  Stress entsteht, wenn sich unsere Position im sozialen Gefüge zum Schlechteren entwickeln kann. Zum Beispiel, indem unsere Reputation angegriffen wird. Wenn uns vorgeworfen wird, eine „hidden agenda“, also verborgene Motive, in unserem Handeln zu haben oder wir der Lüge beschuldigt werden, sind dies stressbelastete Situationen. Gleiches gilt für alle Situationen, in denen wir uns blamieren könnten oder wir bewertet werden, zum Beispiel in einer Präsentationssituation im Beruf. Oder wenn wir auf einer Familienfeier eine Rede halten müssen und wir befürchten, dass das Publikum uns nicht mag und/oder uns vielleicht sogar schlecht bewerten wird.

- **Sicherheit (Certainty)**
  Wenn wir das Gefühl haben, eine Situation nicht mehr zu verstehen und zu überblicken, nicht mehr wissen, was auf uns zukommt, weil wir die Übersicht verlieren, weil sich jemand unberechenbar verhält. Aber auch, wenn wir uns um unsere Zukunft sorgen machen, verursacht das Stress.

- **Autonomie (Autonomy)**
  Wenn wir keine Kontrolle mehr über eine Situation haben, entweder, weil sie nicht in unseren Händen liegt und wir nicht agieren können, oder weil es uns vielleicht sogar verboten ist. Wenn wir uns ohnmächtig fühlen, weil wir nicht wissen, was zu tun ist, oder uns der Einfluss fehlt, dann entsteht Stress.

- **Sozialer Bezug (Relatedness)**
  Wenn wir allein zu einer Veranstaltung gehen, wo wir niemanden kennen, produziert das bereits unangenehme Gefühle. Wenn wir dann das Gefühl haben, jemand mag uns nicht mehr, wenn ein Konflikt beginnt oder wir nur aufgrund unserer Rolle abgelehnt beziehungsweise zurückgewiesen werden, sind diese Situationen intensive Quellen von Stress.

- **Fairness (Fairness)**
  Wenn nicht unseren Werten entsprechend gehandelt wird, insbesondere wenn wir davon direkt betroffen sind, wirkt das als intensiver Stress. Als fair wird alles wahrgenommen, was wir entsprechend unserer eigenen Werteordnung als akzeptabel bewerten, als unfair, was der eigenen Werteordnung widerspricht. Wann immer sich solch ein Konflikt in der Werteordnung ergibt, entsteht Stress.

3.2 NOCH MEHR ÜBER STRESS: DAS BÖSE SIEGT IMMER

Die Evolution hat uns Menschen leider noch einen anderen Mechanismus mitgegeben, der unser Verhalten und unser Stressempfinden maßgeblich beeinflusst. Stellen Sie sich vor, Sie gehen morgens ins Büro und das Erste, was Ihnen dort passiert, ist, dass ein Kollege auf Sie zukommt und Sie lobt: „Mensch, das gestern, das haben Sie ja hervorragend gelöst. Glückwunsch, das war wirklich gute Arbeit." Herrlich, wie die Neurotransmitter Ihr Hirn fluten und sich eine wohlige Wärme ausbreitet. So geht der Tag gut los. Der Tag ist allerdings lang. Und nach ein paar Minuten haben Sie das Lob dann auch schon wieder vergessen. Am nächsten Tag kommen Sie ins Büro und ein anderer Kollege kommt auf Sie zu: „Ganz ehrlich. Die Präsentation gestern war doch Mist. Das hätten Sie besser lösen müssen." Statt wohliger Wärme verspüren Sie sofort eine der bereits beschriebenen Stressreaktionen. Sie verfallen vielleicht noch auf dem Büroflur in Rechtfertigungen oder in Schuldzuweisungen. Ein SHIT-Start in den Tag. Und auch dieser Tag ist lang. Dennoch vergessen Sie diese Bemerkung des Kollegen nicht. Noch am Abend und in der Nacht grübeln Sie darüber und ärgern sich. Das Thema beschäftigt Sie vielleicht sogar noch am nächsten Morgen. Wie war denn das überhaupt? Bin ich jetzt bei meinem Kollegen unten durch? Was denken die anderen über mich? War das wirklich so blöd? Bin ich so blöd?

Wir erleben in solchen Situationen live, dass ein positiver Reiz (Lob/Freundlichkeit) im Gehirn anders verarbeitet wird als ein negativer Reiz (Kritik/Unfreundlichkeit). In der Forschung heißt das: „bad is stronger than good". Das Schlechte ist stärker als das Gute. Der Satz wurde 2001 geprägt von den Sozialpsychologen Roy F. Baumeister und Ellen Bratslavsky und war der Titel ihres wissenschaftlichen Papers.

Tatsächlich kann man heute bereits sehr gut nachweisen, wie ein positiver Reiz im Vergleich zu einem negativen Reiz verarbeitet wird.

Als Faustregel gilt, dass der negative Reiz fünf- bis siebenmal stärker verarbeitet wird, wobei diese Angaben bei der Komplexität des menschlichen Verhaltens immer mit Vorsicht zu genießen sind. Aber allein die Tendenz ist beeindruckend, denn sie bedeutet mit anderen Worten, dass wir einen negativen Reiz fünf- bis siebenmal intensiver wahrnehmen als einen positiven Reiz. Seine Verarbeitung dauert fünf- bis siebenmal länger. Dieser nachweisliche Effekt führt heute dazu, dass wir im Büro überproportional viel Positives erleben müssten, um nur einen einzigen SHIT-Moment ausgleichen zu können.

Evolutionsbiologen vermuten, woher dieser Effekt rührt. Es ist nämlich evolutionär sinnvoller, bei negativen Reizen extrem vorsichtig zu sein. Wieder haben wir es also mit einer evolutionären Überlebensstrategie zu tun, die uns heute nicht schlafen lässt. Wenn unsere Vorfahren durch die Savanne pirschten und es raschelte im Gras, konnte das Geräusch daher rühren, dass sich eine Schlange im Gras bewegte. Extreme Vorsicht war geboten. Unsere Vorfahren wussten das, denn sie hatten schon oft erlebt, wie ein Gruppenmitglied gebissen wurde und daran starb. Diese Reize, bei denen es um das physische Überleben ging, wurden sehr intensiv verarbeitet. Für diejenigen, die das nicht taten, war die Wahrscheinlichkeit groß, von einer Schlange gebissen zu werden. Damit hätte die Evolution wieder ein bisschen mehr Leichtsinnigkeit aus dem menschlichen Genpool eliminiert. Gut für die Menschheit. Schlecht für unseren leichtsinnigen Vorfahren. Ein positiver Reiz hat diesem auf das Überleben ausgerichteten Effekt wenig entgegenzusetzen.

Ich habe in New York einmal ein Seminar gehalten, wo ich genau diese Geschichte erzählte. Daraufhin nahm mich ein hoch bezahlter Top-Manager einer New Yorker Bank in der Pause zur Seite und sagte „Frederik, du machst ja wirklich ein großartiges Seminar, aber das mit der Evolution, das glauben wir nicht.“ Im Seminar saß nämlich eine ganze Reihe Kreationisten, die die Bibel wörtlich auslegen. Wir haben uns dann darauf geeinigt, dass bestimmt Gott es so installiert habe, denn er wollte die Menschen schützen. Damit war der Mann zufrieden. Und ich war zwar irritiert, aber die wichtigste Botschaft war angekommen. Denn wichtig ist nicht, warum dem so ist, wichtiger ist, dass wir diese Verzerrung kennen und damit umgehen können.

Bezogen auf unsere SHIT-Momente bedeutet dieser Effekt jedenfalls, dass es nur eine kleine Portion SHIT benötigt, damit wir uns den ganzen Tag damit beschäftigen und dadurch wichtige Ressourcen binden. Die gleiche Portion positiver Reize ignorieren wir dagegen gerne. Es ist sogar so: Wenn wir auf Stress gepolt sind, uns also auf negatives Erleben fokussieren, wird unsere Welt auch ohne akute negative Reize ein bisschen trüber. Wenn gefühlt überall dunkle Wolken am Himmel hängen, ignorieren wir positives Erleben komplett. Dann sitzt der Superreiche im Restaurant und ist wütend und frustriert, dass es zu seinem Lieblingschampagner den Lieblingskaviar nicht mehr gibt. Er hat das Gefühl, dass sein Leben einfach Mist ist und fragt sich, warum bei ihm alles schiefläuft. Diese Erkenntnis ist extrem wichtig für uns, wenn wir bewerten, wie es uns selbst gerade geht und welche Reaktion für eine bestimmte Situation eigentlich angemessen ist. Wenn Ihnen SHIT passiert, schauen Sie deshalb ganz genau hin und stellen Sie sich die Frage, ob dieser SHIT wirklich so intensiv und so relevant ist, wie Sie ihn gerade empfinden. Vielleicht ist es doch eher so, dass Sie Ihren eigenen SHIT bereits durch die siebenfache Vergrößerung erleben? Gleichzeitig müssen Sie sich aus dieser Logik heraus natürlich auch fragen, ob Sie die positiven Dinge, die Ihnen passieren, noch angemessen bewerten. Sind Sie dankbar für die vielen guten Dinge? Wenn uns in einem Meeting ein Kollege angeht, uns aber zwei Kollegen unterstützen, dann gehen wir häufig trotzdem aus dem Meeting und denken nur an diesen einen Kollegen und seinen Angriff. In der Überbearbeitung des Stressors vergessen wir, dass da zwei Kollegen für uns waren – wir erleben eine verzerrte und negative Welt.

Eine mentale Übung, um mit diesem Stress umzugehen, ist, zu versuchen, die Überbewertung des Negativen aus einem Erlebnis herunterzurechnen. Wie schlimm ist der SHIT und wie gut sind die positiven Aspekte der Situation denn wirklich? Versuchen Sie mit dem Wissen, dass Ihr Gehirn negative Reize ganz automatisch überverarbeitet, einen neutralen Blick auf die Situation zu entwickeln. Wie schlimm ist der Angriff im Meeting wirklich? Weiß ich die Hilfe der Kollegen zu schätzen, die für mich waren? Listen Sie gegebenenfalls Dinge auf, für die Sie dankbar sein können, versuchen Sie aktiv gute Aspekte in der Situation zu finden. Und auch wenn es nicht perfekt gelingt – jedes bisschen Fokusverschiebung hilft. Nutzen Sie die Lupe für das Gute, schauen Sie auf den SHIT mit dem Fernglas.

3.3 WAS DER STRESS DER ANDEREN MIT IHNEN ZU TUN HAT

Der „neutrale Blick“ auf die Situation, der schon im vorherigen Abschnitt so wichtig war, begegnet uns wieder, wenn es um die Frage geht, was der Stress der anderen mit uns zu tun hat. Denn dies ist eine der zentralen Fragen, die wir beantworten müssen, um Wege zu finden, wie wir mit SHIT souverän umgehen können.

Nehmen wir wieder an, Sie sitzen im Meeting und ein Kollege greift Sie an. Ihr erster Impuls ist vielleicht, mit einem verbalen Gegenangriff zurückzuschlagen. Doch das Spannende ist, dass Sie Ihr evolutionäres 4F-Programm nicht abspulen müssen. Sie können diesen Impuls bremsen. Wir haben in der Verarbeitung von SHIT in Wirklichkeit viel mehr Gestaltungsspielraum, als wir annehmen, besonders, wenn Sie sich mit dem Thema bisher noch nicht auseinandergesetzt haben. Entscheidend ist unsere grundsätzliche Haltung gegenüber dem SHIT. Und um die richtige Haltung zu entwickeln, müssen wir verstehen, wo eigentlich in der akuten SHITuation das Problem liegt: Ist es das Temperament des anderen, ist er einfach ein Choleriker oder sitzt er einem Irrtum auf und denkt, sie hätten ihn oder seine Arbeit angegriffen? Ist sein Gegenangriff eine Stressreaktion auf sein Gefühl? Liegt der Angriff also in der Persönlichkeitsstruktur des anderen und ist das einfach eine Stressreaktion, die Sie gerade erleben? Wenn Sie angegriffen werden heißt das nämlich nicht, dass Sie diesen Angriff durch Ihr Verhalten provoziert haben. Sie müssen sich ganz im Gegenteil bewusst machen, dass der Angriff des anderen sehr viel mit ihm selbst und vielleicht gar nichts mit Ihnen zu tun hat. Sie können vielleicht nichts dafür, dass der andere gerade eine Stressreaktion hat. Sie können auch nichts dafür, dass der andere eine Persönlichkeitsstruktur hat, die ihn auf einen bestimmten Reiz hin explodieren lässt.

Wir alle kennen diese Momente, wenn wir jemanden das erste Mal kennenlernen und wir diese Person direkt nicht mögen, ganz intuitiv. Wir alle kennen diese Momente, wenn ein Reizwort gesagt wird und wir direkt frustriert reagieren. Manchmal verbinden wir schon mit dem Namen einer Person, mit einem gesagten Wort oder einem in uns entstehenden Gefühl eine negative Erfahrung, die unweigerlich in uns hochkommt und sofort auf die Situation wirkt – als automatisiertes Denkmuster.

Dieser Effekt wirkt natürlich auch in Ihrem Gegenüber. Wenn Sie also das Gefühl haben, dass da jemand ist, der Sie auf den ersten Blick nicht mag und Sie sich gar nicht vorstellen können, warum das so sein könnte: Vielleicht erinnern Sie die Person einfach an eine Lehrerin, mit der er in der Grundschule schlechte Erfahrungen gemacht hat, oder an den großen Jungen, der ihn auf dem Spielplatz geärgert hat. Auf jeden Fall hat es gar keinen Sinn, darüber nachzugrübeln. Was auch immer es ist: Der Stress der anderen Person hat dann wirklich nicht das Geringste mit Ihnen zu tun. So etwas kann es geben.

Natürlich wirkt dieser Angriff auf Sie. Aber Sie bestimmen Ihre Reaktion auf den Angriff. Und noch vor der Reaktion ist es extrem wichtig, die richtige Haltung einzunehmen. Eine Haltung, die es Ihnen erlaubt, mit den Werkzeugen, die ich Ihnen im Verlauf des Buches zeigen werde, richtig, das heißt in Ihrem Sinne erfolgreich, zu reagieren.

Verdeutlichen Sie sich dazu das Bild einer angekündigten Explosion, die Sie als Zeuge aus einiger Entfernung beobachten. Sie sehen die Explosion, Sie hören den Knall und Sie nehmen die Druckwelle wahr, die aus dem Staub auf Sie zurollt. Aber Sie sind mental darauf vorbereitet, diese Druckwelle zu spüren. Vielleicht ist es eine heftige Explosion und die Druckwelle wirft Sie ein bisschen nach hinten, obwohl Sie darauf vorbereitet sind, sich dagegenzustemmen. Vielleicht ist es nur eine kleine Explosion und die Druckwelle ist nur als laues Lüftchen zu spüren. Vielleicht stehen Sie da und bekommen etwas ab vom Lärm, vom Druck, vom aufgewirbelten Staub. Sie sind beeindruckt und kommen vielleicht auch ins Stolpern. Aber das sind nur Kollateralschäden. Auch der schwierige Moment des anderen gerade hat, wie die Explosion, nicht viel mehr mit Ihnen zu tun. Und wenn das so ist, stellt sich gleichzeitig die Frage, wie sinnvoll es ist, auf die Situation aggressiv zu reagieren und zurückzuschlagen. Es ist eben überhaupt nicht sinnvoll, selbst auch zu explodieren und die nächste Druckwelle zu produzieren – es könnte eine Kettenreaktion entstehen, die ganz unnötig alles schlimmer macht.

Versuchen Sie deshalb neutral und mit einem gewissen Interesse auf die Situation zu schauen. So, wie Sie aus sicherer Entfernung auch auf die angekündigte Explosion schauen würden. Sie könnten sich sagen: „Mensch, guck mal. Ist ja interessant, wie der da explodiert." Sie können es als interessante Erfahrung hinnehmen. „Interessant, wie stark die Druckwelle ist und wie sie auf mich wirkt." Das heißt wie gesagt nicht, dass Sie auf eine Reaktion komplett verzichten. Aber an dieser Stelle geht es zunächst um die grundsätzliche Haltung, mit der wir in die Situation gehen. Sie schauen aus einer ganz neutralen Position auf das Geschehen und versuchen zu verstehen, was da eigentlich los ist. Welche SCARF-Dimension wurde denn da getriggert? Geht es um Status, geht es um Unsicherheit? Hat der Angreifer das Gefühl, nicht alles unter Kontrolle zu haben? Oder fühlt er sich ausgegrenzt oder unfair behandelt? Diese neutrale, von Interesse geprägte Grundhaltung ist ein erster wichtiger Schritt, um eine Haltung einnehmen zu können, aus der heraus Sie in Reaktion auf die Explosion, auf den SHIT-Moment, richtig und adäquat reagieren können.

Natürlich ist es nicht einfach, die eigenen Impulse zu unterdrücken, doch dafür haben wir eigens eine Region im Gehirn, den ventrolateralen präfrontalen Cortex, kurz VLPFC, der eine Teilregion des frontalen Cortex darstellt. Und vielleicht klappt es auch nicht sofort und beim ersten Mal. Behalten Sie das Bild des Kollateralschadens im Hinterkopf und machen Sie sich klar, dass ein Angriff auf Sie überhaupt keine Aussagekraft darüber hat, wer Sie sind, wie kompetent Sie sind oder ob Sie etwas richtig oder falsch gemacht haben. Sie sind nur Kollateralschaden!

Insbesondere dann, wenn der Angriff vor einer Gruppe von Menschen passiert, fühlen Sie sich vielleicht noch stärker herausgefordert. Es fällt Ihnen noch schwerer, Ihre Impulse zu unterdrücken. Aber das muss es nicht. Ganz im Gegenteil ist ein unkontrolliert vorgetragener Angriff vor einer Gruppe sogar gut für Sie. Denn eine Gruppe ist nicht nur eine neutrale Masse, sondern die Mitglieder der Gruppe nehmen deutlich wahr, was gerade passiert. Da verliert jemand nämlich gerade die Beherrschung. Und typischerweise kommt der Angreifende bei den übrigen Anwesenden nicht so gut weg wie der Angegriffene, insbesondere wenn die Zuschauer hoch in Empathie sind. Menschen mögen es nicht, wenn sie in einer Gruppe sind und innerhalb dieser Gruppe jemand ein Gruppenmitglied angreift – selbst wenn die Kritik im Kern sogar berechtigt sein mag. Schon allein die ruppige Gangart schafft bei den Anwesenden ein Gefühl des Unwohlseins und erzeugt so bei jedem Einzelnen Stress. Dieser Effekt wird umso größer, je cholerischer und unkontrollierter der Angriff wirkt. Der Angreifer stellt sich also vor allen anderen in ein sehr bedenkliches Licht und wird ganz genau und sicher auch kritisch beäugt. Manchmal kommt sogar die Herde, um ihre Mitglieder vor Gefahr zu beschützen.

Wenn sie eine ganz akute SHIT-Situation im Kopf haben, vielleicht sogar die eine, die sie motiviert hat, dieses Buch zu kaufen, dann fragen Sie sich an dieser Stelle bitte konkret, in welcher der fünf SCARF-Dimensionen der Stressor des anderen liegt und was das mit Ihnen zu tun haben könnte. Überlegen Sie sich, wie Sie aus einer neutralen Position auf die Situation schauen würden. Wenn es keine konkrete Situation gibt, die Sie im Kopf haben, sind Sie trotzdem eingeladen, sich zu überlegen, wo und wann sich eine Situation für Sie in eine SHITuation verwandeln könnte und welche der fünf SCARF-Dimensionen den SHIT losschicken würde. Welchen Knopf müssten Sie drücken, um eine bestimmte Person zur Explosion zu bringen?

VIER

HALTUNG: WIE SHIT IHNEN HILFT, ZU WACHSEN

Im nächsten Schritt gehen wir über das Einnehmen der neutralen, aber interessierten Grundhaltung hinaus. Denn wir wollen den SHIT positiv für uns nutzen. Und auch wenn sich das zunächst paradox anhört, werden Sie sehen, dass Sie SHIT-Momente zu Ihren Gunsten nutzen können.

Wenn Sie sich in einer akuten SHIT-Situation befinden, wenn Sie beispielsweise in einem Meeting angegriffen werden, eröffnet Ihnen dieser Angriff eine große Chance: Wenn Sie es jetzt schaffen, souverän und klug, vielleicht sogar charmant zu kontern, ohne dabei den anderen unter den Bus zu werfen, sondern in der Lage sind, freundlich und mit einer guten menschlichen Haltung diesen Moment zu klären, sind Sie in den Augen aller der eindeutige Gewinner.

So ein Ergebnis resultiert bei den Anwesenden in zwei Lerneffekten: Alle, die dort sitzen, merken sich, dass Sie kein leichtes Ziel sind. Sie braucht man nicht anzugreifen, denn das haben Sie drauf und parieren das. Damit setzen Sie für alle ein Signal, das im Gedächtnis bleibt: In Zukunft lieber nicht angreifen! Zweitens zeigen Sie Kompetenz und Souveränität. Und auch das bleibt bei allen Anwesenden – auch denen, die Sie potenziell sowieso nicht angegriffen hätten – im Gedächtnis. Sie können durch einen souveränen Umgang mit Stress richtig Eindruck machen und sich eine Reputation aufbauen. Auch wenn es abgedroschen klingt, bleibt es wahr: In der Krise zeigt sich der Charakter.

Im Rahmen meines ehrenamtlichen Engagements habe ich für einen Wirtschaftsverband mit meinem Unternehmen Leistungen erbracht und dem Verband eine Rechnung gestellt, wobei der Rechnungsbetrag sogar knapp unter den entstandenen Kosten lag; begriff ich es doch als ehrenamtliches Engagement, das ich mir leisten konnte und wollte. Wie es in Vereinen und Verbänden so ist: Es gibt immer welche, die im eigenen Leben scheinbar noch zu wenig SHIT erleben und diesen dann im Rahmen von Verbandsarbeit produzieren wollen. Also erreichte mich auf einer Mitgliederversammlung vor rund 150 Mitgliedern der Angriff. Absender des Angriffs war jemand, der danach im Verband noch zweimal wegen ungebührlichen Verhaltens abgemahnt werden sollte. Der Vorwurf, den er sich dieses Mal ausgedacht hatte: Ich hätte meine Vorstandsposition mutmaßlich ausgenutzt, um mich am Verband zu bereichern. Kaum war der Vorwurf ausgesprochen und ich zu einer Stellungnahme aufgefordert, sah ich schon die Führung der Verbandsgeschäftsstelle mit den Augen rollen. Jeder wusste, dass die Entscheidung, mein ehrenamtliches Engagement in Anspruch zu nehmen, durch insgesamt drei Führungsgremien des Verbands ratifiziert worden war. Alle wussten, dass ich dabei sogar Geld drauflege. Und auch wer es nicht wusste, sich aber nur ein bisschen mit dem Markt auskannte, musste verstehen, dass von Geldverdienen nicht die Rede sein konnte. Aber: Was die Insider wussten, wussten mindestens 130 Mitglieder, die dort saßen, nicht. Und jetzt war ich gefragt: Wie sollte ich mich verhalten? Ich konnte hier mit den richtigen Werkzeugen und Methoden gut reagieren und noch zwei Jahre später wurde ich darauf angesprochen, wie toll ich das geklärt hätte und dass die Erwiderung noch immer in Erinnerung war. Damit habe ich klare Reputation aufgebaut und an meinem Ruf gearbeitet – in einer zweiminütigen Antwort mit zwei Jahren Nachwirkung. Wie habe ich also reagiert? Das schauen wir uns später an, jetzt erst einmal noch ein paar nötige Grundlagen.

Was es auch bei Ihnen sein mag: In den allermeisten Fällen hat jeder Stressor/Angriff, der an Sie herangetragen wird, eine Kritik oder einen Vorwurf auf der Sachebene als Aufhänger. Im Verbands-Beispiel war es ein Bedenken rund um das Thema Fairness beim Gegenüber. Ihnen könnte dagegen beispielsweise vorgeworfen werden, dass Sie eine Aufgabe zu langsam erledigt hätten. Statt diesen Vorwurf schwelen zu lassen, können Sie – nachdem Sie den Angriff emotional eingeordnet und abgewehrt haben – klären und feststellen, dass Sie eben nicht zu langsam waren. In solchen Fällen ist es sogar von Vorteil, wenn dies vor beziehungsweise innerhalb einer Gruppe geschieht. Denn was einmal vor einer Gruppe geklärt ist, ist auch erledigt. Sie haben eventuellen Kritikern ein weiteres Angriffsziel – in diesem Fall Ihre Arbeitsgeschwindigkeit – auf lange Sicht entzogen.

Jeder Angriff bietet Ihnen die Chance, Themen auf der sachlichen Ebene zu klären oder zumindest den Lösungsprozess anzuschieben, indem Sie die nächsten konkreten Schritte vorwärts vereinbaren. Lösungsorientierter Umgang mit SHIT ermöglicht Ihnen, die emotionale Ebene außen vor zu lassen und stattdessen sofort die inhaltliche Ebene zu adressieren. Sie werden deshalb auf beruflicher Ebene schnellere und bessere Ergebnisse erzielen können.

Zu guter Letzt ist jeder Angriff ein wunderbares Übungsfeld für Ihre Entwicklung. Jeder Angriff, den Sie parieren, bedeutet, dass Sie einen weiteren Schritt vorwärtsgegangen sind. Mit jedem Schritt werden Sie besser und souveräner. Je häufiger Sie Situationen dieser

Art durchleben, umso entspannter werden Sie sein, wenn Sie wieder in einer akuten SHITuation sind.

Auch ich habe diesen Prozess bewältigt, als ich mit der Beratung auf Führungsebene anfing. Trotz rhetorischer Vorkenntnisse und all meiner bis dahin gesammelten Erfahrungen ging ich immer noch relativ skeptisch in diese Situationen. Natürlich auch mit einer gewissen Ängstlichkeit. Wer schon einmal an solchen Meetings teilgenommen hat, weiß, dass dort teilweise Hauen und Stechen herrschen. Angriffe und Kritik sind an der Tagesordnung. Meine Wahrnehmung änderte sich erst und meine Ängstlichkeit legte sich erst, als ich begann, diese Angriffe als Chance zu sehen. Ab dem Moment, als ich mir sagte: „Hey, gib mir den SHIT und lass mich daran wachsen", ging ich entspannter und souveräner in diese Situationen. Ich hatte nicht nur die neutrale Grundhaltung entwickelt, sondern nahm darüber hinaus kritische Situationen als Wachstumschance wahr und freute mich auf sie. Ich wusste, dass in diesem Meeting sicherlich ein Angriff kommen würde und ich in der Situation üben konnte. Je mehr ich übte, umso besser wurde ich und umso mehr Feedback bekam ich dazu, wie gut ich diesen Angriff pariert hätte. Umso entspannter und selbstbewusster ging ich natürlich in die nächsten kritischen Meetings hinein. In dem Moment, in dem Sie dieses Bewusstsein entwickeln, wird SHIT Ihnen zu wachsen helfen. Dann ist der SHIT ein wirklicher Dünger für Ihr Wachstum. Wenn das Leben dir SHIT in den Weg legt, dann kannst du dich damit einreiben oder einem Baum beim Wachsen helfen.

4.1 DAS GESCHICHTSBUCH (WERKZEUG)

Wie jeder Prozess benötigt auch das Entwickeln der richtigen Haltung Zeit und Übung. Und eine gute Übung dazu ist „Das Geschichtsbuch“. Wir wissen, dass unser Gehirn auch aus kleinem SHIT ein großes Drama macht. Aber das ist ein Problem, das wir überwinden müssen und können. Nehmen Sie sich ein Blatt Papier und überlegen Sie sich, mit wie vielen Sätzen der SHIT, der Sie aktuell beschäftigt, in einem Geschichtsbuch niedergeschrieben werden würde. Dann: Wird der Moment vielleicht in Ihren in 25 Jahren erscheinenden Memoiren beschrieben? Wenn ja, mit wie vielen Sätzen? Schreiben Sie ihn nur auf, wenn Sie mindestens auf einen Satz kommen. Wenn Sie sich aber gar nicht sicher sind, ob Ihr aktueller SHIT überhaupt einen Eintrag in einem Geschichtsbuch verdient hätte, dann haben Sie den Kern der Übung bereits verstanden.

Stellen Sie sich als Nächstes vor, Sie würden in 10 oder 20 Jahren auf die Situation zurückschauen. Und jetzt schreiben Sie auf, welche potenzielle Wirkung dieser Moment in Ihrer Vorstellung auf Ihr weiteres Leben gehabt hat. Wie relevant war das? Wenn Ihnen gar nicht einfällt, inwieweit der Anraunzer am Montagmorgen im Büro relevant für Ihr weiteres Leben war ..., dann ist das genau der Punkt, den ich Ihnen mit diesem Werkzeug verdeutlichen möchte. Die meisten Themen, die uns frustrieren und über die wir uns heute den Kopf zerbrechen, sind in Wahrheit ganz unwichtig. Und mit dieser Erkenntnis können Sie die ganzen Sorgen und Nöte ziehen lassen und mit dem SHIT abschließen.

Diese Übung funktioniert auch im Vorfeld von kritischen Situationen. Stellen Sie sich die Fragen, wie die zu erwartende Situation in einigen Jahren in einem Geschichtsbuch auftauchen könnte und welche Rolle die Situation in einer Rückschau von 10 oder 20 Jahren für Sie gehabt haben könnte. Wenn Ihnen bei dieser Übung nicht so richtig etwas einfällt, dann haben Sie einen guten Lerneffekt erreicht und werden viel entspannter in die Situation gehen. Übrigens, wenn Ihre Antwort lautet, dass die Entscheidung oder Situation es tatsächlich in Ihre Biografie sowie in die Geschichtsbücher schafft, dann fragen Sie einen unbeteiligten Dritten, ob er das genauso sieht. Oft nehmen wir die Themen viel wichtiger als sie sind und eine andere Perspektive zeigt das auf. Wenn auch die andere Person Ihre Auffassung bestätigen sollte, dann ist es nur noch mehr ein Grund, sich nun gut vorzubereiten. Mit diesem Buch zum Beispiel, um mit der richtigen Haltung in die Situation hineinzugehen; denn umso größer ist die Chance. Dennoch: Machen Sie vorher erst die nächste Übung.

4.2 DIE CHANCEN-MAP (WERKZEUG)

Die Chancen-Map geht einen Schritt weiter als die Geschichtsbuch-Übung. Während das Geschichtsbuch die zumeist sehr geringe Relevanz des individuellen SHITs verdeutlichen soll, können Sie mit der Chancen-Map herausarbeiten, welche großen positiven Möglichkeiten für Sie mit jeder SHITuation verbunden sind. Jeder Angriff bietet Ihnen die Möglichkeit, gut zu reagieren und das Publikum zu beeindrucken. Darüber hinaus erhalten Sie durch den Angriff die Chance, Ihre Themen auf inhaltlicher Ebene noch klarer darzustellen und zu adressieren. Sie können auch Konflikte, die bisher vielleicht unter der Oberfläche schwelten, ansprechen und klären. Sinn dieser Übung ist, zu klären und für Sie zu verdeutlichen, welche Chancen und Möglichkeiten eigentlich für Sie in Ihrem SHIT-Moment stecken. Und damit nichts von Ihren Gedanken verloren geht, nehmen Sie erneut ein Blatt Papier und einen Stift. Notieren Sie oben als Erstes, worum es geht und wer die beteiligten Personen sind. Vergessen Sie dabei nicht Ort und Zeit beziehungsweise den Anlass eines möglichen Angriffs. Beantworten Sie für sich die unten stehenden Fragen der Chancen-Map. Überlegen Sie sich dazu genau, welchen Nutzen Sie aus Ihren SHIT-Momenten ziehen können und welche Wirkung Ihre Reaktion auf andere haben könnte und wie Sie den Angreifer beziehungsweise die umstehenden Menschen von Ihrem Standpunkt überzeugen können. Dabei tun Sie für diese Übung einfach so, als ob alles perfekt laufen würde.

Ziel der Übung ist es, eine entwicklungsorientierte Haltung zu erreichen – dass Ihnen also bewusst wird, dass selbst aus SHIT Gutes entstehen kann und Sie an diesen Erfahrungen wachsen können.

Die Fragen:

1. Was entsteht in einer perfekten Welt, in der ich den Angriff optimal abwehren kann, Gutes aus dem Angriff?

2. Wie kann ich in der SHIT-Situation positiv auf die Anwesenden wirken?

3. In welchen Aspekten kann ich gewinnen? Welche Wirkung kann ich in bestmöglicher Weise erreichen?

4. Welche Punkte kann ich machen? Was könnte ich tun, um in der Situation zu punkten?

5. Welche Chancen eröffnet mir dieser SHIT für die Zukunft?

Ob es nachher gut oder schlecht war, liegt an Ihnen. Haben Sie den Shit als Dünger genutzt? Dann dürfen Sie ja fast dankbar sein für das persönliche Wachstum, das durch den SHIT ausgelöst wurde.

FÜNF

ROLLEN: OPFER ODER HELD, WAS WOLLEN SIE SEIN?

Wann immer es zu einem Konflikt in einer Zweierbeziehung oder innerhalb einer Gruppe kommt, haben die Beteiligten die Möglichkeit, in diesem Konflikt verschiedene Rollen einzunehmen. Wenn wir angegriffen werden, nehmen wir sehr häufig eine Opferrolle ein. Das Opfer identifiziert den Angreifer als Täter, fühlt sich unschuldig angegangen und im Recht. Und damit haben wir bereits die zwei Hauptrollen in sozialen Konflikten identifiziert: den angreifenden Täter und das angegriffene Opfer. Es gibt darüber hinaus aber noch andere Rollen, die in einem Gruppen-Setting auftauchen und eingenommen werden können. Sitzt beispielsweise der Chef mit am Tisch, kann es schnell passieren, dass das Opfer sich an diesen wendet und ihn auffordert, hier und jetzt einzuschreiten: „Tun Sie doch mal was!" Damit wird eine dritte Rolle eingefordert, nämlich die des Retters. Der Retter ist derjenige, der auf weißem Ross zu Hilfe eilt und die Situation für das Opfer auflösen soll. In einem Meeting gibt es außerdem noch die meist neutralen Zuschauer. Aber der Täter könnte auch Komplizen unter den Zuschauern haben – diesen einen Kollegen, der plötzlich aus der Versenkung auftaucht und den Täter in seinem Angriff bestärkt.

Sie müssen sich immer im Klaren sein, auf welche Rolle Sie sich einlassen möchten. Wenn Sie eine ganz konkrete SHIT-Situation vor Augen haben, dann gehen sie doch einfach die beteiligten Personen inklusive sich selbst durch. Überlegen Sie, in welcher Rolle Sie sich innerhalb des Konfliktgeschehens befinden. Sind Sie vielleicht sogar ein Opfer, das versucht, sich zu wehren? Oder lassen Sie alles schon längst resigniert über sich ergehen? Auch innerhalb des Opferstatus können Sie verschiedene Rollen einnehmen. Wer ist in Ihrer Situation der Täter beziehungsweise gibt es vielleicht mehrere Täter, gibt es Komplizen? Und gibt es Retter, die Sie, das Opfer, unterstützen könnten? Diese Überlegungen können Sie natürlich ebenso für erwartete SHIT-Situationen für sich durchspielen.

Wenn Sie erst einmal in einer Opferlogik feststecken, wird es sich für Sie nicht so anfühlen, als ob Sie noch Möglichkeiten hätten, die Situation aktiv gestalten oder gar drehen zu können. Leider ist es sehr schwer, im Falle eines Angriffs diese Rolle zu verweigern. Meistens muss der Angriff nur beginnen und eine Millisekunde später hat sich die angegriffene Person bereits in die Opferrolle begeben. Aber diese Rolle ist eben nicht die Rolle, die typischerweise Souveränität und Kompetenz ausstrahlt. Als Opfer gehen Sie voll in die Stressreaktion, bleiben darin stecken und hoffen, dass jemand anderes Ihnen aus dieser Patsche hilft. Viel besser wäre es doch, wenn Sie nicht auf einen nur optionalen Retter angewiesen wären, sondern sich selbst retten könnten. Und nicht nur das, sondern wenn Sie selbst souverän und sicher wären und andere mit Ihrem Auftritt beeindrucken könnten. Um diese Unabhängigkeit zu erreichen, ist es extrem wichtig, frühzeitig aus dem Spiel der Täter-Opfer-Rollen auszusteigen beziehungsweise gar nicht erst einzusteigen.

Schließlich ist die beste Rolle in diesem Spiel noch frei: die des Helden. Der Held lässt sich nicht auf dieses spezielle Rollenspiel ein und steigt aus der Täter-Opfer-Logik komplett aus. Das Ziel eines Helden ist – so wie in der Chancen-Map vorgezeichnet –, den Angriff umzudrehen und zu seinem Vorteil zu nutzen. Diese Perspektive zeichnet Helden und Gewinner aus, denn es ist die einzige Perspektive, die es ermöglicht, souverän durch den SHIT zu gehen. Der Held will das Täter-Opfer-Spiel gar nicht erst mitspielen, sondern auf einer Ebene darüber das Spiel dominieren und gewinnen.

Wenn Sie ein Held sein wollen, müssen Sie sich wie einer verhalten. Was gilt es also konkret zu tun? Wie würde ein Held mit einem Angreifer umgehen? Die typischen Helden sind jedenfalls nicht diejenigen, die das angreifende Gegenüber zerstören. Sie stehen wie Meister Yoda viel zu weit über den Dingen und verstehen genau, dass häufig nur die schwierige Situation des Angreifers die Ursache für den Angriff ist. Sie werden natürlich versuchen, den Täter klar in seine Schranken zu weisen und das SHIT-Verhalten zu unterbinden, sind dabei aber nicht beleidigend oder abwertend. Das müssen sie auch nicht, denn sie spielen ja das Spiel der Täter aus gegenseitigen Schuldzuweisungen und Rechtfertigungen gar nicht mit.

Helden stellen sich über die Situation, nicht aber über die Person. Sie bleiben auf Augenhöhe und sind respektvoll. Sie können ihre Gegner deshalb respektieren, weil sie wissen, dass die meisten Angriffe nur Stressreaktionen des anderen sind oder er ein Temperament besitzt, das in dieser Situation leider gerade nicht passt. Meist fühlt sich auch der Angreifer als Opfer, der zu der Reaktion „gezwungen" wird. Ein Held wird deshalb versuchen, die Beziehungsebene so schnell wie möglich zu verlassen. Er wird den Konflikt auf inhaltlicher Ebene weiterführen, um offene Themen zu klären. Auf dieser Ebene allerdings werden Helden die Situation – nicht die Person – immer dominieren und führen wollen. Denn sie sind Gestalter der Situation und nicht mehr in der Reaktion gefangen. Helden übernehmen dabei die Verantwortung für ihr bisheriges Verhalten, was eigene Fehler einschließt, und für die Lösung der Situation. So lassen die Helden den Angriff entspannt und ruhig ins Leere laufen.

5.1 KONTROLLE IM KOPF: RESPONSE-ABILITY (WERKZEUG)

Betrachten Sie den Helden und das angestrebte heldenhafte Verhalten als Ideal, dem Sie sich annähern wollen. Diese Herangehensweise beinhaltet immer auch das Wissen, dass jeder von uns noch einen langen Weg vor sich hat. Zusätzlichen Stress, ausgelöst durch selbst auferlegten Druck, benötigen Sie schließlich nicht auch noch. Sie brauchen vor der Größe dieser Aufgabe keine Angst zu haben, denn es gibt Übungen und insbesondere eine Methodik, die Ihnen helfen werden, diesen Weg zu gehen und zu bestehen.

Um heldenhaft agieren zu können, benötigen Sie Kontrolle im Kopf. Kontrolle über Ihre Emotionen. Und um diese Kontrolle zu behalten, wenn der SHIT in einer hohen Woge auf Sie zurollt, hilft zuerst ein extrem wirksames Werkzeug aus der Neurowissenschaft: Response-Ability.

5.1.1 Response-Ability 1: Stress reduzieren

Der Name des ersten Werkzeugs ist angelehnt an die Wörter

- Responsibility/Verantwortung – Verantwortung für Ihr Verhalten, insbesondere in einer Stressreaktion,
- Response/Entgegnung – auf einen Angriff die passende Antwort geben zu können,
- Ability/Fähigkeit – die Fähigkeit, beides zu tun: Verantwortung zu übernehmen und angemessen zu reagieren.

Wenn Sie angegriffen werden, startet Ihre Stressreaktion. Das limbische System reagiert und startet sein evolutionäres Programm.

Stresshormone werden ausgeschüttet und das Ganze nimmt seinen Lauf. Was können Sie also tun, um zu verhindern, dass diese Reaktion in Gang kommt? Die schlechte Nachricht lautet, dass Sie gar nichts dagegen tun können. Die physiologische Stressreaktion beginnt ohne Ihr bewusstes Zutun. Aber bevor Sie das Buch jetzt wieder zuklappen und sagen: „Schade um das Geld!" – es gibt natürlich auch eine gute Nachricht. Denn wenn Sie gut vorbereitet und sich entsprechend der Chancen-Map darüber im Klaren sind, welche Potenziale für Sie mit der Situation verbunden sind und Sie vielleicht sogar erwarten, dass es in der Situation einen Angriff geben könnte, gehen Sie bereits mit einer sehr hilfreichen Grundentspannung in die Situation. Und allein das bedeutet, dass die konkrete physiologische Stressreaktion bereits deutlich geringer ausfallen wird, als wenn Sie ohne entsprechende mentale Vorbereitung in die Situation gehen. Wir können die Stressreaktion nicht verhindern. Wir können aber durch gute mentale Vorbereitung verhindern, dass sie so heftig über uns kommt, dass sie uns wegspült.

Wenn sie da ist, müssen wir richtig mit ihr umgehen. Aus der Neurowissenschaft wissen wir, was zu tun ist, um eine Stressreaktion zu reduzieren. Response-Ability ist eine Methodik, um die Heftigkeit der Stressreaktion weiter zu reduzieren und für uns kontrollierbar zu machen. Sie umfasst vier Schritte, die wir ganz pragmatisch anwenden können.

1. Der erste Schritt ist das **Labeling**/Etikettieren. Dazu müssen Sie sich bewusst machen, welche Emotionen und Reaktionen Sie in einer Stresssituation verspüren.

   Menschen empfinden eine Stressreaktion individuell sehr unterschiedlich. Der eine spürt es als Kribbeln, die andere als Verkrampfen im Magen. Manche werden ganz hibbelig oder die Beine fangen an zu zittern. Wenn Sie Ihre spezifische Reaktion spüren, sollten Sie bewusst die Außensicht suchen und sich in Ihrer Reaktion beobachten: „Oh, schau mal an. Eine Stressreaktion“. Es ist nachgewiesen, dass Sie bereits in dem Augenblick, in dem Sie Ihre Stresssituation für sich auch als solche benennen, Ihre Stressreaktion bereits um bis zu 30 Prozent reduzieren. Das sind 30 Prozent, die bereits den Unterschied machen können.

Dieser erstaunliche Effekt ist neurowissenschaftlich hochkomplex, aber in gewisser Weise leicht erklärlich, wenn Sie sich daran erinnern, dass Stress auch als wahrgenommener Kontrollverlust definiert werden kann. Ihr Stress geht hoch, wenn Sie das Gefühl haben, die Kontrolle zu verlieren. Das Gewahrwerden der eigenen körperlichen Reaktion als Stressreaktion ist aber bereits in sich selbst ein Schritt zurück zur Kontrolle. Allein das Wissen, dass Sie gerade eine Stressreaktion haben, zwingt den Körper, diese Stressreaktion zurückzufahren. Die Amygdala-Aktivität reduziert sich beim Labeling um bis zu 50 Prozent, die Alarmanlage kann leiser werden, wenn der Hauseigentümer den Alarm schon bemerkt hat. Durch die Reduktion in der Amygdala werden die negativen Impulse erheblich reduziert. Die resultierende Stressreduktion von circa 30 Prozent kann bereits den Unterschied machen. Übrigens: Wenn ich Ihnen jetzt mitteile, dass ich immer mal wieder unter Verspannungen im Nacken leide, dann ist diese Information für Sie erst einmal irrelevant. Trotzdem werden jetzt viele von Ihnen ein bisschen mit den Schultern gewackelt haben, um zu checken, ob Sie auch verspannt sind. Allein die Aufmerksamkeit auf ein Thema führt zu einem direkten

Prüf- und Lockerungsreflex. Und ein Stück weit basiert das Labeling auch auf diesem Effekt.

Beide Effekte wirken aus einer physiologischen Notwendigkeit heraus. Das heißt, sie wird passieren, ob Sie daran glauben oder nicht. Kleben Sie deshalb Ihrer physischen Reaktion, dem, was Sie da gerade empfinden, einfach in Gedanken das Etikett Stressreaktion auf.

2. Der nächste Schritt ist das **Reappraisal**, das Umbewerten der Reaktion. Denn auch wenn Sie Ihre Stressreaktion im ersten Schritt als solche benannt haben, registrieren Sie die Reaktionen Ihres Körpers typischerweise als negativ. Diese Wahrnehmungsweise liegt ja auch auf der Hand. Stress haben wir schließlich genau dann, wenn es für uns in irgendeiner Form unangenehm wird. Die negative Bewertung der Stressreaktion wiederum erhöht den Stress. Typischerweise fragen Sie sich, was Sie da jetzt machen könnten, ob die anderen Ihnen den Stress ansehen, und überhaupt wünschen Sie sich, dass das Ganze bitte schnell vorbeigehen soll. Um diesen unerwünschten Effekt zu vermeiden, müssen wir unsere Reaktion für uns umbewerten und unser Empfinden ins Positive umkehren. Zwei Dinge helfen uns bei der Umsetzung. Im limbischen System gibt es, das wissen Sie bereits, das Stresssystem, aber auch das Belohnungssystem. In diesem System werden unsere positiven Empfindungen verarbeitet, die Dinge, die uns richtig gut gefallen haben, und auch die, auf die wir uns in Zukunft freuen und deren Erhalt uns motiviert. Diese beiden Systeme funktionieren wie eine Wippe. Sie können gestresst sein, dann verspüren Sie keine Belohnung. Sie können sich belohnt fühlen, also sich rundum wohlfühlen, dann sind Sie nicht gestresst. Stress und Belohnung stehen also antagonistisch zueinander. In dem Augenblick, in dem Sie eine Stressreaktion haben, schlägt das System in eine

Richtung aus. Stress schnellt hoch, Belohnung fällt ab. Und das damit verbundene Gefühl ist Ihnen richtig unangenehm. Wir können aber das Belohnungssystem bewusst aktivieren, indem wir uns sagen: „Mensch toll, eine Stressreaktion." Allein durch diese positive Aussage wird das Stresssystem um bis zu 40 weitere Prozent heruntergefahren. Auch dieser Effekt ist eine physiologische Notwendigkeit. Das heißt, er funktioniert, ohne dass Sie daran glauben müssten. Ich weiß, dass viele von Ihnen an dieser Stelle Zweifel haben werden. Denn nur weil Sie sich etwas vorsagen – oder es vielleicht auch nur denken –, heißt das ja noch nicht, dass Sie deshalb davon überzeugt sind. Und da haben Sie recht. In den meisten Fällen denken Sie in so einem Fall gegen Ihre Intuition. Aber – und das ist das Allerbeste an diesem Effekt: Ob Sie sich selbst glauben, dass die Stressreaktion etwas Erfreuliches ist, oder ob Sie Zweifel haben, beeinflusst die Wirkung überhaupt nicht. Sobald Sie an das Positive denken – nicht glauben –, setzen Sie bereits den gewünschten Ausgleichseffekt in Gang und Ihr Stress nimmt ab.

Wenn Sie mir nicht glauben, wird ein sehr ähnlicher Effekt Sie vielleicht überzeugen: Stellen Sie sich jetzt bitte auf keinen Fall einen kleinen rosa Elefanten vor, der über die Seiten dieses Buches trippelt. Denken Sie unter keinen Umständen an den kleinen rosa Elefanten. Wie sehr Sie sich auch bemühen, es wird ihnen unmöglich sein, *nicht* an den Elefanten zu denken, denn Ihr limbisches System verarbeitet das Wort „nicht" auf eine spezielle Weise: Es aktiviert das neuronale Netzwerk für „nicht" UND das neuronale Netzwerk für „Elefant". Und damit ist der Gedanke im Kopf. Der Effekt ist der gleiche, wenn Sie sich sagen: „Wow, eine tolle Chance!" An Chancen zu denken, hängt am Belohnungssystem, es springt sofort im limbischen System die Abteilung Belohnung an. Ihr mentales „Das glaube ich nicht!" hat gegen diesen physiologischen Effekt keine Chance.

Diese beiden Schritte sind die zentralen Wirkmechanismen der Response-Ability. Zusammen reduzieren Sie Ihre Stressreaktion um bis zu 70 Prozent. Und diese 70 Prozent sind genug, damit Sie im umgekehrten U wieder in den Zuständigkeitsbereich des frontalen Systems gelangen. Also in den Bereich, der Ihnen das bewusste Denken ermöglicht und den wir so dringend benötigen, wenn wir angegriffen werden und heldenhaft auf diesen Angriff reagieren wollen. Vor allem benötigen wir unser analytisches Denkvermögen für die beiden folgenden Schritte.

5.1.2 Response-Ability 2: Dynamik verstehen und fokussiert handeln

Im folgenden Schritt **Dynamik verstehen** muss es darum gehen, zu verstehen, was im Moment des Angriffs passiert ist. Was hat die Dynamik in Gang gesetzt, die zu dem Angriff auf Sie geführt hat? Entsprechend heißt der Schritt „Dynamik verstehen". Welches Element aus dem SCARF-Modell könnte unseren Angreifer also getriggert haben? Wenn wir uns darüber im Klaren sind beziehungsweise eine Vermutung haben, beschäftigen wir uns als Nächstes und abschließend mit der Frage, wie wir in der Situation konkret reagieren können.

Dieser letzte Schritt ist der **Handlungsfokus**. Hier wird es pragmatisch: Was sollten wir jetzt im Sinne unseres angestrebten heldenhaften Verhaltens tun? Hier geht es darum, konkret die Frage zu stellen, wie die Situation zu lösen ist. Was können Sie ganz konkret tun? Wichtig dabei ist, vom gewünschten Ergebnis her zu denken: Was soll nach der Situation erreicht sein? Stellen Sie sich gern auch die moralische Frage: Was wäre richtig, zu tun? Welches Verhalten würde echte Größe beweisen? Sammeln Sie dazu in einem Brainstorming konkrete Alternativen und bedenken Sie die Konsequenzen. Noch leichter wird dieser Schritt, wenn Sie dann bald die weiteren Werkzeuge der folgenden Abschnitte kennen, denn die sind genau dafür gemacht.

Response-Ability als Methodik ist hochwirksam, muss jedoch – oh Wunder – angewendet werden, damit sie wirken kann. In der Coachingausbildung berichten meine Teilnehmer oft, dass diese Methode, wenn man sie denn anwendet und ein bisschen geübt hat, eine der wirksamsten der ganzen Ausbildung ist, und das, obwohl diese mit tollen Methoden vollgepackt ist.

Um zu üben, können Sie sich entweder immer wieder solchen Situationen aussetzen, was zunächst unangenehm ist. Sie können beliebige Angriffssituationen aber auch im Vorfeld immer wieder für sich mithilfe der folgenden Matrix schriftlich simulieren, was völlig sicher ist. Nutzen Sie dafür eine Tabelle, wie sie die folgende Abbildung zeigt, die ich hier mit einem Beispiel direkt für Sie ausgefüllt habe. Die Tabelle zum Ausfüllen gibt es unter www.handlingshit.de/responseability zum Download.

MEIN STRESSOR: Das Halten einer wichtigen Präsentation vor den Stakeholdern des Unternehmens

	ANWENDUNGSBEISPIEL **LEITFRAGE**	ANWENDUNGSBEISPIEL FÜR **MEINE GEDANKEN** zu den Leitfragen
1. **LABELING** (Etikettierung)	Welche Emotionen verspüren Sie, wenn der Stressor auftritt? Wie spüren Sie diese Emotionen?	Ich fühle Nervosität, Angst vor dem Versagen/der Beurteilung der anderen, Lampenfieber, was sich bemerkbar macht durch erhöhten Puls, schwitzige Hände, Zittern, weiche Knie oder unsichere Stimmlage.
2. **REAPPRAISAL** (Umbewertung)	Welche Chance steckt in der Situation? Wie können Sie den entstehenden Stress wirksam nutzen?	Ich kann den Zuhörern meine Kompetenz unter Beweis stellen und sie von meiner Idee überzeugen. Ich kann mich in ein besseres Licht rücken und mich hierdurch für weitere wichtige Aufgaben qualifizieren und letztlich meine Karriere nach vorne bringen.
3. **DYNAMIK VERSTEHEN**	Was genau lässt Sie Stress wahrnehmen? Was steckt dahinter? Wie kommt es zu den Stresssituationen?	Die Leute, die mir zuhören, sind wichtig und urteilen neben der Idee, die ich präsentiere, auch über mich. Es ist wichtig, dass ich eine gute Leistung abliefere, da mein Projekt davon abhängt und teilweise auch mein Ruf.
4. **HANDLUNGS-FOKUS**	Wie können Sie sich am besten verhalten? Wie können Sie ‚wahre Größe' zeigen? Welches Verhalten würde Ihnen ein Experte empfehlen?	Ich sollte die Ruhe bewahren, mich auf die Präsentation konzentrieren und mich auf meine Vorbereitung verlassen. Ich gehe die Inhalte noch einmal durch und stelle diese klar und selbstbewusst vor.

5.2 RUHE IM KOPF: ACHTSAMKEIT (WERKZEUG)

Um die ersten Schritte der Response-Ability leichter gehen zu können, ist eine bewusste Wahrnehmung der Situation und der einhergehenden emotionalen Reaktionen zentral. Wir benötigen eine gewisse innere Ruhe, einen Zustand der Achtsamkeit. Eine sehr gute Methode, um diesen angestrebten Zustand zu erreichen, sind Achtsamkeits- oder Mindfulness-Übungen wie zum Beispiel Meditation.

Es geht bei diesem für viele Menschen vielleicht allzu esoterisch eingefärbten Thema nicht darum, im Wallegewand erleuchtet in der Ecke zu sitzen wie Meister Yoda, sondern darum, sich selbst einen knallharten neurophysiologischen Vorteil zu verschaffen. Wir wollen durch Achtsamkeitsübungen oder Meditation unsere neurologischen Strukturen umbauen und unsere Selbstwahrnehmung optimieren. Gleichzeitig optimieren wir dadurch Fähigkeiten wie beispielsweise Empathie. Eine verbesserte Selbstwahrnehmung hilft uns außerdem dabei, unsere Emotionsregulation zu verbessern. Mit einer besseren Emotionsregulation können wir wiederum unseren Aufmerksamkeitsfokus besser steuern. Und wenn wir unsere Aufmerksamkeit besser steuern können, sind wir fokussierter und können besser und konzentrierter an unseren Themen arbeiten. Wir sind dann insgesamt effektiver, produktiver und glücklicher. Und tatsächlich können wir unser Gehirn durch geistige Übungen physiologisch optimieren. Dadurch gelingt es uns auch, schneller zu spüren, wenn wir Stress bekommen, und können so schneller in Response-Ability einsteigen, also schon zu einem Zeitpunkt, wenn es noch nicht so schwerfällt.

Achtsamkeit wird von Jeffrey M. Schwartz und Al Gladding 2011 definiert als „der Prozess des Bewusstwerdens und des Fokussierens der Aufmerksamkeit auf das Entstehen und Auftretens eines Gedankens, eines Gefühls, eines Bedürfnisses, einer Reaktion oder eines Ereignisses, wenn es entsteht." Mit anderen Worten: Achtsamkeit ist, zu merken, was gerade in mir los ist. Ich bin achtsam in dem Augenblick, in dem mir bewusst wird – und ich mich darauf fokussiere –, wie es mir gerade geht, was ich denke, was ich jetzt gerade fühle, welche Bedürfnisse ich habe und welche Reaktionen ich körperlich so in mir spüre. Achtsam zu sein bedeutet also im Wesentlichen, sich selbst wahrzunehmen.

Unser Gehirn verfügt über mehrere Ebenen der Wahrnehmung. Die unterste dieser Ebenen ist die Sensorik, also die physiologische Wahrnehmung eines Reizes. Etwas ist beispielsweise warm oder wir nehmen Helligkeit wahr. Wenn man genauer hinschaut, sieht das ungefähr so aus: Eine Nervenzelle im Auge bekommt Licht aus der Umgebung und meldet auf dieser untersten Ebene: Guck mal, da ist Licht. Sie meldet ein paar Signale an unseren Sehnerv und hinten im Kopf gibt es einen Bereich des Gehirns, in dem das, was gesehen wird, zusammensetzt wird. Und da gibt es beispielsweise ein neuronales Netzwerk, das geht an, wenn eine senkrechte Linie gesehen wird. Ein anderes neuronales Netzwerk geht an, wenn eine Schattierung gesehen wird. Wieder ein anderes neuronales Netzwerk geht an, wenn eine Form gesehen wird, ein Kreis zum Beispiel. Und so gehen bei einem Bild, das wir jetzt gerade vor uns sehen, Zehntausende neuronale Netzwerke an, die jeweils ein kleines Inhaltspünktchen aus diesem Bild decodieren. Darüber gibt es mehrere neuronale Ebenen, die daraus das Bild zusammensetzen.

Auf den nächsten Ebenen wird alles interpretiert: Ich sehe jetzt gerade ein Bücherregal und eine Lampe. Und die nächste Ebene ruft auch Erinnerungen ab. Und die nächste Ebene darüber sagt: Ach, guck mal, du siehst jetzt eine Lampe und du erinnerst dich an das Wohnzimmer von Tante Lissi und wie angenehm es dort immer gerochen hat.

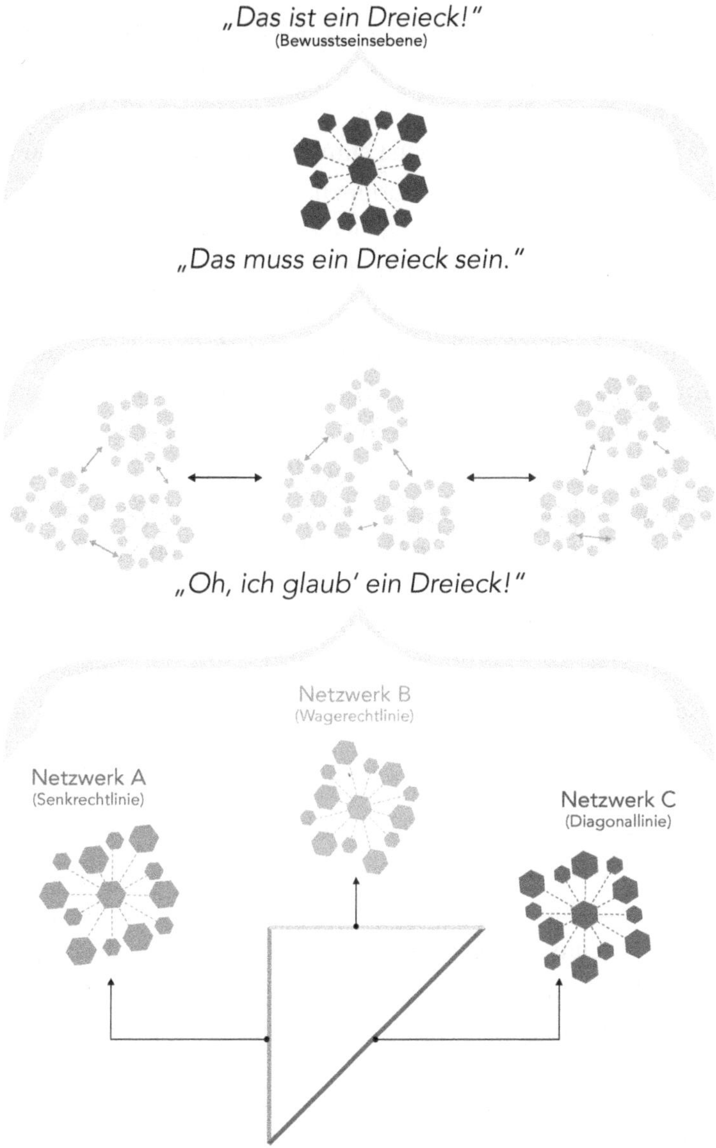

Von diesen Ebenen der Wahrnehmung gibt es mindestens zwei Dutzend, wobei die Forschung gar keine Idee hat, wie viele es im

Detail sind. Die oberste Ebene ist das Bewusstsein. Jeffrey Schwartz nennt sein Buch „You Are Not Your Brain“ (deutscher Titel: „Du bist mehr als dein Gehirn“) und was er damit sagen will, ist, dass der eine Teil des Gehirns zunächst einmal nur reine Wahrnehmungen produziert – Reize und Sensationen, Bedürfnisse und Emotionen. Das passiert auf den höheren Ebenen. Und wie oft kommen einem die eigenen Wahrnehmungen und Gedanken schon einmal komisch vor – dann haben wir die Chance, wahrzunehmen, was unser Gehirn jetzt und in diesem Augenblick produziert. Wenn wir den Moment wahrnehmen, ist es erst einmal gut. Denn dann merken wir, was in uns los ist, wir sind achtsam und nehmen nicht jeden Gedanken und jede Emotion zu ernst. Achtsamkeit ist also die Fähigkeit der Wahrnehmung eines Moments. Wir wollen diesem Moment außerdem auch mit einer gewissen Haltung begegnen. Nämlich entspannt, offen und interessiert. Durchaus auch mit einer gewissen Neugier, jedoch ohne den Moment direkt zu bewerten.

Meditation ist eine von vielen Methoden, die dabei helfen kann, diesen Zustand zu erreichen. Wenn ich meditiere und darauf achte, dass ich auf meine Atmung und meine Gedanken fokussiert bin, bin ich achtsam durch die Praxis der Meditation. Aber klassische Meditationen sind nur Methoden unter vielen. Ich könnte diesen Zustand auch durch Yoga oder T'ai-Chi Chuan“, kurz Tai-Chi, erreichen und damit durch Übungen, die zunächst das Körperliche in den Mittelpunkt stellen. Ebenso durch Methoden, die möglichst weit entfernt von fernöstlichen Weisheitslehren entwickelt wurden, wie beispielsweise durch autogenes Training oder progressive Muskelentspannung (PMR/PMS).

Bereits wenn man sich nur oberflächlich mit dem Themenkomplex Meditation und Achtsamkeitstrainings beschäftigt, findet man eine beeindruckende Liste positiver Auswirkungen auf Körper und Geist. Menschen, die häufig meditieren, können einen deutlichen Rückgang von Schmerzen und Entzündungen erleben sowie eine höhere Knochendichte erreichen. Meditation kann zu regulierten Emotionen führen, zu einem Gefühl der Aktiviertheit und Wachheit. Sie kann die Empathie steigern, den Schlaf und unser Denken verbessern. Meditation kann über Reduktion der Stresshormone die Verdauung verbessern und beim Abnehmen unterstützen. Meditation kann sich sogar positiv auf Hautprobleme auswirken – von trockener Haut bis hin zu Hauterkrankungen. Nach nur acht Wochen Meditation ist beispielsweise nachweisbar, dass die Aktivität der rechten Amygdala deutlich abnimmt. Die Amygdala ist das Alarmsystem im Gehirn und die rechte Amygdala ist vor allem dafür da, die Umgebung zu beobachten und aus den Umgebungsreizen herauszufiltern, was einem jetzt Stress machen könnte und was Aufmerksamkeit bekommen soll. Eine Reduktion der Tätigkeit der rechten Amygdala bedeutet nichts anderes, als dass Außenreize uns seltener stören. Mit anderen Worten: mehr Fokus! Und das waren nur ein paar Beispiele von Ergebnissen, die Meditation wissenschaftlich nachgewiesen erreichen kann.

Achtsamkeitstraining hat auch nachweislich die Wirkung, dass es den Blutdruck senken und den Blutzuckerlevel regulieren kann. Tatsächlich liegen diese Effekte aber vor allem an der mit Achtsamkeitstraining und/oder Meditation einhergehenden Vermeidung von Stress. Stresshormone hat man natürlich dann im Überfluss, wenn man sich auf stressige Sachen konzentriert. Bei einem hohen Stresshormonspiegel steigt der Blutdruck und der Blutzuckerlevel gerät aus dem Ruder.

Es ist nicht zu 100 Prozent richtig, all diese positiven Wirkungen nur der Meditation zuzuschreiben. Vielmehr geht es darum, dass Meditation etwas verhindert, was uns chronischen Stress und im schlimmsten Fall chronisch krank macht. Wir wissen ja bereits aus dem Kapitel über Stress, was der Stress alles verursacht: Das Herz-Kreislauf-System wird aktiviert, die Atmung wird aktiviert, die Lunge weitet sich, die Lungenbläschen nehmen mehr Sauerstoff auf, der Muskeltonus steigt, wir verkrampfen uns. Und für viele von uns sind das chronische Zustände. Das führt dazu, dass diese Systeme entweder dauerhaft überstrapaziert oder dauerhaft unterfordert sind.

Wenn es heißt, dass Meditation die Verdauung verbessert, dann stimmt das eigentlich nicht. Genau genommen ist der Mechanismus ein anderer: Chronischer Stress verschlechtert die Verdauung. Denn Verdauung ist etwas, was vom Gehirn – zumindest kurzfristig – als nicht überlebensrelevant eingestuft wird. Wenn uns der Löwe verfolgt, verdauen wir nicht, sondern wir rennen. Unsere ganze Energie und Kraft werden, damit nicht wir vom Löwen verdaut werden, zum Rennen verwendet. Verdauen, das können wir dann machen, wenn wir überlebt haben. Wenn wir also chronischen Stress erleben, ist unser Verdauungssystem systematisch runtergeregelt. Unser Verdauungssystem funktioniert dann nicht gut. Üben wir uns in Meditation, nehmen den Stress heraus, unterbrechen also den chronischen Stress und der Körper reguliert sich neu, so fängt dieses System wieder an zu funktionieren. Und wir erreichen bald wieder die Basis, auf der das System ursprünglich funktionieren sollte. Sie können sich diese Wirkungskette wie bei einem Raucher vorstellen, der mit einer Zigarette seinen Stress bekämpfen will, aber vergessen hat, dass er ohne seine Zigarettensucht diesen Stress gar nicht hätte. Wenn er das Rauchen aufgibt, fühlt er sich nach einiger Zeit wie neugeboren. Dabei hat er allerdings keine grundsätzliche Verbesserung, sondern nur seinen Normalzustand wieder erreicht.

Andere Wirkungen allerdings, die in der Tat eine direkte Folge von Achtsamkeit sind, sind die Verbesserungen der emotionalen Kontrolle, der Selbstwahrnehmung und Selbstbeherrschung und auch der Emotionsregulation.

Unser Gehirn lernt, wenn wir etwas mehrfach tun und dieses Tun für uns emotional belohnend ist. Das bedeutet, dass wir unsere emotionalen Zustände umso schneller und einfacher wahrnehmen können, je häufiger wir uns auf sie konzentrieren. Wir spüren dann auch häufiger und schneller, wann wir welche Emotion haben. Aus dem Relabeling des Response-Ability-Modells wissen wir bereits, dass allein das Bewusstsein darüber, welche Emotion wir gerade haben, zu einer Emotionsregulation führt. Das Verstehen und das

Einordnen der empfundenen Reaktion als eine bestimmte Emotion senkt die Stresslast, die mit der Emotion verbunden ist.

Wenn wir also beispielsweise meditativ üben, uns auf unseren Atem zu fokussieren, dann üben wir Körperwahrnehmung. Damit wiederum üben wir aber auch, wahrzunehmen, wann uns etwas stört. Wenn andere ungeübte Menschen also noch nicht wissen, dass sie von etwas genervt sind, nimmt jemand, der achtsam ist und meditiert, diese Emotion bereits früh wahr und kann bereits zu einem sehr frühen Zeitpunkt versuchen, damit umzugehen.

Achtsamkeit ist also keine Leere im Kopf im Sinne von „keine Gedanken zu haben". Stattdessen heißt Achtsamkeit, zu merken, wenn ein Gedanke entsteht – und wenn er entsteht, diesen Gedanken auch passieren zu lassen.

An dieser Stelle kommt ein zweites Thema ins Spiel, nämlich Gedankensteuerung. Das heißt, wir üben, uns selbst im Griff zu halten, emotional wie mental. Wir üben, unsere Emotion zu regulieren, und wir üben, unsere Gedanken kommen und gehen zu lassen und zu steuern. Erst dieser Level der Selbstkontrolle erschließt ein neues Soft Skill, eine optimierte Selbstregulation. Und Achtsamkeitstraining ist der Weg dahin.

Die Veränderung, die wir durch dieses mentale Training erreichen wollen, ist eine bessere Kontrolle des eigenen Stresses im Sinne einer optimalen Reizverarbeitung. Ein geringerer Stresslevel beziehungsweise Stress in dem für Sie optimalen Level ist natürlich insgesamt im Leben sehr hilfreich. Für die hier beschriebenen Methoden ist es aber nahezu essenziell, dass Sie Ihren Stress regulieren können. Nur mit einer geübten Selbstregulation können wir in verbalen Angriffssituationen ruhig, überlegt und überlegen reagieren.

Die zweite Veränderung, die wir erreichen wollen, spielt später noch eine große Rolle, wenn wir Lösungen für knifflige SHITuations brauchen. Kennen Sie das? Die besten Ideen kommen Ihnen unter der Dusche, beim ganz anderen Handling SHIT auf der Toilette, beim Spaziergang oder bei der Ausübung Ihres Hobbys? Überall, aber nur nicht da, wo Sie insbesondere dafür bezahlt werden, gute Ideen zu haben, nämlich in Ihrem Job. Es geht um die Aha-Erlebnisse – diese Momente, in denen Ihnen plötzlich die Lösung für ein Problem oder eine geniale Idee in den Kopf schießen.

Aha-Erlebnisse, deren Zustandekommen im nächsten Abschnitt beschrieben werden, helfen uns nicht nur, selbst kreativer zu werden und Zusammenhänge neu zu entdecken, sondern sie sind zentral, wenn wir später dazu kommen, Menschen zu überzeugen oder für uns zu gewinnen. Ein in unserem Sinne positives Aha-Erlebnis bei unserem Gegenüber zu provozieren, ist, als wenn wir einen Knoten zerschneiden oder einen Korken aus der Flasche ziehen oder unser Gegenüber von einer abstrusen Meinung abbringen. Auch wenn diese Meinungsänderung womöglich nicht sofort passiert oder zutage tritt, ist es ein sehr guter Start. Und diese Aha-Erlebnisse sind sehr viel wahrscheinlicher, wenn Sie eine gewisse Grundentspannung und keinen Stress haben – was auch die kreativen Orte erklärt, an denen Sie diese haben.

5.3 RUHE FÜR AHA-ERLEBNISSE

Wir können mit Meditation und mit Achtsamkeitstraining die Wahrscheinlichkeit von Aha-Erlebnissen steigern. Wir wissen, dass es verschiedene Netzwerke im Gehirn gibt, die bei bestimmten Reizen aktiv werden und quasi aufleuchten. Das eine Netzwerk codiert vielleicht einen Hut, das andere codiert einen Kopf. Und die Netzwerke Hut und Kopf sind so nahe beieinander, dass wir, wann immer wir an Hut denken, auch gleichzeitig an Kopf denken. Und wenn wir an Kopf denken, liegt der Gedanke an Hut im wahrsten Sinne des Wortes nahe. Aha-Erlebnisse entstehen aber gerade dann, wenn zwei neurologische Muster, die irgendwie zusammenpassen, die zusammen konsistent sind, aber die von unserem Gehirn noch nie verknüpft wurden, doch zusammenkommen und es plötzlich absolut konsistent ist, dass die beiden Systeme zusammenstecken. Das ist ein Aha-Erlebnis! Wenn wir eine unbewusste oder bewusste Erfahrung machen, eine weitere bewusste oder unbewusste Erfahrung hinzukommt und unser Gehirn sagt: „Boah, super. Das passt! Ich habe eine ganz neue Idee!“ Und dann kommt der Insight, der Heureka-Moment.

Mark Jung-Beeman hat diese Effekte in einer sehr spannenden Forschungsarbeit sichtbar gemacht, indem er mittels eines EEG (Elektroenzephalografie) die Summe der elektrischen Aktivierungen im Gehirn gemessen und nachgewiesen hat, was bei einem Aha-Erlebnis im Gehirn so passiert.

Um diese Effekte zu verstehen, müssen Sie wissen, dass es verschiedene Arten von Gehirnwellen gibt. Wichtig sind für uns die „entspannten“ Alpha-Wellen und die „aktivierten Gamma-Wellen“, die mit der Aktiviertheit des „Yeah-Geil-Gefühls“ einhergehen, wenn Sie eine Idee haben.

Bei einem Aha-Erlebnis können wir zunächst verstärkt Alpha-Wellen messen – zwar nur circa eine Sekunde lang, aber für Vorgänge im Gehirn ist eine Sekunde bereits eine lange Zeit. Danach schießen die Alpha-Wellen nach unten und die Gamma-Wellen nach oben. Ungefähr eine halbe Sekunde nach diesem Wechsel erreichen wir den Punkt, der in der folgenden Grafik (Quelle: Jung-Beeman et al., 2004) durch das schwarze R angezeigt wird. Dieser Punkt zeigt den Moment an, in dem sich der Proband bewusst wird, dass er gerade ein Aha-Erlebnis hatte.

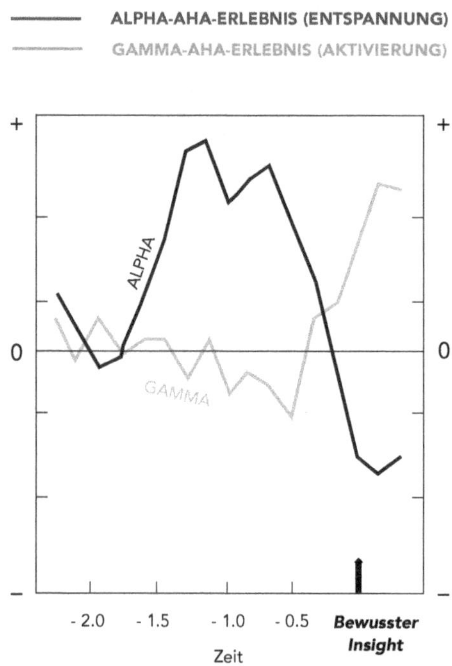

Aha-Erlebnisse passieren uns also dann, wenn wir entspannt und ruhig sind, wir unserem Gehirn keine Überforderung zumuten. Denn dann fängt unser Gehirn an, an Sachen zu denken und es merkt: „Hier, in dieser einen Gehirnwindung gibt's ein Thema und das passt zu unserer Fragestellung in der anderen Gehirnwindung." Und das Gehirn schaut sich diese beiden Muster an und vernetzt diese und merkt: „Boah, passt!" Jetzt entsteht Aktivierung, die Neuronen im Belohnungssystem tanzen Lambada – dieses Gefühl, zu wissen, dass man etwas Neues vor sich hat, etwas, das genau so sein muss.

Aha-Erlebnisse brauchen also Ruhe, brauchen Entspannung. Und diese Entspannung bekommen wir dadurch hin, dass wir durch Achtsamkeit erst einmal Ruhe im Kopf einkehren lassen. Das ist also der Grund, warum Aha-Erlebnisse häufig beim Joggen kommen, wenn man auf der Toilette sitzt oder wenn unser limbisches System unter der Dusche steht. In Momenten also, in denen unser Gehirn gerade nicht aktiv beschäftigt ist, sondern Zeit und Muße hat, einmal zu schauen, was sonst noch so los ist.

Meditation ist auch in dieser Hinsicht kein esoterischer Hokuspokus. Die Wirksamkeit ist bewiesen. Eine interessante Studie von Britta K. Hölzel, James Carmody und Mark Vangel aus dem Jahr 2011 kam beispielsweise zu dem Ergebnis, dass Teilnehmer eines achtwöchigen Achtsamkeitstrainings nachgewiesenermaßen strukturelle Veränderungen in Hirnregionen entwickelt haben, die mit der Erinnerung, mit dem „sense of self", bei dem es um die Eigenwahrnehmung geht, Empathie und mit Stress assoziiert werden. Diese strukturellen Veränderungen waren insbesondere eine Erhöhung der Dichte der grauen Gehirnmasse im Hippocampus, der mit der Erinnerung und speziell mit dem emotionalen Erfahrungsgedächtnis assoziiert wird. Dieser Bereich ist außerdem wichtig für die Fähigkeit, zu lernen, sowie für Selbstwahrnehmung, Selbsteinsicht und Empathie. Mehr graue Masse heißt im Wesentlichen: mehr Nervenzellen und/oder mehr Verbindungen der Zellen untereinander, was in diesem Fall gut für das Funktionieren der Regionen ist.

Eine weitere Veränderung war außerdem eine Reduktion der Dichte der Nervenzellen in der Amygdala, die wir als Alarmanlage des Gehirns ja bereits kennengelernt haben. Und sie hat neben Stress auch Ängstlichkeit zum Thema. Weniger Neuronen heißt hier: eine weniger laute Alarmanlage.

Eine weitere Studie der Georgetown University (Hoge et al., 2018) hat nachgewiesen, dass Achtsamkeitstraining für die Behandlung von Angststörungen effektiv ist. Vom NIH, dem National Institutes of Health in den USA, wurde eine Studie durchgeführt, die herausgefunden hat, dass hormonelle und entzündliche Reaktionen auf

Stress deutlich reduziert waren, nachdem die Teilnehmer Achtsamkeitstrainings absolviert hatten. Der durchführende Professor wird zitiert mit den Worten: „Mindfulness meditation training is relatively inexpensive and a low-stigma treatment approach and these findings strengthen the case that it can improve resilience to stress." – auf Deutsch: "Achtsamkeitsmeditationstraining ist relativ kostengünstig und ein Behandlungsansatz mit geringem Stigma und diese Ergebnisse unterstreichen, dass es die Belastbarkeit bei Stress verbessern kann."

Spannend an dieser Studie ist insbesondere, dass es eine Kontrollgruppe gab. So hat die eine Gruppe ein vom Molekularbiologen Jon Kabat-Zinn entwickeltes und übrigens sehr zu empfehlendes „Mindfulness-Based Stress Reduction"-Programm (MBSR) absolviert. Die andere Gruppe hat über acht Wochen Stressreduktions-Seminare mit grundsätzlichen Tipps besucht, wie man sich besser ernährt, wie man besser schläft und so weiter.

Mit beiden Gruppen wurden jeweils vorher und nachher bestimmte „Trier Social Stress Tests" (TSST) durchgeführt, bei dem die Teilnehmer beispielsweise einen Vortrag halten mussten. Dabei wurde anhand von bestimmten Blutmarkern – nämlich des Stresshormons ACTH und der entzündungsangebenden Proteine IL-1 und TNF-Alpha – gemessen, wie hoch der Stresslevel der Teilnehmer jeweils ist.

Nur die Meditationsgruppe hat beim abschließenden Social Stress Test eine starke Reduktion dieser Marker gezeigt. Die Achtsamkeit hat bewirkt, dass die Teilnehmer besser mit der Situation umgehen konnten.

Und so, mit einer Studie nach der anderen, könnte ich nun noch ein paar Hundert Buchseiten weitermachen, ich erspare es Ihnen. Fest steht: Ich kenne keinen Wissenschaftler, der an der positiven Wirkung von Achtsamkeit zweifelt, man streitet sich höchstens, ob der Effekt sehr, sehr gut oder nur sehr gut ist. Und für unser Thema bleibt festzuhalten: Achtsamkeit baut Stress ab und ist damit eine sehr empfehlenswerte, kostenlose und machbare Lösung zum besseren Umgang mit und zur besseren Vorbereitung auf SHIT-Momente. In diesem Sinne funktionieren Meditationsprogramme wie ein Resetknopf für den eigenen Stresslevel, den Sie regelmäßig drücken sollten.

Nicht jede Meditationsform ist allerdings für jeden gleich gut geeignet. Da gibt es die einen, die sich auf eine Matte legen und still sein sollen, aber der Kopf einfach keine Ruhe findet. Andere schlafen innerhalb von zehn Sekunden ein. Es ist deshalb wichtig, sich verschiedene Meditationsformen anzuschauen und die individuell passende Form zu finden. Ich möchte Ihnen mitgeben, dass ich selbst regelmäßig meditiere, weil ich als Neurowissenschaftler um die Wirksamkeit dieser Übungen weiß. Ich kann aus eigener Erfahrung berichten, dass Meditation einen massiven und drastischen positiven Effekt auf das Befinden und auf das Stresserleben hat. Natürlich geht auch hier nichts von heute auf morgen. Mein Fall zeigt auch, wie wichtig es ist, durch Probieren seinen eigenen Weg der Meditation zu finden. So meditiere ich grundsätzlich mit einer geführten Meditation der App Calm.com und in englischer Sprache – so habe ich Meditation kennengelernt und es ist hängen geblieben. Und es gibt eine Begleitmusik namens Celestial Sunbeams, die bei mir am besten funktioniert. Wenn ich schon die ersten paar Töne höre, entspanne ich – dieses Denk- und Verhaltensmuster hat sich mittlerweile etabliert. Weitere Empfehlungen finden sich übrigens auf www.handlingshit.com/meditation.

Meiner Erfahrung nach reichen schon im Schnitt fünf Minuten pro Tag in der Woche, um spürbare Effekte zu erreichen. Dabei ist es nicht so wichtig, ob Sie jeden Tag fünf Minuten oder einmal in der Woche sieben mal fünf Minuten an einem Stück meditieren. Für mich persönlich – auch im Einklang mit vielen Wissenschaftlern – ist dies ein Volumen, das innerhalb einiger weniger Wochen spürbare Veränderungen hervorrufen wird. Das ist eine Zeitinvestition, die sich lohnt!

5.4 KINDERKACKE – EIN LEBEN LANG, AUCH OHNE KINDER

Typischerweise arbeite ich nicht mit Kindern, sondern mit Unternehmern und Führungskräften. Manchmal kommt man sich aber auch dort vor wie im Kindergarten. Dieses Gefühl täuscht Sie oft auch gar nicht. Deshalb sollten Sie diesen Abschnitt auch lesen, wenn Sie gar keine Kinder haben. Denn gerade im Verhalten von Kindern und im Umgang mit Kindern lassen sich die Grundlagen von SHIT-Verhalten nahezu exemplarisch beobachten. Und diese gelten eben auch bei großen Kindern. Wieder geht es darum, die Ruhe zu bewahren und eine für die Klärung wirksame Haltung einzunehmen.

Auch auf der Führungsetage kommen alle möglichen Konflikte vor, die so wirken, als hätten die handelnden Personen sich diese direkt im Kindergarten abgeschaut: vom Streit untereinander, wenn man sich in der Geschäftsführung nicht einig ist, Streit zwischen Mitarbeitern, weil der eine etwas gesagt hat, was dem anderen nicht passte, Streit mit Mitarbeitern, die einfach nicht so wollen, wie sich die Führungskraft oder der Kollege das so wünscht – und natürlich auch umgekehrt. Gerade, wenn man mit und in Familienunternehmen arbeitet, habe ich es immer wieder mit Familienthemen zu tun, die mehr oder weniger sichtbar über dem Konferenztisch schweben. In Familienunternehmen sitzen aber auch oft echte Kinder und Jugendliche mit am Tisch. Die unternehmerischen Belange sind präsent, die kleine Lise fährt schon mit sechs Jahren im Bobbycar durch die Unternehmensflure, der Teenie Michael macht im eigenen Unternehmen mit 14 bei der Inventur mit und mit 17 macht Hans sein Schülerpraktikum im elterlichen Betrieb. Und am Essenstisch wird jeden Abend über den Status der Unternehmen geredet. Oft werden auch im Privatleben erlebte Frustrationsmomente und Enttäuschungen systematisch, aber subtil, im Berufsleben ausgetragen und erstrecken sich dann natürlich auch auf Nicht-Familienmitglieder.

Genügend Gelegenheiten jedenfalls für Stress. Bei Erwachsenen kommt der Stress oft ein bisschen versteckt daher, als kleiner fieser Angriff, als mehrdeutige Anspielung, vielleicht als Ausgrenzung bestimmter Personen.

Bei Kindern ist das, je nach Alter natürlich, ein bisschen anders. Auch bei ihnen ist Stress die Reaktion auf gefühlten oder tatsächlichen Kontrollverlust. Aber Kinder reagieren sehr impulsiv. Eine befreundete Mutter schilderte mir diese typischen Situationen: „Die meiste Zeit des Tages sind meine Kinder wirklich brav. Sie spielen miteinander. Sie tun mehr oder weniger das, was ich ihnen sage. Aber dann schlägt ganz plötzlich – warum auch immer – das Pendel um. Oft geht es um Kleinigkeiten, die sich ganz schnell aufschaukeln. Dann wird untereinander und mit mir gestritten, dann hauen und zwicken sie sich. Manchmal schlägt die Situation im Supermarkt um. Eben waren sie noch brav und plötzlich rennen sie wie die Irren durch die Gänge oder werfen sich brüllend auf den Boden. Ich denke dann oft nur noch: „Oh mein Gott, ich will hier raus. Erdboden tu dich auf!"

Ich glaube, das sind Situationen, die jeder Mutter und jedem Vater ziemlich vertraut vorkommen, weil sie sie so oder ähnlich schon selbst erlebt haben. Mit Kindern ist es oft so: Sie haben wirklich gute Laune und sind besonders glücklich. Im nächsten Moment sind sie sogar noch ein bisschen glücklicher, freuen sich und lachen dermaßen glücklich und offen, wie wir Erwachsenen das gar nicht mehr können. Und dann legen sie von einer Millisekunde auf die andere den Schalter um und weinen. Sie toben, wüten und schreien wie am Spieß. Das, was sie jetzt in dieser Sekunde erleben, ist das Schlimmste, was ihnen je widerfahren ist.

Der Unterschied zwischen Erwachsenen und Kindern ist in dieser Hinsicht vor allem der, dass wir Erwachsenen eine sehr differenzierte Skala von Emotionen empfinden und entsprechend auch sehr differenzierte Reaktionen zeigen können. Wir sind einmal ein bisschen unglücklich, ein anderes Mal ein bisschen glücklich oder irgendetwas dazwischen. Ab und zu sind wir sogar sehr glücklich.

Kinder sind extrem mega-glücklich oder extrem mega-unglücklich. Denn nur diese beiden Pole, diese beiden extremen Emotionen, sind von Anfang an in uns angelegt. Erst mit den Jahren wird die Skala dazwischen immer ausdifferenzierter.

Wenn bei Kindern eine Emotion da ist, kommt sie heraus – die Region im Gehirn, die für die Hemmung von Impulsen zuständig ist, der ventrolaterale präfrontale Cortex (VLPFC), ist erst mit rund 21 Jahren vollkommen funktionsfähig: Autovermietungen haben verstanden, dass man seine Entwicklung erst mit 21 so richtig abgeschlossen hat. Deshalb vermieten diese auch erst an Personen ab 21 Jahren. Der 18-Jährige weiß schon, dass auf nasser Fahrbahn durch die Kurve zu fahren eine sagen wir semi-gute Idee ist, aber der Impuls, seinen Freunden zu imponieren, ist größer ...

Die den Kindern noch fehlende Graduierung der Emotionen und Hemmung von Impulsen führt dazu, dass die kleinen Wesen häufig extremen Stress empfinden. Und dann kommen wie aus dem Nichts die vier bekannten Stressreaktionen (4F) zum Tragen. Dann kommt der Angriff, da wird mit dem Förmchen zugehauen. Oder es kommt die Flucht oder es wird geweint, was ja nichts anderes heißt als: „Jetzt hilf mir doch mal bitte jemand!" Auch die Schuldzuweisung ist hilfreich. Denn wenn der andere es gewesen ist, dann war man es ja nicht selbst. Und damit ist ein empörtes „Der war's" eine Stressbewältigungsstrategie, die die Kleinen auch in ganz jungen Jahren schon wunderbar üben.

Das Kind spielt also ruhig vor sich hin, läuft sozusagen im Normalbetrieb. Und dann kommt irgendeine Auslösersituation, in der wir Eltern mit unseren Wünschen den Plan des Kindes durchkreuzen oder weil das Geschwisterchen den Plan des ruhigen Weiterspielens durchkreuzt oder es ist nur ein Gedanke, der gerade nervt. Egal was es dann am Ende ist, das ist der Stress auslösende Moment und in der Folge kommt es zu einem der 4 F: Schimpfen, Hauen, Weinen, Erstarren oder Zu-Mama- oder Zu-Papa-Laufen. Diese Theorie kennen Sie ja bereits aus den ersten Kapiteln. Was machen Sie aber in der Praxis, wenn sich das eigene Kind im Supermarkt brüllend auf dem Boden wälzt, weil Sie ihm die Tüte Chips oder die Schokolade, die neben der Kasse liegt, nicht kaufen wollen?

Wenn man so eine Situation analysiert, kommt man schnell zu der Frage, wo genau eigentlich die Schwierigkeit liegt. Man könnte ja auch den Standpunkt einnehmen, dass das Kind gar nicht das Problem ist. Denn das Kind macht gerade einfach nur seinen Job. Es macht, was es tun muss, um erwachsen zu werden. Das Kind, das sich da brüllend vor der Tiefkühltruhe oder im Kassengang am Boden wälzt, ist nämlich im Wesentlichen gerade dabei, fleißig seine Grenzen auszutesten und zu schauen, was man mit Mama oder Papa so machen kann und wie man seinen Willen durchsetzt. Man könnte auch sagen: Es lernt, es probiert aus. Es versucht herauszubekommen: „Wie bekomme ich, was ich will, und welche Reaktion ist dazu angemessen?" Seien Sie doch froh, dass Ihr Kind sich entwickelt!

Gerade bei sehr kleinen Kindern erleben wir häufig, dass sie versuchen zu verstehen, welche Stressreaktion in der jeweiligen Situation überhaupt angemessen ist. Als meine Tochter neun Monate alt war, ist sie einmal unachtsam nach hinten gefallen. Weil wir vorsichtige Eltern sind und weil wir Glück hatten, lag eine dämpfende Schaumpolstermatte in ihrem Spielbereich. Und sie ist dann mit dem Hinterkopf auf die Matte gefallen. Das hat sicher nicht wehgetan. Ich konnte in diesem ersten Moment genau verfolgen, was da mit ihr passierte: Zuerst erstarrte sie, dann guckte sie erstaunt. Ich konnte sehen, wie sie mich anschaute und sich dabei die Frage stellte, ob sie jetzt weinen sollte oder ob das doch gar nicht so schlimm war. Viele Eltern kennen genau diesen Moment, in dem die Kinder erst einmal kurz überlegen: Muss ich/soll ich jetzt weinen? Wie reagieren Papa und Mama, sind die erschrocken? Wenn die erschrocken sind, dann weine ich vielleicht besser, denn dann war's doch schlimm, vielleicht brauche ich dann doch Hilfe. Ich rief dann lachend und albernd „Uuuuupsiiiiii" und meine Tochter fing auch an zu lachen. Alles gut.

Was wir als Eltern verstehen müssen, ist, dass alle Kinder einen Job haben. Ihr Job ist, sich selbst zu entwickeln. Diesen Job so gut wie nur irgend möglich erledigen zu können ist für Kinder extrem wichtig. Da geht es darum, ein Ich-Verständnis zu entwickeln, die eigene Position in diesem ganz neuen und komplexen sozialen Gefüge zu klären. Später in der Pubertät geht es darum, ein Gefühl für die Zukunft zu entwickeln. Denn dann fangen sie an zu verstehen, dass es nicht nur ein Heute und ein Morgen gibt, sondern dass es da auch noch ein „nächstes Jahr" gibt, und das muss man auch noch irgendwie in den eigenen Plänen berücksichtigen. Zudem gibt es immer diese ganz neuen Situationen, Dinge, die man noch nie gemacht hat, und alles wird immer schwieriger, nicht zuletzt die Schulaufgaben. Die meisten Erwachsenen wären von dem Lern- und Entwicklungsprogramm, das Kids durchmachen, maximal überfordert. Mit all diesen Aufgaben vor der Brust ist es kein Wunder, dass die Kids häufig überfordert sind. Viele der Stressreaktionen, die bei uns als Eltern ankommen, sind deshalb im Wesentlichen normale – und eigentlich sogar wünschenswerte – Reaktionen, mit denen die Kids genau das tun, was sie tun sollen, nämlich, sich zu entwickeln.

Als Elternteil hat man deshalb als Allererstes den Job, die richtige Haltung dazu zu entwickeln. Wenn das Kind sich im Supermarkt schreiend auf den Boden wirft, dann testet es aus, ob das vielleicht eine gute Strategie ist, um Mama zu überzeugen, dass sie gefälligst die Chips kaufen soll. Und eigentlich muss man da im Stillen sagen: „High five, Kind, das machst du gut. Du testest das aus. Genau das ist dein Job."

In der täglichen erzieherischen Praxis stresst uns das Szenario natürlich. Und dann setzt unsere eigene Stressreaktion ein. Vielen Eltern geht es da wie meiner Freundin, die die Situation geschildert hat. Ihre 4F-Reaktion ist nämlich: Ich will hier raus! Flucht! Das soll alles aufhören. Was sollen die anderen von mir denken? Dass ich mein Kind hier nicht im Griff habe? Aber genau in dieser Situation muss man sich die Frage stellen, was der Stress des Kindes oder seine Entwicklung mit dem eigenen Kontrollverlust zu tun hat. Zunächst nämlich nichts!

An dieser Stelle müssen wir auch unterscheiden zwischen Auslöser und Ursache des stressigen Verhaltens. Der Auslöser ist, dass das Kind die Chips oder die Schokolade jetzt gerade nicht bekommt. Aber die Ursache ist, dass es eruiert, wie es denn im Leben das bekommt, was es will, in diesem Fall eben irgendwelche Süßigkeiten oder Knabberzeugs. Als Elternteil sollte man sich spätestens in dieser Situation die Frage stellen – und die Antwort ist natürlich abhängig vom Alter des Kindes –, wie man auf eine Weise mit der Situation umgeht, dass das Kind etwas Sinnvolles lernt. Und wie kann ich als Mutter oder Vater diese Situation im Supermarkt unterbrechen? Eine Möglichkeit wäre natürlich, seinen 4F freien Lauf zu lassen und ebenso unkontrolliert herumzubrüllen – hilfreich?! Nein, nicht wirklich. Eine bessere Möglichkeit wäre, dass ich mich als Vater im Supermarkt einfach stumpf dazusetze und sage: „Okay, dann erklär mir doch jetzt mal, warum du diese Chips haben willst. Nenn mir doch mal ein paar gute Gründe. Vielleicht überzeugst du mich." Damit setzen wir als Eltern einen Lernimpuls in Gang. Nämlich den, dass das Schreien nichts bringt. Das Schreien bringt zwar, dass wir auf dich zukommen. Aber nicht so, wie erwartet und wie gewünscht. Wir bringen dem Kind bei, dass gute Gründe das sind, was überzeugen würde. Und wir bringen dem Kind bei, dass Schreien höchstens ein Anfang ist, um ein Thema zu klären, aber kein Werkzeug, um zu bekommen, was man will.

Wenn wir so reagieren, macht uns die Situation auch nicht den Stress, aus dem heraus wir die Chips kaufen. Die Kinder sind schlau und verstehen, wie es funktioniert: Wenn wir einmal dem Schreien nachgeben, brauchen wir nicht viel Fantasie oder erzieherische Expertise, um darauf zu kommen, was das nächste Mal passiert, wenn das Kind wieder Chips haben will. Es lernt ja flott.

Eine andere Frage ist, warum mir als Elternteil diese Situation denn überhaupt so viel Stress macht. Ganz häufig ist es nämlich nicht das Kind, das Chips will. Nicht das Kind, das sich auf den Boden schmeißt. Kinder liegen ja sowieso ziemlich häufig auf dem Boden herum und sie wollen auch die ganze Zeit irgendwelche

Sachen. Aber im Supermarkt ist es ehrlich gesagt ganz häufig die soziale Bewertung beziehungsweise die Angst vor negativer sozialer Bewertung, die uns stresst. Wir stellen uns die Frage, was die anderen über uns denken. Halten diese uns jetzt für schlechte Eltern, mischt sich da gleich jemand ein ... Der Grund, warum wir uns nicht mit auf die Fliesen setzen und mit unserem Kind sprechen, ist: „Was sollen denn die anderen denken?“ Der Grund, warum wir uns nicht die Zeit nehmen und das Kind sich selbst anziehen lassen, ist: „Was sollen denn die anderen denken, wenn wir zu spät zum Kindergarten kommen und um Himmelswillen das T-Shirt auf links gedreht ist?“ Sie merken, dass ein sehr großer Anteil an der Stressreaktion der Eltern ja überhaupt nicht am Kind liegt, sondern an der Sorge vor sozialer Bewertung, an der Sorge vor dem Zuspätkommen, an zumeist eingebildeten Konsequenzen, die mir als Elternteil Stress machen. Gleichen Sie doch bei dieser Gelegenheit Ihre Stressreaktionen noch einmal mit dem SCARF-Modell ab.

Die spannendste Frage, die Sie sich in so einer Situation stellen sollten, ist also die: „Möchte ich als Elternteil zulassen, dass meine eigenen Stressoren dafür sorgen, dass ich meinem Kind nicht bei der besten Entwicklung helfe, die ich ihm zukommen lassen könnte?“

Wenn Sie diese Frage für sich mit Nein beantworten, Sie Ihrem Kind bei einer möglichst optimalen Entwicklung helfen möchten, dann müssen Sie im nächsten Schritt Wege finden, die Sie aus der eigenen Stressreaktion in ein ruhiges und besonnenes Handeln führen.

Dazu ist auch in der Erziehung eine gewisse Achtsamkeit eine gute Grundlage. Wenn Sie sich beim nächsten Mal, wenn sich wieder eines der Kinder mit hochrotem Kopf am Boden wälzt, oder in irgendeiner anderen stressbesetzten Situation daran erinnern, dass das ja jetzt genau so eine Situation ist, die dieser Hümmeke beschrieben hat, dann ist der erste Schritt bereits getan. Denn dann haben Sie Ihre Aufmerksamkeit schon darauf gerichtet, was in der Situation gerade passiert. Und jetzt können Sie aus dem Stress heraus und in kluges Handeln hineinkommen. Dazu empfehle ich vier kleine Schritte.

Die ersten zwei Schritte drehen sich um die emotionale Reaktion. In dem Moment, wo der Stressor einschlägt, geht der Stress direkt auf hundert. Der muss runter! Dazu benenne ich für mich den Stressor, beispielsweise „Ich bin frustriert“ oder „Ich bin genervt“ oder „Ich bin unter Zeitdruck“. Das muss ich gar nicht laut für mich sagen, es reicht, wenn ich es denke. In dem Moment, in dem ich die negative Emotionalität, die ich habe, dieses schlechte Gefühl, benenne, reduziert sich bereits die Stressreaktion im Gehirn. Im zweiten Schritt denke ich an die Chance, die mir diese Situation in Bezug auf die Entwicklung meines Kindes bietet. Denn schon in der Sekunde, in der ich an etwas Positives denke, sinkt der Stress ein weiteres Mal. Wenn ich im Supermarkt stehe und denke: „Mist, jetzt habe ich wieder Angst, was die Leute Komisches von mir denken“, ist das der erste Schritt. Im zweiten Schritt sage ich mir: „Das ist jetzt eine Chance, so mit meinem Kind umzugehen, dass es zum einen aus dieser Situation etwas lernt und zum anderen, dass das nie wieder passiert.“ Oder: „Das ist die Chance, nicht über die Bewertungen anderer nachzudenken, sondern darüber, was hier richtigerweise zu tun ist.“ Sie wollen auf diese Weise aus der problematischen Emotion etwas Positives aufbauen. Im Gehirn passiert dann etwas Spannendes: Die Stressreaktion geht herunter, weil wir Lust darauf bekommen, uns mit diesem Positiven zu belohnen.

Die nächsten beiden Schritte sind pragmatischer. Als erster kommt die Frage: Was passiert hier gerade? Als zweiter: Was könnte ich jetzt Kluges tun?

Was passiert hier gerade? Wie kommt es zu dem Verhalten? Um beim Supermarkt-Beispiel zu bleiben: „Okay, mein Kind will Chips und ich habe Nein gesagt und jetzt möchte mein Kind über den Weg, dass es hier Terror macht, mich dazu bringen, dass ich ihm doch die Chips kaufe.“ Und jetzt kommt der Lösungsfokus. Denn dann muss man sich fragen, was man jetzt Kluges tun könnte. Einfach nur auf einem Nein zu beharren könnte schwierig sein, denn dann schreit es wohl weiter. Und erfahrungsgemäß haben Kinder in solchen Situationen eine größere Ausdauer als die Erwachsenen. Was könnte man stattdessen tun? Vielleicht kann man das Verhalten mal thematisieren? Vielleicht kann man es auf diese Weise klären? Vielleicht kann man eine Aufgabe daraus machen? Man kann beispielsweise sagen: „Okay, pass mal auf: Wenn du dieses und jenes tust, dann kannst du dir so die Chips erarbeiten. Wenn du jetzt mit mir sofort aufstehst und mir beim Einkaufen hilfst und alle Sachen, die ich dir gebe, schön in den Korb legst und den Wagen schiebst – wenn du das gut machst, dann kaufe ich dir die Chips."

Man könnte einwenden, dass uns solches Handeln in ein ständiges Verhandeln drängt. Nicht unbedingt immer – und selbst wenn? Ist das so schlimm? Im Wesentlichen wollen wir nämlich durch diese Vorgehensweise eine bestimmte Logik installieren, nämlich die, dass das Kind versteht, welche Konsequenz sein Handeln hat. Wir werden es immer dann belohnen, wenn das Kind es schafft, aus seiner Emotionalität heraus und in eine Sachlichkeit zu kommen. Natürlich, wenn ein Kind wütet, dann können wir das klar sanktionieren. Und wir können sagen: „Nein, so geht das nicht und so wird das nichts." Auf diese Weise bringen wir dem Kind bei, dass es kulturelle Grenzen gibt. Grenzen haben oft einen negativen Touch, aber sie haben auch Vorteile. Kenne ich die Grenzen, dann kenne ich auch den Raum, innerhalb dessen ich unbeschwert und ohne Probleme agieren kann. Wenn das Kind sich beherrscht, innerhalb der Grenzen bleibt oder wieder in die Grenzen zurückkommt, werden wir es direkt belohnen. Und zwar dadurch, dass wir ebenso direkt wieder positiv mit ihm umgehen. Diese Logik passt in unsere Welt, die natürlich auch ganz stark transaktional funktioniert: Wenn du dich nicht bewirbst, dann kriegst du halt auch keinen Job. Wenn du die Präsentation nicht machst, dann wirst du halt nicht befördert, wenn du nicht lernst, dann bekommst du keine gute Note. Diese transaktionale Logik ist inhärent in unserer Welt. Wir können deshalb durchaus auch strukturiert mit Belohnungen arbeiten – solange es eben nicht das Ausschließliche ist, was wir tun. Denn wichtig ist auch, dass einige

Themen nicht transaktional sind, wie zum Beispiel die Liebe und das Vertrauen der Eltern. Und auch der Wert des Kindes als Mensch. Beachten Sie immer: Vielleicht hat das Kind einmal etwas Schlechtes getan, aber damit „ist das Kind nicht schlecht".

- „Du hast etwas Schlechtes gemacht" statt „Du bist schlecht".
- „Du hast etwas Doofes gemacht" statt „Du bist doof".
- "Du hast etwas Unsinniges gemacht" statt „Du bist dumm".

Also müssen wir zunächst eine gute Basis legen. Durch eine gute Basiserziehung, in der wir über die Qualität des Umgangs mit dem Kind klarmachen, dass einige Sachen, wie unsere Liebe, Zuneigung und der Schutz, den wir bieten, nie infrage stehen und für den Rest dann signalisieren, wie wir gerade zufrieden sind, mit dem, was das Kind tut oder eben nicht. Und wenn wir nicht zufrieden sind, dann setzt du dich jetzt bitte dahin, bis du dich wieder im Griff hast. Und sobald du dich im Griff hast, gibst du uns ein Signal – du hast hier nämlich die Kontrolle – und dann sind wir wieder positiv mit dir unterwegs.

Hier und da belohnende Anreize zu setzen und eine Struktur erfahrbar zu machen, in der die Kinder auch erleben, wie die Welt funktioniert, das ist durchaus okay. Und vor allem auch in Situationen wie der geschilderten. Es gibt zahlreiche Konzepte in der Kindererziehung, die mit Belohnung oder positiver Verstärkung arbeiten und die dem Kind zeigen, dass es selbst etwas Gutes davon hat, wenn es etwas Gutes beziehungsweise Erwünschtes macht. Das zu lernen ist nichts anderes, als eine Basisqualität sozialer Systeme zu begreifen. Aber es braucht immer eine starke emotionale Basis!

Die Kraft des Neins

Wenn wir uns fragen, wie wir ein tobendes, wütendes Kind beruhigen können, dann stellen wir eine sehr komplexe Frage in den luftleeren Raum. Denn es fehlt uns der konkrete Kontext. Es ist ein Unterschied, ob ein 15-jähriges, ein 6-jähriges oder ein 2-jähriges Kind wütet. Gerade bei den ganz jungen Kindern ist es erstaunlich, was an Wut, an Energie und an Kraft in ihnen steckt. Eine Zweijährige ist von null auf hundert in einer solchen Intensität, die wir als Erwachsene, selbst wenn wir es wollten, nicht matchen könnten. In solchen Momenten ist es extrem hilfreich, wenn auf Elternseite bis dahin schon ein guter Job gemacht wurde, indem dem Kind klar beigebracht wurde, dass Nein etwas Positives ist. Auch wenn es heute in vielen Erziehungskonzepten – und häufig aus ideologischen Gründen – angezweifelt wird, ist ein Nein, also die oben erwähnte Grenze, im erzieherischen Kontext etwas sehr Positives. Denn beispielsweise ein „Nein, du darfst den Finger nicht in die Steckdose stecken" ist erst einmal etwas sehr Gesundes und somit für jeden ersichtlich etwas sehr Positives.

Wenn ein Kind gelernt hat, dass Steckdosen Nein bedeuten, dass Porzellan herunterzuschmeißen Nein bedeutet, passiert etwas Wunderbares: Das Kind weiß nämlich – und es ist erstaunlich, wie viel selbst Zweijährige schon wissen können – ganz genau, was es darf und was es nicht darf. Es ist jetzt in der Lage, sich stundenlang frei in einer Wohnung zu bewegen, ohne etwas zu tun, was es nicht tun sollte. Und damit, also über die klar gesteckten und immer wieder kommunizierten Grenzen, entsteht innerhalb dieser Grenzen eine enorme Freiheit und ein großer Bewegungsraum für das Kind. Ein Nein ist also nicht nur ein Verbot, sondern es schafft im Gegenteil einen Rahmen für weitestmögliche Freiheit.

Man kann sehr früh beginnen, dieses Prinzip mit großer Klarheit zu installieren. Je nach Kind ab dem sechsten bis zwölften Monat müssen wir beginnen, diese Klarheit zu schaffen. Was ist denn ein Nein? Was heißt denn ein Nein? Was gilt es zu tun, wenn ein Nein kommt? Innerhalb dieses Prozesses beginnen wir natürlich damit, das Kind zu belohnen, wenn es auch wirklich das Nein einhält. Jedes eingehaltene Nein wird mit einem „sehr gut gemacht", einem Lächeln und einem Streichler unterstrichen. Dabei können die Grenzen auch ziemlich differenziert werden: Meine Tochter wusste mit nicht ganz 14 Monaten, dass eine Treppe ein Nein ist, zumindest, wenn sie allein ist. Mit Mama oder Papa ist eine Treppe ein Ja. Als sie das begriffen hatte, holte sie immer einen von uns, um auf der Treppe zu spielen – ein neuer Handlungsraum war aufgegangen. Wenn uns so etwas gelingt, schaffen wir einen Freiheitsrahmen für das Kind und erzielen gleichzeitig für uns selbst eine hohe Entspannung.

Bevor ich mir die Frage stelle, wie ich ein wütendes Kind beruhige, stelle ich mir die Frage, ob ich als Elternteil meinen Basisjob gemacht habe. Weiß ein Kind, was ein Nein bedeutet und wie es damit umzugehen hat? Denn dieses Wissen ist die Grundlage. Wenn es wütet und brüllt und schreit, dann geht es ja um die Frage, wie ich an dieser konkreten Stelle den klaren Rahmen für ein Nein schaffe. Dieser Rahmen umfasst die Fragen, wie ich negatives Verhalten sanktionieren und ein positives Verhalten belohnen kann. Was ich zum Beispiel bei einem Kind machen kann (ich kann damit auch ganz früh anfangen), ist, dass ich es im Fall des Falles in die Ecke oder auf eine Treppe setze und sage: „Okay, Kleiner, du bleibst jetzt hier sitzen und du hast einen Job in der Zeit. Du bist jetzt gerade sehr wütend und sehr aufgeregt. Aber wenn du es schaffst, das gehen zu lassen und dich entspannst, dann sind die Arme wieder offen und du darfst weiterspielen und alles ist wieder toll." Ich gebe dem Kind als Aufgabe mit, sich emotional in den Griff zu bekommen.

Erfahrungsgemäß haben wir Eltern mit dem schnellen Umschalten sogar mehr Schwierigkeiten als die Kinder. Denn dieses Gewüte nagt ja auch emotional an uns. Wenn das Kind signalisiert, dass es jetzt wieder entspannt ist, müssen wir das durch positive soziale Interaktion, durch guten Umgang miteinander belohnen. In dem Moment, wo es wieder nicht klappt, schwups, wieder dort hinsetzen und klar kommunizieren: bis hierhin und nicht weiter, hier ist die Grenze, hier ist das Nein. Aber ebenso klar kommunizieren wir wieder, dass das Kind es in der Hand hat. Dann ist die „stille Treppe" oder das Kind „aufs Zimmer" zu schicken nämlich keine tyrannische Bestrafung, ganz im Gegenteil. Ich gebe dem Kind die Autonomie, die „Bestrafung“, die „stille Treppe“ dadurch zu lösen, dass es selbst etwas tut. Das ist der Unterschied zur Tyrannei, bei der ich mir vorbehalte, wann es mit der Bestrafung zu Ende ist.

Ein großer Fehler ist es daher, wenn das Kind beruhigt und entspannt beim Spielen im Zimmer sitzt und ich die Tür aufreiße und willkürlich noch zehn Minuten drauflege oder noch sonst wie schimpfe, weil ich noch wütend und im Stress bin. Weil nämlich ich als Erwachsener meine Emotionen nicht im Griff habe und mich weniger schnell beruhige als mein Kind. Was sich jetzt so lustig anhört, ist etwas, was bei Eltern teilweise sehr häufig aus Hilflosigkeit passiert, aber für Kinder unglaublich schwer zu verstehen ist. Jetzt wurden sie bestraft, weil sie sich danebenbenommen haben. Und dann geht die Bestrafung weiter, obwohl sie sich schon wieder/noch gut benehmen. Das Gefühl für zeitliche Abfolge und für Kausalität ist noch nicht gut genug ausgeprägt, um die Zusammenhänge mit dem elterlichen Stress zu verstehen. Das gilt ganz besonders in den sehr jungen Alterskategorien. Deswegen heißt es hier als Elternteil schnell umschalten und wirklich nur sanktionieren, wenn gerade in diesem Moment etwas Schlechtes passiert, und, sobald es wieder gut ist, umschalten ins Positive.

Dazu muss man sich in den paar Minuten natürlich auch selber beruhigen. Deshalb erinnern Sie sich wieder an die Prinzipien von oben: „Okay, ich habe Stress und ich bin jetzt frustriert. Aber das ist eine gute Chance, das jetzt gut mit meinem Kind hinzubekommen. Was passiert denn gerade? Ich bin genervt, weil ich befürchte, dass wir jetzt wegen des Streits zu spät zum Abendessen zu Oma kommen. Wie wichtig ist mir eigentlich das Abendessen im Vergleich zur guten mentalen Entwicklung meines Kindes? Okay, ich will mir jetzt die Zeit nehmen, mich um mein Kind zu kümmern. Dann kommen wir eben zu spät.“ Diese Fragen muss man sich bewusst stellen und man muss auch die daraus folgenden Entscheidungen bewusst und selbstbewusst treffen. Und vielleicht Oma anrufen und um Verständnis werben.

Das hört sich ja alles ganz schön, aber auch ziemlich anstrengend an. Da ich selbst Vater bin, weiß ich, dass es das auch ist. Wir sollten uns deshalb auch an den Gedanken gewöhnen, dass wir unsere eigenen Regeln womöglich nicht immer zu 100 Prozent einhalten können werden. Wie oft habe ich schon mein eigenes Verhalten, kurz nachdem es passiert war, reflektiert und war frustriert und genervt, dass ich es selbst nicht besser hinbekommen habe. Nun handelt dieses Buch nicht nur von Stress, Idioten und Temperamenten, sondern auch von Hypokriten, ohne die der SHIT nicht vollständig wäre. Und sind wir nach unseren eigenen Regeln nicht ebensolche Heuchler, wenn wir auf der einen Seite die Einhaltung der von uns gesetzten Regeln einfordern, uns selbst aber nicht immer an unsere eigenen Regeln halten?

Der Hypokrit beziehungsweise der Heuchler ist ein ganz spannender Typus. Denn es hat ja auch eine positive Seite, ein Heuchler zu sein: Wer ein Heuchler ist, der hat schließlich hohe Ideale, nach denen er strebt. Und die sind erst einmal etwas Gutes. Wer ein hohes Ideal hat, das er zwar kommuniziert, aber nicht – oder zumindest nicht immer – erfüllt, der ist ja eigentlich auch schon ein Heuchler. So ein Ideal könnte sein: Ich will ein perfekter Vater oder eine perfekte Mutter sein. Das ist zunächst ein schönes Ziel. Aber wer schafft es, perfekt zu sein? Niemand! Es geht einfach nicht. Dass man ein hohes Ideal nicht eins zu eins erfüllen kann, ist also zunächst nicht das Problem. Der Perfektheitsanspruch kann wie ein Fixstern funktionieren: Der Segler, der sich am Fixstern orientiert, erwartet ja nicht ernsthaft, dass er dort einmal ankommen wird. Nein, er nutzt ihn als Orientierung für die richtige Richtung, in die er segeln muss, um auf der schönen Insel anzukommen. Es wird aber dann schwierig, wenn Ideale und Verhalten zu weit auseinanderklaffen – wenn der Fixstern im Norden liegt, wir großspurig erklären, wie super es dort ist und wie gut wir auf dem Weg dahin sind, wir aber gleichzeitig eher nach Süden segeln. Oder wenn man sagt: „Nein, man darf nicht eine ganze Tafel Schokolade essen", und drei Minuten später verschlingt man selbst eine ganze Tafel. Das ist dann nicht ideal.

Denn natürlich müssen wir uns bewusst sein, dass Kinder vor allem auch durch das Abgucken und Nachmachen lernen. Sie erkennen schon, was wir tun. Deshalb haben wir selbstverständlich eine Vorbildfunktion und es stellt sich die Frage, wie wir damit verantwortungsvoll umgehen. Trotzdem sollten wir aber nicht den Fehler machen, zu akribisch und zu aktionistisch alle Regeln einzuhalten.

Dabei sind die vielen anderen Faktoren neben der Erziehung auch zu berücksichtigen. Tatsächlich hat nämlich die Persönlichkeit des Kindes sehr viel mehr Einfluss darauf, wie es als Erwachsener sein wird, als es das erzieherische Tun der Eltern hat. Und die Persönlichkeit des Kindes steht schon relativ früh fest. Beispielsweise gibt es Persönlichkeiten mit Neigung zu Ordnung, Strukturierung und Systematisierung. Diese Eigenschaften sind bereits sehr früh angelegt und stark durch die Genetik vorgeprägt. Wenn man das hat, dann hat man das. Da kann man sich an der Erziehung noch so abmühen, es wird sich nicht groß etwas ändern.

Wir müssen uns bewusst darüber sein, wo unsere Grenzen in der Erziehung liegen. Ein Kind ist kein weißes Blatt, auf dem sich alles, was wir vormachen, abbildet. Und sowieso: Ab etwa dem vierten Lebensjahr müssten wir als Eltern eigentlich erkennen, dass der Erziehungszug zu einem ganz großen Teil abgefahren ist. Ab diesem Alter werden Kinder nicht mehr von den Eltern, sondern ganz, ganz intensiv von den Kindern, mit denen sie spielen, und von ihrem gleichaltrigen Umfeld erzogen. Auch das ist natürlich eine Erfahrung, die alle Eltern von älteren Kindern schon einmal gemacht haben. Wenn das Kind nämlich aus dem Kindergarten kam und plötzlich etwas Neues konnte, was es eigentlich nicht können sollte. Kinder schauen sich ab, was die anderen so machen. Und sie machen mit. Und wir stehen daneben und fragen uns, welche Hebel wir denn eigentlich noch haben.

Vor allem die ersten vier Jahre sind sehr prägend. Als Eltern können wir unseren Kindern in dieser Phase dabei helfen zu verstehen, wie sie mit dem, was sie von anderen vorgelebt bekommen, umgehen können. Wir können ihnen helfen zu verstehen, dass sie nicht alles, was die anderen Kinder machen, auch nachmachen müssen oder sollten. Und – um den Bogen zu den Hypokriten zu schließen – wir können ihnen auch beibringen, dass es Regeln gibt, die man unbedingt einhalten muss (Keine Finger in die Steckdose!) und solche, die man manchmal eher so ungefähr einhalten muss. Man kann also einmal eine oder zwei Tafeln Schokolade essen. Aber man darf sich dann nicht wundern, wenn der „Bauchi aua macht"! Wir Eltern haben für unsere Kinder eine Art Navigationsfunktion. Letztendlich geht es darum – und das ist das große Thema für die gesamte Pubertät –, den Kindern zu helfen, die Zukunft zu entdecken. Das liest sich zunächst sehr abstrakt, aber was passieren wird, ist, dass die Kinder verstehen, dass es nicht nur ein Heute und ein Morgen gibt, sondern auch ein „in einem Jahr". Sie lernen beispielsweise die Zusammenhänge zwischen mehreren Jahren Schule und Studium und der großen Chance, dass ihr gesamtes Leben durch diese Anstrengung besser sein wird. Sie lernen in dieser Zeit, mit Investitionsentscheidungen für die Zukunft umzugehen. Sie verstehen auch, dass sie sich heute drei Flaschen Cola hineinschütten können, wenn sie es dann eine Woche nicht machen. Und wenn sie das jetzt jeden Tag machen, dann geht es ihnen wahrscheinlich in den nächsten drei Monaten noch sehr gut, aber dann nicht mehr. Diesen Bezug auf die Zukunft zu verstehen und zu erkennen, wann etwas Konsequenzen hat, das ist der Job der Kinder. Es ist unser Job als Eltern, ihnen dabei zu helfen, dieses Verständnis zu entwickeln.

Ich glaube deshalb, dass wir als Eltern die Verpflichtung haben, unsere eigene Persönlichkeit ein Stück weit zu entwickeln. Für uns zu lernen, wie wir mit Stress umgehen, für uns zu lernen, wie wir eine Klarheit hinbekommen, und auch zu lernen, durchaus schwierige Situationen zu ertragen. Allein die Vorstellung, dass sich ihr Kind ein bisschen wehtut, schmerzt viele Eltern. Aber wenn wir ein Kind so in Watte einpacken, dass es sich niemals wehtun kann, schaden wir dem Kind viel mehr, weil wir seine psychische Entwicklung so drastisch einschränken, dass es potenziell jahrelang darunter leiden könnte. Dementsprechend sind meine wichtigsten Erziehungstipps, erstens, an sich selbst zu arbeiten, um daraus eine ruhige, überlegte Haltung und Hand bei der Erziehung zu entwickeln. Und zweitens der Gedanke, dass es eben nicht perfekt sein muss. Wir alle machen Fehler. Kinder sind nicht nur robust genug, sondern sie sind auch in der Lage, Fehler zu verstehen, zu begreifen und zu vergeben.

Wir müssen den Anspruch an Perfektion gar nicht haben. Wenn unsere Kinder spüren, dass wir sie lieben und dass wir bei ihnen sind, dann dürfen wir uns so manchen Fehler erlauben. Und je klarer das ist, umso einfacher ist der Umgang mit der „Kinderkacke".

Dieses Buch ist kein Erziehungsratgeber. Auch wenn der letzte Abschnitt so wirkt. Aber warum ist er dann in diesem Buch? Ganz einfach deshalb, weil wir alles das, was wir an dem Anwendungsfall „Kind" sehen, auch im ganzen Leben weiter so erleben: An diesem Abschnitt sehen wir beispielhaft, wie hilfreich es ist, die einzelnen Rollen der Akteure in schwierigen Situationen zu verstehen (Job des Kindes versus Job der Eltern). Es geht um die Fragen: Was können wir von wem erwarten? Welchen Einfluss haben wir überhaupt? Worum geht es hier wirklich?

Und oft ist es gar nicht das Gegenüber, das uns Stress macht, sondern wir sind es selbst: Unsere Sorge im Supermarkt, als schlechte Eltern gesehen zu werden, das ist unser eigener Stressor. Das Kind bietet uns nur den Anlass, aber den Stress, den machen wir uns selbst. Erst wenn Sie wissen, was Sie an einer Situation stresst und was Sie in der Situation erreichen wollen und erreichen können, und erst wenn Sie wissen, was vom Gegenüber und von Ihnen selbst im Rahmen Ihrer Rollen zu erwarten ist, erst dann können Sie mit dem Gegenüber in ein zielführendes Gespräch einsteigen.

Wichtig ist also, dass Sie sich darüber im Klaren sind, dass Sie Ihr eigenes Erleben gestalten können – Sie erinnern sich: Opfer oder Held zu sein ist auch eine bewusste Entscheidung. Wollen Sie als Held im Supermarkt Ihren eigenen Stress spüren und trotzdem ein Super-Vater oder eine Super-Mutter sein? Wollen Sie sich, was auch immer die anderen denken, jetzt für das Richtige für Ihr Kind entscheiden? Je nachdem, welche Rolle Sie einnehmen, welche Entscheidung Sie treffen, erleben Sie sich und die Situation danach anders. Gleiches gilt in jeder SHITuation mit Erwachsenen: Wollen Sie manchmal auch trotz Ihrer Stressoren, auch wenn es Ihnen schwerfällt, aus dem Konflikt oder der Situation aussteigen und das wirklich Richtige tun?

Dazu können und müssen Sie Ihre Rolle in der Begegnung wählen und auch verstehen, wofür jede Rolle gut ist. Denn natürlich macht es einen Unterschied, mit welcher Rolle und der damit verbundenen Anspruchshaltung Sie in ein Gespräch gehen. Wollen Sie der Richter sein, der am Ende den Gesprächspartner bewertet, oder wollen Sie ihn – was ich empfehle – womöglich befähigen, seine Meinung selbst zu hinterfragen und dann gegebenenfalls zu ändern?

Gehen Sie als Held in das Gespräch, als Held, der seinen eigenen Stress spürt, aber mit Response-Ability daran arbeitet. Als Held, der sich fragt, welche Rolle der andere hat und was der eigene Stress mit dem zu tun hat. Als Held, der die Chance in der Situation sieht und die Welt durch das gemeinsame Auflösen des SHITs mit den richtigen Werkzeugen ein bisschen besser macht. Und welche Werkzeuge das sind, schauen wir uns nun an.

SECHS

GEGEN DIE INTUITION: NICHT AUF DEN ANGRIFF ANTWORTEN, NICHT ABWEHREN

Beginnend mit diesem Abschnitt verlassen wir weiter die für den Umgang mit SHITuations wichtigen Grundlagen, die Ihnen helfen werden zu verstehen, warum die konkreten Werkzeuge und Tipps im Folgenden auch wirklich funktionieren, und gehen in die Praxis über. Es wird, da Sie nun in Ruhe Zugriff auf all Ihre Kompetenzen haben, ganz konkret darum gehen, wie Sie mit Angriffen aus einem Gespräch heraus umgehen und diese kontern können – denn auch ein Held wird mal angegriffen, wie Sie aus vielen Filmen wissen. Wir werden uns sehr konkret damit beschäftigen, wie die Kommunikation in einem SHIT-Moment funktioniert. Wenn Sie Ihren Weg in dieses Kapitel über das Inhaltsverzeichnis gefunden haben, lege ich Ihnen die vorherigen Abschnitte nachdrücklich ans Herz. Es gibt keine Abkürzungen, sondern es ist extrem wichtig, die Grundlagen zu verinnerlichen, bevor Sie versuchen, auf der kommunikativen Ebene zu arbeiten.

Typischerweise spürt man den SHIT am heftigsten, wenn dieser in einem konkreten Ausbruch auf einen zurollt, zum Beispiel in Form eines verbalen Angriffs. Wenn Ihnen der SHIT um die Ohren fliegt, lautet die erste Regel: Nicht auf den Angriff antworten. Rutschen Sie nicht in eine Rechtfertigungshaltung und versuchen Sie nicht, den Angriff auf diese Weise abzuwehren. Diese Regel widerspricht allerdings massiv unserer Intuition. Wir alle haben ganz sicher das Gefühl, einen Angriff nicht einfach im Raum stehen lassen zu können. Das sollen Sie auch nicht. Aber Sie müssen dabei sehr kontrolliert vorgehen. Und das funktioniert nur, wenn Sie die Grundsätze der vorherigen Kapitel beherzigen.

Stellen Sie sich vor, der Angriff kommt relativ unspezifisch, aber heftig: „Was bist du denn für ein Idiot?!" Der erste Reflex ist natürlich der sofortige Gegenschlag: „Du bist doch selber der Idiot. Frag doch den Chef, der wird dir schon sagen, wer von uns beiden hier der Idiot ist!" Aber richtig souverän wirkt das nicht, besonders, wenn Ihre Erwiderung mit sich überschlagender Stimme und zitternden Händen hervorgebracht wird. Bedanken Sie sich dafür bei Ihrem Stresssystem. Eventuell fangen Sie auch an zu argumentieren und sich zu rechtfertigen: „Pass mal auf, ich bin deshalb kein Idiot, weil … 1., 2., 3." Das kann zwar gut gehen. In den meisten Fällen wirkt es aber mit ganz viel Aktivität und Bewegung eher unbeholfen. So wirken Sie ein bisschen wie ein auf dem Rücken liegender Käfer, der zornig mit den Beinen in der Luft strampelt, um von der Stelle zu kommen. Das ist allerdings nicht gerade die Wirkung, auf die Sie zielen. Gerade auch für eventuelle Zeugen des SHITs, also andere Anwesende, wirken Sie außerdem in der Opferrolle nicht sehr souverän.

Beide Reaktionen – Gegenangriff und Rechtfertigung – drängen Sie genau in die Opferrolle, die Sie nicht einnehmen wollen. Sie wollen diese Rolle nicht, weil sie Ihnen die Möglichkeiten nimmt, souverän und Erfolg versprechend zu reagieren. Rechtfertigung ist, genau wie jede andere Reaktion, die sich als 4F kategorisieren lässt, dringend zu vermeiden. Sie lassen Sie nicht gut und souverän aussehen.

Sie wollen ganz im Gegenteil die Heldenrolle einnehmen. Und dafür stehen Ihnen bessere Reaktionen zur Verfügung. Wenn Sie einem Angriff ausgesetzt sind, haben Sie zwei Ziele. Das erste Ziel lautet, Zeit zu gewinnen, das zweite, als Held aus der Situation herauszugehen. Sie wollen aus der Logik des Angriffs aussteigen und das Thema auf einer anderen Ebene lösen. Vor allem wollen Sie sich nicht einschüchtern lassen. Rufen Sie sich ins Gedächtnis, dass sich Ihr Gegenüber im Fall eines Angriffs in einer Stresssituation befindet. Sie können also davon ausgehen, dass er sich auf dem umgekehrten U gerade in einem Bereich befindet, der ihn nicht besonders klar denken und überlegt handeln lässt. Im Klartext: Er spürt das Adrenalin auch.

Um auf seinen Angriff zu reagieren, verdeutlichen Sie sich ein Bild. Stellen Sie sich den Angriff wie einen Ball vor, der Ihnen vom Gegner zugeworfen wird. Ein bisschen ist es wie bei den vor einigen Jahren so beliebten Kennenlernspielen, wo alle im Kreis sitzen und einem vom Moderator ein Ball zugeworfen wurde und man dann so lange über sich selbst reden musste, bis man den Ball endlich weiterwerfen konnte. Auch da ging es eigentlich nur darum, den Ball so schnell wie möglich wieder loszuwerden. Fassen Sie den Angriff so auf, als ob Ihnen Ihr Gegenüber diesen blöden Ball zuwirft. Sie wollen ihn so schnell wie möglich loswerden, bevor Sie Gelegenheit haben, sich um Kopf und Kragen zu reden.

Um den Ball, der hier für die Aufmerksamkeit etwaiger sich ebenfalls im Raum befindenden Menschen steht, schnellstmöglich zurück zum Gegner zu werfen, stehen Ihnen eine ganze Reihe kommunikativer Werkzeuge zur Verfügung. Sie verhindern durch den Einsatz eines kommunikativen Werkzeugs, dass Sie selbst ins Schwimmen geraten oder beginnen, mit den Beinen zu strampeln. Stattdessen lehnen Sie sich ohne Ball zurück und überlassen ihm dem Gegner. Jetzt soll er sehen, wie er mit seiner Stressreaktion umgeht. Das kommunikative Werkzeug kann beispielsweise eine Rückfrage sein.

Durch eine ruhige, ganz einfache Rückfrage geben Sie dem Angreifer im übertragenen Sinne vor allen eventuell anwesenden Zeugen den Ball zurück. Fragen Sie beispielsweise: „Wie meinen Sie das jetzt genau?“ Jetzt muss er sich erklären. Wie meint er das denn ganz genau? Um eine sinnvolle inhaltliche Antwort zu finden, braucht er sein frontales System. Er benötigt jetzt mindestens drei Schlüsselfähigkeiten: „erkennen, verstehen und bewerten“. Auch sein Arbeitsgedächtnis ist gefordert. Denn er muss überlegen: Was meinte er selbst eigentlich? Das sind für einen gestressten Angreifer bereits echte Herausforderungen. Insbesondere dann, wenn sie beide nicht allein sind.

In den allermeisten Fällen erleben Sie deshalb, dass der Angreifer nun selbst ins Schwimmen gerät und diese Aufgabe, wenn überhaupt, nur sehr unsouverän meistern kann. Und das wird auch für alle Umstehenden sichtbar. Zusätzlich verschafft Ihnen dieses Werkzeug natürlich Zeit. Während der andere höchstwahrscheinlich herumdruckst, können Sie diese Zeit für Response-Ability nutzen. Sie nehmen Ihren Stress zwar wahr, erkennen aber auch die Chance, die für Sie darin liegt, und können sich sagen: „Hey, ich mache hier jetzt das Beste draus, das ist eine Chance, ein Thema zu klären.“ Dieser Gedankengang drückt Ihren eigenen Stress, wie Sie bereits gelernt haben, nochmals deutlich. Jetzt haben Sie auch die Zeit, zu überlegen, wie Sie den Konflikt auf einer Sachebene lösen oder wie Sie jetzt auch auf den anderen zugehen wollen. Sie können aus dieser Position sogar Verständnis für den Angreifer äußern: „Mensch, ich verstehe ja, dass du eine gewisse Frustration bei dem Thema hast. Aber lass uns doch auf der Sachebene über die Fakten reden, die dahinterliegen und gemeinsam versuchen, die Dinge zu klären.“ Damit hätten Sie den Angreifer perfekt ins Leere laufen lassen, jeder hätte Ihren Sieg registriert. Gleichzeitig hätten Sie Ihrem Gegner jedoch die Hand gereicht und signalisiert, dass Sie an einem weiterführenden Konflikt kein Interesse haben. So funktioniert das heldenhafte Handeln, das wir für uns erreichen wollen. Und dazu gibt es noch eine ganze Reihe weiterer Werkzeuge, die wir uns nach und nach anschauen werden.

6.1 DIE SHITMAP ZUR VORBEREITUNG (WERKZEUG)

Bevor wir zu diesen kommunikativen Werkzeugen kommen, werfen wir noch einen ausführlichen Blick auf ein zentrales Werkzeug zur Vorbereitung auf Situationen, in denen Sie mit SHIT rechnen: die SHITMap. Eine gründliche Beschäftigung mit diesem Werkzeug wird Ihnen helfen, Ihre kommunikativen Werkzeuge noch besser einsetzen zu können, weil Sie sie nach der Vorbereitung mit der SHITMap direkt auf Ihre spezifische Situation anwenden können. Die SHITMap benötigt wieder ein Blatt Papier und einen Stift oder die Vorlage von www.handlingshit.de/shitmap. In die Mitte Ihres Blattes schreiben Sie in ein kleines Kästchen das Thema der potenziellen SHIT-Situation, die Beteiligten, also alle Anwesenden, sowie Ort und Zeit. Dann teilen Sie das Blatt in Längsrichtung durch eine senkrechte Linie. Die linke Seite ist für die Sachebene, die rechte Seite für die Beziehungsebene reserviert. Auf diesen beiden Seiten sammeln Sie jetzt kritische Themen, die jemand ansprechen könnte beziehungsweise die zu einem Angriff führen könnten. Auf der Sachebene finden sich Punkte wie: dauert zu lange, zu teuer, zu kompliziert, da lauert ein Fehler, da gibt's ein Problem. Punkte, die sich auf dieser Seite befinden, müssen objektiv bewertbar sein. Auf der Beziehungsebene geht es um zwischenmenschliche Themen. Da können sich Dinge finden wie, dass Sie angeblich Ihre E-Mail unfreundlich formuliert haben, nicht vertrauenswürdig oder zu unerfahren sind. Hier finden sich jedenfalls alle Themen, die Ihr Verhalten oder Ihr „Sosein" und nicht Ihre Arbeit bewerten. Jetzt haben Sie vermutlich schon eine ganze Liste kritischer Punkte gefunden. Im nächsten Schritt schreiben Sie in wörtlicher Rede und ausformuliert zu jedem Punkt, wie ein Angriff formuliert werden könnte. Sie sehen in der Abbildung, dass sich im Folgenden eine Art Mindmap ergibt. Am Ende haben Sie – auch weil Menschen dazu neigen, sich selbst gegenüber sehr kritisch zu sein – eine Auflistung aller potenziellen Angriffspunkte.

BEISPIEL EINER SHITMAP

SACHEBENE	**BEZIEHUNGSEBENE**
zu teuer „Ja, den Mist kannst du ja dann bezahlen!" *„Was genau meinst du denn mit Mist?"* „Du hast die Finanzen echt nicht im Griff!" *„Welche Belege hast du für die Vermutung?"*	Unzuverlässigkeit „Nie erfüllst du deine Versprechen!" *„Nie?"* „Du machst das doch sowieso nicht …" *„Wie kommst du zu diesem abstrusen Vorwurf?"*
schlechte Ergebnisse „Bleiben die Ergebnisse eigentlich so kacke?" *„Du möchtest also über konkrete Maßnahmen reden?"* „Glaubst du, dass es noch mal was mit dir wird?" *„Ich bin verwundert über die Frage. Was meinst du?"*	mangelnde Erfahrung „Du hast keine Erfahrung in dem Bereich …" *„Ich bin enttäuscht, das von dir zu hören, denn …"* „Woher willst du denn wissen, wie das geht!?" *„Du möchtest also mehr darüber lernen, gern: …"*

DEIN SHIT

THEMA: Onlinemarketing-Projekt

BETEILIGTE: Chef, Frau Müller

ORT & ZEIT: Teammeeting am nächsten Freitag

dauert zu lange „Das wird doch sowieso nicht pünktlich fertig …" *„Du möchtest also noch mal über den Zeitplan reden? Welche Fragen hast du?"* „Wirst du auch irgendwann mal fertig?" *„Ja, ich hatte geplant, innerhalb des Zeitplans fertig zu werden. Wie weit bist denn du in deinem Thema?"*	Besserwisserei „Du hast doch studiert… Lös es halt …" *„Ja, das plane ich, und dafür freue ich mich über deine Meinung. Wie würdest du es anpacken?"* „Du kannst doch alles, dann mach es halt …" *„Was ich sage, ist, dass ich da Erfahrungen habe, was ich nicht sage, ist, dass ich alles weiß."*
Überraschung „Echt, dass du mir jetzt damit kommst!" *„Ich merke, dass du ein bisschen am Limit bist. Was kann ich denn für dich tun?"* „Geht's dir noch gut?" *„Klar, super, danke der Nachfrage … Und dir?"*	Durchsetzungskraft „Ätzend, wie du wieder auf die Kacke haust!" *„Ich denke, wir sollten sachlich über die Sache reden. Welche Aspekte zum Projekt müssen wir anpacken?"* „Du interessierst dich halt nicht für andere!" *„Ja, und manchmal muss man sich zu Recht auf sich selbst konzentrieren. Aber was stört dich genau?"*

Die erste positive Wirkung der SHITMap ist, dass Sie danach – vor allem, wenn Sie sehr gründlich waren – von keinem dieser Punkte mehr überrascht werden können. Allein dieses gute Gefühl wird Ihnen entsprechend mehr Sicherheit verschaffen. Der Nutzen geht aber darüber hinaus, wenn Sie unter jedem potenziellen Angriff bereits Ihre Erwiderung durchdacht und ausformuliert haben. Sie schreiben also wieder in wörtlicher Rede unter jeden Angriff, wie Sie darauf reagieren könnten. Wenn Sie nicht nur die Angriffe, sondern auch Ihre Reaktionen tatsächlich niedergeschrieben haben, ist es sehr viel einfacher, diese Antworten im Fall eines Falles abzurufen.

Ich rate Ihnen, dieses Werkzeug im nächsten Schritt für eine von Ihren potenziellen SHITuations vollständig durchzuarbeiten und dann bei den folgenden kommunikativen Werkzeugen zu überlegen, zur Abwehr welchen Angriffs es geeignet ist und wie eine Antwort ganz konkret aussehen würde.

6.2 ZWÖLF VERBALE KONTER-WERKZEUGE

Nicht jedes Werkzeug ist für jeden Angriff geeignet. Und nicht jedes Werkzeug kann von Anfängern gefahrlos eingesetzt werden. Zu jedem Werkzeug finden Sie deshalb eine Einschätzung nach verschiedenen Kriterien.

Das erste Kriterium: Wie einfach ist das Werkzeug in der Anwendung? Es gibt Werkzeuge, die ganz einfach und ohne viel Übung in der Praxis anwendbar sind. Daneben gibt es Werkzeuge, die schon ein bisschen Übung und vor allem Nachdenken benötigen. Schon in dieser Kategorie ist es wichtig, dass Sie Ihre Stressreaktion bereits unter Kontrolle haben. Und es gibt Werkzeuge, die Übung und große Wachheit in der Situation voraussetzen. In dieser Kategorie finden sich Werkzeuge, für deren Anwendung Sie die volle Kapazität Ihres frontalen Systems benötigen.

Das zweite Kriterium ist das Risiko, das mit dem Einsatz des spezifischen Werkzeugs verbunden ist. Es gibt Werkzeuge, deren Einsatz nahezu überhaupt kein Risiko mit sich bringt. Schlimmstenfalls wiederholt der andere seinen Angriff oder formuliert ihn um – nicht sehr souverän. Es gibt aber auch Werkzeuge, die mit einem höheren Risiko verbunden sind. Diese Werkzeuge benötigen mehr Übung und Differenzierung der Situation und müssen vor allem in der Situation sauber kommuniziert beziehungsweise eingesetzt werden.

Das dritte Kriterium bildet zusammenfassend den Level, ab welchem ich überhaupt erst empfehle, dieses Werkzeug zu benutzen. Da gibt es Anfänger-Werkzeuge, die jeder sofort nutzen kann, dann die Fortgeschrittenen-Werkzeuge, die entsprechend geübt sein sollten, und am Ende natürlich die Profi-Werkzeuge, für die man empfehlenswerterweise schon einmal erfolgreich durch den einen oder anderen SHIT gegangen sein muss.

Jedes Werkzeug hat außerdem seine Stärken in einer von vier bestimmten Funktionen:

1. **Zeit gewinnen** – Zeit gewinnen, um Response-Ability zu machen und um sich die nächste Erwiderung auszudenken.

2. **Thema vertiefen** – Hier finden sich Werkzeuge, die Ihnen ermöglichen, Konflikte so weit wie möglich auf einer Sachebene zu klären.

3. **Vom Thema ablenken und Aufmerksamkeit verschieben** – Mit diesen Werkzeugen können Sie Thema und Ebene des Angriffs wechseln, also die Aufmerksamkeit auf etwas ganz anderes lenken.

4. **Muster wechseln** – Hierbei handelt es sich um Profiwerkzeuge, mit denen Sie Denk- und Verhaltensmuster, Routinen und Rollenverständnis aufbrechen können, um eine Ebene zu erreichen, die Ihnen ermöglicht, das Thema des Angriffs zu klären.

6.2.1 Die Rückfrage

Die Rückfrage ist eines der einfachsten Werkzeuge, um den Ball direkt zum Angreifer zurückzuspielen. Mit einfachen offenen Fragen gewinnt man mindestens Zeit. Mit komplexeren Fragen kann man den Angreifer auch komplett aus dem Konzept bringen. Die Schwierigkeit liegt daher zwischen Stufe 1 und 7. Das Risiko ist jedoch gering (1–3), wodurch das Tool wunderbar für Einsteiger geeignet ist.

„So werden Sie das Projekt doch komplett gegen die Wand fahren!“ – „Wie meinen Sie das genau?“

Die Rückfrage ist ein einfaches, aber auch hochwirksames Werkzeug, um einen Angriff zu kontern. Wenn Sie angegriffen werden, ist es ja vielleicht trotz aller eventueller Vorbereitung so, dass Ihnen aufgrund der erlebten Stresssituation nicht Ihr übliches Denkvermögen zur Verfügung steht. Mit der Rückfrage bringen Sie den Angreifer dazu, sich erklären zu müssen. Sie gewinnen dadurch Zeit, die sie für Response-Ability nutzen sollten. Es kann sein, dass Ihr Angreifer jetzt beginnt, sachliche Argumente aufzuführen. Das ist auch völlig okay, denn dann können wir diesem Angriff auf der sachlichen Ebene begegnen und argumentieren, warum beispielsweise das Projekt eben doch gut läuft.

Eine weitere Reaktionsmöglichkeit ist, dass der Angreifer einfach nur seinen Angriff erneuert. Umso klarer wird dann für alle Anwesenden, dass der Angriff nicht in sachlichen Argumenten begründet liegt. Der Angreifer macht durch eine einfache Wiederholung selbst klar, dass die ganze Geschichte weder Hand noch Fuß hat, denn sonst würde er ja sachlich argumentieren.

All das können Sie bereits mit der Grundform der Rückfrage erreichen, nämlich:

- „Wie meinst du das genau?“

Sie können darüber hinaus aber bereits auf einer sachlichen Ebene nachhaken. Die Faustregel lautet, je komplexer Ihre Frage ist, umso schwieriger wird es für den anderen, Ihnen adäquat zu antworten. Und umso höher ist auch die Chance, dass er nichts Produktives zustande bringt. Sie könnten fragen:

- „Welche Themen ganz genau siehst du denn gerade kritisch?“
- „An welchen Stellen hast du denn gerade Bedenken?“

- „Was schlägst du denn dann für eine gute Lösung vor?“

- „Wenn du an meiner Stelle wärst, was würdest denn du mir raten, wie ich auf diesen Kommentar nun reagieren sollte?“

Um eine komplizierte Frage stellen zu können, benötigen Sie allerdings stärkeren Zugriff auf Ihr frontales System. Das bedeutet, wenn Sie in der Lage sind, eine detaillierte oder komplizierte Nachfrage zu stellen, dann stellen Sie sie. Wenn nicht, greifen Sie zunächst auf die ganz einfache Rückfrage zurück. Ganz wichtig ist, dass Sie immer offene Fragen verwenden. Stellen Sie also keine Fragen, die sich beispielsweise mit Ja oder Nein beantworten lassen. Wenn Sie beispielsweise fragen würden: „Hast du dir diese Aussage genau überlegt?“ oder „Meinst du das ernst?“, dann könnte der Angreifer ganz einfach mit Ja antworten und der Ball läge wieder in Ihrem Feld. Offene Fragen beginnen mit: wer, wie, wann, wofür, wieso, inwiefern.

Vermeiden Sie dabei bitte trotzdem Fragen mit den Worten „warum“ und „wieso“, denn die bringen Ihr Gegenüber schnell in eine Rechtfertigungslogik und das kann den Stresslevel auf der Beziehungsebene unnötig erhöhen.

Eine weitere Faustformel für eine wirksame Rückfrage ist, dass Fragen, die sich auf die Zukunft beziehen, wesentlich schwieriger zu beantworten sind als Fragen über ganz konkrete Probleme oder Fragen über die Vergangenheit. Es ist deshalb noch wirksamer, zu fragen:

- „Wie würdest du dir denn zukünftig eine Lösung vorstellen?“ statt: „Was sind denn die Probleme, die du da siehst?“

Auch mit der Frage nach den befürchteten Problemen zwingen wir den anderen bereits zum (Nach-)Denken. Aber Lösungen zu finden ist noch einmal eine ganz andere Sache und rückt den anderen noch ein bisschen mehr in eine Position, in der er vermutlich ins Schwimmen gerät. Je komplexer die Frage, umso höher ist die Schwierigkeit für Sie, aber desto besser ist auch die Wirkung.

6.2.2 Die Beweisanforderung

Die Beweisanforderung zwingt den Angreifer dazu, seine Behauptung mit konkreten Belegen zu stützen. Die Schwierigkeit ist gering (1–3). Das Risiko ist moderat (3–8), allerdings kontrollierbar, wodurch auch dieses Werkzeug gut für Einsteiger geeignet ist.

„Wirklich nichts, was da in deinem Projekt läuft, erfüllt in irgendeiner Form unseren Anspruch!" – „Das ist eine interessante Vermutung. Welche konkreten Beweise hast du denn für diese (abstruse) Vermutung?"

Ebenso wie die Rückfrage spielt die Beweisanforderung den Ball sofort zurück zum Angreifer. Sie stellen den Angreifer mit diesem Werkzeug vor die Herausforderung, ganz konkrete Beweise für die Richtigkeit seiner Anschuldigung zu liefern. Gleichzeitig bewerten Sie den Angriff mit dem ersten Teil der Beweisanforderung als mindestens ungerechtfertigt – eher sogar als abstruse Vermutung – und übernehmen damit die Interpretationshoheit. Denn Sie machen in Ihrer Reaktion sofort deutlich, dass dieser Angriff nur eine Vermutung ist und degradieren damit die getätigte Aussage. Es ist deshalb wichtig, dass Sie diesen einleitenden Teil nicht vergessen, bevor Sie die konkreten Beweise einfordern. Gerne können Sie auch drei Beweise einfordern: „Welche drei Beweise hast du denn dafür?" Sie können dabei jeden Grad an Detailtiefe einfordern. Drei Beweise ad hoc zu liefern – oder zwei oder auch nur einen einzigen – ist eine große Herausforderung, vor die Sie Ihren Angreifer stellen. Sie haben den anderen dadurch in einer Situation, in der die Chance groß ist, dass er ins Schwimmen gerät. Und selbst wenn nun Beweise formuliert werden, dann können Sie diese einfach ablehnen, indem Sie sagen, dass Sie dieser Beweis nun nicht überzeugt.

Während Sie mit der Beweisanforderung Ihren Angreifer vor wirkliche Schwierigkeiten stellen können, ist das Werkzeug selbst nicht besonders schwierig in der Anwendung. Somit steht Ihnen ein Werkzeug mit niedriger Anwendungsschwierigkeit zur Verfügung, das aber ein leicht erhöhtes Risiko beinhaltet. Denn der andere könnte sich beispielsweise gut vorbereitet haben und zieht plötzlich eine Liste mit Beweisen inklusive Anlagen aus der Tasche. Wenn das passiert, stehen wiederum Sie als derjenige da, der die Fakten nicht sieht oder akzeptiert. Dann empfiehlt sich eine Vertagung. Bitten Sie um Zeit, sich die Themen genau anzuschauen und diese prüfen zu können. Auch wenn das Risiko sogar kritisch werden kann, passiert es doch sehr, sehr selten. Insofern ist dieses Werkzeug insbesondere dann sehr gut als Einsteigerwerkzeug geeignet, wenn Sie wissen, dass Sie inhaltliche/sachliche Argumente durch Gegenargumente entkräften können.

6.2.3 Das Schlüsselwort

Das Schlüsselwort ist das wohl einfachste Werkzeug in dieser Reihe. Man nimmt ein Wort aus dem Angriff des Gegners und gibt es als Frage an den Angreifer zurück. Die Schwierigkeit ist daher gering (1–3), genauso wie das Risiko (1–3). Das Werkzeug ist also perfekt für Einsteiger geeignet.

„Wieso musst du dich immer so dumm stellen?" – „Immer?"

Dieses Werkzeug – auch Keyword-Technik genannt – funktioniert fast instinktiv und ist damit das am einfachsten anzuwendende Werkzeug, um einen Angriff zu kontern und Zeit zu gewinnen. Statt einer konkreten Rückfrage greifen Sie einfach einen zentralen Begriff des Angriffs auf und wiederholen diesen fragend. Danach ist es wichtig, einfach abzuwarten. Sagen Sie jetzt nichts. Ihr Schweigen signalisiert dem anderen, dass der Ball jetzt wieder bei ihm liegt und er an der Reihe ist, seine Anschuldigungen zu begründen. Das Werkzeug funktioniert herausragend gut bei Killerphrasen wie

„immer", „jedes Mal", „ausschließlich" oder bei Übertreibungen wie „zum tausendsten Mal", denn dann müssen Sie nicht mal mehr überlegen, welchen Begriff Sie auswählen, sondern werfen einfach diese Killerphrase zurück. Jetzt ist es die Herausforderung Ihres Gegners, zu erklären, inwiefern Sie etwas „immer" oder bereits „zum tausendsten Mal" machen. Und dafür können Sie Ihrem Gegner viel Spaß wünschen, denn das dürfte eine hohe Herausforderung sein. Trotzdem hält auch dieses Werkzeug ein kleines Risiko versteckt. Es könnte beispielsweise passieren, dass der Angreifer die Anschuldigung wiederholt und seinen Angriff auffrischt: „Ja. Immer!" Wenn das passieren sollte, greifen Sie entweder auf das Werkzeug der Rückfrage zurück: „Wie meinen Sie das denn genau?" Oder Sie fordern Beweise ein: „Tausend Mal? Dann wirst du mir bestimmt ein paar Beispiele nennen können, wo ich das ganz konkret gemacht habe." Und spätestens jetzt muss der Angreifer spezifisch werden und zusehen, dass er konkrete Beispiele nennen kann. Es kann sein, dass es ihm tatsächlich gelingt, ein paar Beispiele zu nennen. Aber in der Regel kommt da nicht allzu viel zu Ihnen zurück und ein Kommentar nach dem Motto: „Da fehlen bei den wenigen Beispielen ja schon noch ein paar, bis wir die Tausend voll haben, aber egal, kommen wir wieder zur eigentlichen Thematik zurück" kann eine schöne Abrundung sein.

In jedem Fall hilft Ihnen die Schlüsselwort-Technik dabei, ein bisschen Zeit zum Durchatmen und für Ihre Response-Ability zu gewinnen. So können Sie auf dieser Basis Stabilität erzielen, um eventuell ein anderes, stärkeres Werkzeug zum Einsatz zu bringen.

6.2.4 Die Metakommunikation

Bei der Metakommunikation wird die Art und Weise, in der kommuniziert wird, thematisiert. Die Schwierigkeit ist moderat (3–7), ebenso wie das Risiko (3–7). Das Werkzeug ist eher geeignet für Fortgeschrittene, allerdings mit ein wenig Übung beherrschbar.

„Was du da für einen Mist machst!“ – „Die Art, wie wir gerade miteinander sprechen, empfinde ich als nicht besonders produktiv. Lass uns bitte versuchen, auf der sachlichen Ebene zu bleiben. Was sind denn die Punkte, die du skeptisch siehst?“

Bei der Metakommunikation geht es zuerst um die Art, wie man miteinander spricht. Erst danach wird Inhaltliches angesprochen. Das Wort „meta“ bedeutet „über“ und dementsprechend geht es um Kommunikation über die Kommunikation. Dieses Werkzeug ist hervorragend geeignet, wenn Sie merken, dass ein Gespräch gerade aus dem Ruder zu laufen scheint. Dann können Sie auf Formulierungen zurückgreifen wie:

- „Ich glaube, wir verlieren hier gerade den Faden.“
- „Das gehört doch nicht zum Thema, das wir heute besprechen wollten.“
- „Ich möchte nicht, dass wir auf so eine Art miteinander reden.“

Diese Sätze haben gemeinsam, dass sie thematisieren, wie gerade miteinander kommuniziert wird. Sie machen deutlich, dass Sie diese Art und Weise nicht gutheißen. Und darin liegt auch das Risiko dieses Werkzeugs, denn es wirkt schnell ein bisschen oberlehrerhaft beziehungsweise von oben herab, nach dem Motto: „So redet man nicht“. Das Risiko wird natürlich umso geringer, je unpassender die Kommunikation tatsächlich ist. Wenn Sie statt Du-Aussagen nach dem Motto: „Wie redest du mit mir” besser Wir-Aussagen formulieren – „Wie wir miteinander reden, finde ich nicht gut”–, sinkt das Risiko weiter. Es kann zusätzlich umgangen werden, wenn Sie Ihre Antwort als Wunsch formulieren:

- „Ich würde mir sehr wünschen, dass wir jetzt wieder zum Thema zurückkommen.“

- „Ich fände es gut, wenn wir wieder auf eine Sachebene zurückfinden könnten.“

Ergänzen Sie dann am besten noch eine Rückfrage, um den Ball danach zusätzlich noch zu dem anderen zurückzuspielen:

- „Wie wollen wir das nun klären?”

- „Was schlagen Sie vor, um das Thema vom Tisch zu kriegen?”

- „Wie kommen wir denn zu einem ruhigen Gespräch zurück?”

Das Werkzeug ist in der Anwendung nicht ganz trivial. Es basiert nämlich auf der Idee, dass Sie überhaupt verstehen, wie gerade und von wem kommuniziert wird. Sie brauchen immer ein Gespür für die Machtverhältnisse im Gespräch. Denn Metakommunikation kann – insbesondere außerhalb von beruflichen Bezügen – schnell zum sogenannten „Tone Policing“ werden, wenn Sie als Person in einer höheren Machtposition oder als privilegierte Person einer anderen Person vorschreiben, wie diese ihre Empfindungen schildern soll. Sie können dadurch schnell in die Nähe eines „Das kann man nun wirklich auch anders sagen“/„Beruhige dich erst mal“ gerückt werden und man würde Ihnen dann zu Recht oder zu Unrecht vorwerfen, die Erfahrungen oder Empfindungen eines anderen Menschen negieren zu wollen.

6.2.5 Ich-Aussage

Die Ich-Aussage lässt sich wunderbar mit anderen Werkzeugen kombinieren. Man geht auf den Angriff des Gegenübers ein, indem man die eigene Gegenaussage als subjektive Perspektive darstellt. Die Schwierigkeit ist gering (1–3) und das Risiko beinahe nicht gegeben (1). Daher ist dieses Werkzeug ausgezeichnet für Einsteiger geeignet.

„So, wie du dein Projekt leitest, läuft das voll aus dem Ruder." – „Ich habe nicht das Gefühl, dass das ein guter Weg ist, über das Thema zu reden. Aber wenn du Bedenken hast, lass uns doch mal hören, welche das sind: Was hast du denn für Bedenken?"

Dieser Satz ist ein Beispiel für eine Ich-Aussage in Kombination mit zwei anderen schon bekannten Werkzeugen. Wir fangen also spätestens an dieser Stelle an, die Werkzeuge zusammenzubringen. In diesem Beispiel haben wir die Ich-Aussage mit der Metakommunikation kombiniert und mit einer Beweisanforderung abgeschlossen. Typisch für die Ich-Aussage ist, dass sie in unserem Kontext selten allein stehen kann. Sie benötigt andere Werkzeuge und dient uns vor allem als Einstieg, um die anderen Werkzeuge zu benutzen.

Das bestimmende Merkmal der Ich-Aussage ist, dass sie die eigene Perspektive des Sprechers abbildet und ganz klar als solche erkennbar ist. Und das macht einen großen Unterschied. Wenn Sie beispielsweise sagen: „So wie du hier redest, ist das nicht okay", könnte der Angreifer erwidern: „Doch, ist es" und nichts wäre gewonnen. Wenn Sie im Vergleich dazu Ihre eigene Perspektive darstellen: „Ich finde es nicht okay, wie du mit mir redest", kann niemand sagen: „Nein, das findest du nicht." Und wenn doch, dann fragen Sie: „Woher weißt du denn das?!" Niemand kann Ihnen schließlich Ihre eigene Wahrnehmung absprechen. Gleichzeitig ist die Aussage in der Bewertung der Situation ein bisschen abgeschwächt. Sie stellen keine absoluten Fakten dar, sondern Sie schildern stattdessen, wie Sie die Situation wahrnehmen. Die Ich-Aussage stellt somit ein Werkzeug dar, dessen Anwendung nahezu risikofrei ist. Womit Sie rechnen müssen, sind Erwiderungen wie: „Was du denkst, interessiert hier aber nicht" oder „Ihre Gefühle sind hier doch völlig irrelevant!" In solch einem Fall bieten sich als weiterführende Antworten die Metakommunikation oder die Schlüsselwort-Technik an.

Doch hier eine kleine Warnung: Ich hatte einmal einen Seminarteilnehmer, der zu einem zweiten Seminarteil frustriert zu mir kam mit den Worten: „Diese blöde Ich-Aussage, die funktioniert ja gar nicht.“ Ich fragte verwundert, was er denn erlebt habe. Und er berichtete also, was er zu seinem Kollegen gesagt hatte. Nämlich dies: „Ich habe das Gefühl, dass du hier der Idiot bist!“ Technisch gesehen hatte er recht, es war eine Ich-Aussage – nur leider ergänzt um einen persönlichen Angriff, von dem ich weiter oben schon abgeraten habe. So funktioniert es natürlich nicht.

6.2.6 Die Verbalisierung

Bei der Verbalisierung spricht man Dinge an, die noch unausgesprochen im Raum stehen. Dabei handelt es sich meist um eine Emotion, es kann allerdings auch um konkrete Themen gehen. Die Schwierigkeit ist gering, wenn man in der Lage ist, die Emotion des anderen zu erkennen (1–3), auch das Risiko ist in den meisten Fällen gering (1–3). Auch dieses Werkzeug kann also effektiv von Einsteigern genutzt werden.

„Was machst du denn hier eigentlich für einen Mist?“ – „Ich habe das Gefühl, dass es eine gewisse Frustration gibt, die hier nun hochkommt. Was sind denn die Themen, die wir mal klären sollten?“

Die Verbalisierung ist das passende Werkzeug, wenn die Probleme höchstwahrscheinlich auf einer emotionalen Ebene zu suchen sind. In dem aufgeführten Beispiel werden deshalb sogar die eigene Emotion *und* die vermutete Emotion des Angreifers angesprochen. Sie merken, dass die Verbalisierung hier mit der Ich-Aussage kombiniert wurde. Denn wann immer Sie über Emotionen sprechen oder wenn Sie nur Ihre eigene Perspektive darstellen wollen, ist es sinnvoll, die Ich-Aussage zu verwenden, damit aus Ihrer Antwort kein Angriff wird.

Gerade in solchen Meetings, wo das eigentliche Thema gar nicht angesprochen wird und man ein bisschen um den heißen Brei herum kommuniziert, können Sie wunderbar die Ich-Aussage mit der Verbalisierung und der Metakommunikation kombinieren.

„Ich habe das Gefühl, dass hier noch etwas Kritisches in der Luft liegt und wir das nicht klären, weil wir nicht genau wissen, wie wir es adressieren sollen."

„Ich denke, dass hier eine ganze Menge Sorgen und Bedenken vorhanden sind bezüglich der Frage, wie es weitergeht in diesem Projekt. Wie können wir denn hier zu einer echten Klärung kommen, die uns weiterbringt?"

„Ich glaube, dass hinter dem Ganzen ein Thema steht, was wir noch nicht angesprochen haben, weil es vielleicht ein Tabu bei uns ist. Was meint ihr, habt ihr ein ähnliches Gefühl?"

Das Risiko bei einer derart vorsichtigen Erwiderung ist naturgemäß gering. Es gibt allerdings eine Ausnahme. Und die gilt für Organisationskulturen, in denen es überhaupt nicht üblich ist, über Gefühle zu sprechen. Oder Kulturen, die das Ansprechen eines Tabus sanktionieren, indem es zu Stressreaktionen und Anfeindungen kommt. Davon abgesehen ist die Verbalisierung einfach anzuwenden, wenn Sie die eigene und/oder die Emotion des Angreifers erkennen und benennen können.

6.2.7 Der Rollenverweis

Beim Rollenverweis wird der Angriff ins Verhältnis zur Rolle des Angreifers und der eigenen gesetzt, wodurch Raum für unterschiedliche Perspektiven eingeräumt wird. Rollen zu erkennen ist nicht immer einfach, weswegen die Schwierigkeit moderat ist (3–7). Das Risiko ist geringer (1–5), allerdings bleibt der Rollenverweis aufgrund seiner Schwierigkeit eher ein Werkzeug für Fortgeschrittene.

„Das bringt doch gar nichts. Es ist viel zu teuer und ohne Nutzen!" – „Es ist natürlich vollkommen verständlich, dass du hier des Teufels Advokat spielst. Das ist ja auch deine Aufgabe, da den Finger in die Wunde zu legen. Meine Funktion ist es, das Projekt zu pushen, und natürlich gibt es immer wieder kritische Themen. Die können wir gerne besprechen. Aber aus meiner Sicht läuft es doch im Wesentlichen gut. Was sind also die kritischen Themen, die du siehst?"

Das Besondere an diesem Werkzeug ist, dass es die Antwort auf eine sehr typische Frage offenlässt, nämlich: Wer hat in diesem Moment recht? Ihr Angreifer oder Sie? Der Rollenverweis lässt beiden den entsprechenden Platz. Es ist die Rolle des Angreifers, die Probleme zu sehen, zu suchen und vielleicht auch zu übertreiben. Es ist Ihre Rolle, das auszuhalten und für Ihre Argumente einzustehen. Aus dieser Warte wird ein Problem auf jeden Fall von einer persönlichen Ebene losgelöst. Denn es sind ja nur Rollen, die Sie beide in diesem Fall innehaben. Und nächstes Mal ist es vielleicht andersherum. Mit dem Verweis auf die Rolle des Teilnehmers wird ein Beziehungskonflikt gar nicht erst zugelassen, stattdessen akzeptieren Sie, dass es unterschiedliche Perspektiven auf den Sachverhalt und vielleicht höchstens einen Rollenkonflikt gibt, von dem alle glauben können, dass er ganz normal und unproblematisch ist – eben einfach etwas, das zu klären ist. Auch der Rollenverweis lässt sich sehr gut mit einer Ich-Aussage kombinieren. Wenn Sie am Ende außerdem noch eine Rückfrage stellen oder einen Beweis einfordern, gehen Sie zusätzlich auf Nummer sicher.

- „Welche ganz konkreten Themen willst du denn klären?/ Welche Argumente hast du denn für deine Aussage?"

Mit der angehängten Rückfrage verhindern Sie außerdem, dass Sie in einen Rechtfertigungsmodus gedrängt werden.

Den Rollenverweis einzusetzen ist nicht so leicht wie die Nutzung der vorherigen Werkzeuge. Der wahre Schwierigkeitsgrad hängt stark davon ab, wie klar die Rollen verteilt sind. Denn über Rollen und Funktionen zu reden ist nicht unmittelbar trivial, da das Erkennen der einzelnen Rollen Denkarbeit erfordert, die in dieser Situation oft schwerfällt. Wenn es Ihnen aber gelingt, die Rolle des anderen zu analysieren, ist das Risiko beim Einsatz dieses Werkzeugs relativ gering. Implizit steckt in jedem Rollenverweis geradezu die Aufforderung an den anderen, so zu handeln, wie er handelt. Schließlich ist es ja erwünscht und vernünftig, dass er versucht, seine Rolle so gut er kann auszufüllen. Es gibt also gar keinen echten Konflikt, sondern der andere erfüllt nur die Erwartungen an ihn.

6.2.8 Das Weiterdenken (Ja, und ...)

Das Weiterdenken ist ein sogenanntes kontraintuitives Werkzeug, da der Angegriffene im ersten Moment dem Angriff recht gibt, im nächsten Schritt allerdings die Ursache für das „Versagen" extern ansiedelt und das Gegenüber dazu einlädt, gemeinsam an einer Lösung zu arbeiten. Die Anwendung ist schwierig (7–10) und auch das Risiko ist hoch (7–10), da das Gegenüber behaupten kann, dass die Ursache in Ihrer Person läge. Diese Risiken machen das Weiterdenken zu einem Profi-Werkzeug, bei dem man sich sehr sicher sein sollte, was man tut.

„Ich sehe es echt schon kommen, wie du das Projekt voll vor die Wand fährst!" – „Ja, und weil das Projekt aus verschiedenen externen Gründen gerade in so einer kritischen Situation ist, sollten wir jetzt umso enger zusammenarbeiten und zusehen, dass wir das auch wirklich hinbekommen. Schließlich wollen wir doch beide das bestmögliche Ergebnis erreichen."

So spielen Sie mit dem Werkzeug Weiterdenken den Ball zurück zu Ihrem Angreifer. Ein anderer Name für dieses Werkzeug ist auch „Ja, und …". Dieser zweite Name macht deutlich, was dieses Werkzeug so besonders macht. Denn typischerweise reagieren wir auf einen Angriff mit „Ja, aber…", um dann eine Reihe von Rechtfertigungen aufzuzählen. Das Weiterdenken basiert auf einer anderen Logik. Sie tun einfach so, als ob der andere ganz sachlich auf ein paar kritische Punkte hingewiesen hätte. Unabhängig von Tonfall und Wortwahl des Angreifers nehmen Sie dieses Feedback auf, um den Ball zurückzuspielen. Sie stimmen dem Angreifer also zunächst zu, ergänzen aber – und das ist wichtig – den nebenbei eingeflochtenen Hinweis, dass diese Probleme externe Ursachen haben. Im nächsten Schritt fordern Sie Ihren Angreifer zur Zusammenarbeit auf, um diese Probleme gemeinsam zu lösen. Sie bringen den Angreifer dadurch in eine für Sie sehr interessante Lage. Denn Sie positionieren ihn so, als hätte er sich von Ihnen gewünscht, jetzt an der Verbesserung des Projekts mitarbeiten zu dürfen. Sie können selbstverständlich zur Verstärkung eine Rückfrage anhängen: „Was sind denn deine Tipps, wie wir es besser machen können?"

Wie bereits in der Einleitung geschrieben, handelt es sich um ein Werkzeug, das in der Anwendung schwieriger ist als die Werkzeuge, die Sie bis hierhin kennengelernt haben. Das gilt umso mehr, je substanzieller der Angriff auf Sie ist. Außerdem ist mit dem Einsatz des Weiterdenkens ein relativ hohes Risiko verbunden, denn in diesem Fall lässt sich die Reaktion des anderen nur sehr schwer vorhersagen. Oft passiert es, dass die Uminterpretation, die Sie mit diesem Werkzeug vornehmen, vom Angreifer gar nicht gut aufgenommen wird. Ihr Gegner könnte sich der Mitarbeit verweigern und darauf beharren, dass er in diesem Fall keine Verantwortung hat, sondern Sie: „Nein, Sie sind es, der die Sache hier nicht im Griff hat. Es ist Ihr Projekt." Dann hätten Sie nichts gewonnen, sondern sähen sich nur dem wiederholten Angriff ausgesetzt. „Und was dann?", fragen Sie sich jetzt vielleicht. Dann probieren Sie einfach ein anderes Werkzeug aus.

6.2.9 Die Interpretation

Der Interpretation liegt ein klassisches Kommunikationsmodell zugrunde, in dem eine Du-Ich- und eine Ist-Soll-Achse vorhanden sind. Fast alle Angriffe finden auf der Du-Ebene statt. Dadurch, dass Sie die Aussage bewusst auf einer der anderen Ebenen interpretieren, zwingen Sie das Gegenüber, sachlich über das Thema zu reden. Die Schwierigkeit ist mittelmäßig bis hoch (5–9), das Risiko allerdings moderat (3–7). Das Niveau des Werkzeugs liegt also zwischen dem Fortgeschrittenen und dem Profi.

„Wieso machst du immer nur dumme Vorschläge?!" – „Du möchtest also mit mir darüber reden, wie wir besser kommunizieren und die Qualität erhöhen können? Das können wir gerne machen. Welche konkreten Ideen hast du denn dafür?"

Dieses Werkzeug geht auf das klassische Kommunikationsmodell von Friedemann Schulz von Thun und Peter Watzlawick zurück. Beide Kommunikationswissenschaftler gehen davon aus, dass Kommunikation immer auf mehreren Ebenen stattfindet. Kommunikation ist nie ganz eindeutig. Das kennen wir alle. Sie können eine Sache sagen und diese kann auf viele verschiedene Arten verstanden werden. Ein klassisches und oft genanntes Beispiel ist das des Ehepaars an der roten Ampel. Sie ist die Fahrerin, er sitzt daneben. Die Ampel springt um und er sagt: „Es ist grün." Und die drei kurzen Worte können vier unterschiedliche Bedeutungsebenen haben:

- Sachebene:
    - Ist-Aussage/Sachinhalt: Die Ampel ist grün.
    - Soll-Aussage/Appell: Es ist grün, fahr jetzt los.

- Beziehungsebene:
    - Ich-Aussage/Selbstoffenbarung: Ich habe es eilig, bitte fahre deshalb jetzt los.

- Du-Aussage/Beziehungshinweis: Warum fährst du denn nicht los? Pass doch mal auf.

Diese vier Ebenen können Sie sich zunutze machen, indem Sie sich bei einer Aussage genau die Ebene aussuchen, die für Sie am günstigsten ist. Bezieht sich ein Angriff auf die Qualität der Aussagen, wie im einleitenden Beispiel, dann kann man das als Information auf der Sachebene hinnehmen. Sie können aber auch – und so ist auch die Beispielantwort angelegt – die Aussage als Appell verstehen. Nämlich als Aufforderung, sich gemeinsam hinzusetzen und herauszuarbeiten, wie denn besser kommuniziert werden könnte.

Sie könnten den Angriff auch als Ich-Aussage des Angreifers verstehen und beispielsweise mit einer angefügten Rückfrage darauf reagieren: „Das tut mir leid, dass du damit so unzufrieden bist. Wie kommt denn das?" Eine andere Möglichkeit ist, den Angriff so zu nehmen, wie er gemeint ist, nämlich als Angriff auf der Beziehungsebene. Dann würden Sie nicht mehr interpretieren, sondern müssten mit anderen Werkzeugen arbeiten, beispielsweise mit einer Verbalisierung inklusive Rückfrage.

„Schade, dass du das so siehst. Ich dachte, wir hätten eine ganz gute Arbeitsebene gefunden. Was konkret lässt dich zu dieser Einschätzung kommen?"

Das mit diesem Werkzeug verbundene Risiko ist relativ moderat. Sie haben bei der Interpretation gute Chancen, sehr souverän zu wirken und den Angreifer ins Leere laufen zu lassen. Aufgrund der Schwierigkeit, schnell eine Ebene wählen zu müssen, empfehle ich das Werkzeug dennoch eher für Fortgeschrittene oder für Profis.

6.2.10 Der Sachfokus

Der Sachfokus funktioniert dadurch, indem man den emotionalen, persönlichen Teil eines Angriffs ignoriert und sich in seiner Gegenaussage auf den sachlichen Inhalt konzentriert. Die Schwierigkeit ist moderat (3–7), da man seine eigenen Emotionen unter Kontrolle halten muss, das Risiko etwas geringer (1–5). Das Werkzeug ist zwar eher für Fortgeschrittene geeignet, mit ein wenig Übung allerdings auch als Einsteiger kontrollierbar.

„Es ist wirklich nicht zu fassen, was von Ihnen für dumme Nachfragen kommen!" – „Wenn Sie darüber sprechen möchten, wie wir hier Fragen stellen dürfen, damit wir inhaltlich weiterkommen, sollten wir das bei Gelegenheit mal thematisieren. Ich finde das ein wichtiges Thema. Wann können wir das mal besprechen?"

Zentraler Mechanismus des Sach- oder Inhaltsfokus ist es, einen Angriff auf der Beziehungsebene komplett zu ignorieren. Sie versuchen ausschließlich zum Sachinhalt des Angriffs Stellung zu beziehen. Im Idealfall schließen Sie das Werkzeug mit einer lösungsorientierten Rückfrage ab. Und dann schauen Sie, was der andere sagt und wie er jetzt reagiert. Der Unterschied zur Interpretation ist, dass Sie alle Ebenen, mit Ausnahme der Sachebene, radikal ignorieren. Sie beschäftigen sich nur damit, was in dem Angriff auf der Sachebene steckt und verfolgen ausschließlich das ausgewählte Sachthema. Auf keinen Fall gehen Sie auf eine andere Ebene ein.

Oftmals ist die Anwendung nicht ganz einfach, weil Sie insbesondere zum Herausfiltern des meist sehr versteckten Sachinhalts Ihr frontales System benötigen. Dazu müssen Sie Ihre Emotionen gut im Griff haben. Das Werkzeug funktioniert nämlich nur, wenn Sie nicht „zurückgiften". Es ist deshalb wichtig, dass Sie auch Stimmlage und Haltung unter Kontrolle haben. Das Risiko ist moderat.

Der andere könnte seinen Angriff zwar erneuern („Das habe ich überhaupt nicht gemeint!"), aber viel mehr kann nicht passieren. Und in diesem Fall greifen Sie wieder auf eines der anderen Werkzeuge zurück und fragen: „Was haben Sie denn dann gemeint?"

6.2.11 Das Kontrastieren

Beim Kontrastieren stellen Sie der eigentlichen Intention einer Aussage das gegenüber, was der andere als Information aus der Aussage mitgenommen hat. Man räumt also Missverständnisse aus dem Weg. Die Schwierigkeit ist eher gering (1–4) und das Risiko gut kontrollierbar (1–5). Das Werkzeug ist deshalb gut als Einsteiger-Werkzeug geeignet, wenn man in der Lage ist, Missverständnisse zu erkennen und zu benennen.

„Auf so eine kleinkarierte Aussage wie von dir eben habe ich wirklich keinen Bock!" – „Was ich nicht möchte, ist kleinkariert zu wirken. Was ich aber möchte, ist, die wichtigen Detailthemen offen zu besprechen, ich denke, das ist wichtig für uns, um voranzukommen. Wie siehst denn du das?"

Kontrastieren bezieht seine Wirksamkeit daraus, dass Sie ganz klare Aussagen darüber treffen, was Sie beabsichtigen, und dem gegenüberstellen, was Sie ausdrücklich nicht beabsichtigt haben. Das Werkzeug ist sehr gut geeignet, um damit auf Angriffe zu reagieren, die als Reaktion auf eine Handlung oder eine gerade von Ihnen getroffene Aussage erfolgten. Sie können damit sicherstellen, dass Ihre eigentliche Absicht klar wird und diese nicht auf einer der vier Kommunikationsebenen verloren geht. Sie stellen also dar, was Sie auf der Sachebene machen wollen und was Sie auf der Beziehungsebene nicht machen wollen, nämlich, in diesem Fall kleinkariert zu wirken und zu nerven.

Das Risiko besteht, dass der Angreifer Ihre Klarstellung gar nicht so gut aufnimmt, auf seinem Angriff besteht und Ihnen eine bestimmte Intention unterstellt: „Doch, genau das wolltest du." Allerdings lässt sich in diesem Fall mittels einer offenen Rückfrage dem Angreifer schnell der Wind aus den Segeln nehmen: „Woher weißt du denn das?" Jetzt kann der andere darlegen, wie er zu seinem Schluss gekommen ist und was er da alles so in Ihr Verhalten hineininterpretiert hat. Das Werkzeug funktioniert allerdings nur, wenn Sie selbst tatsächlich wissen, was Sie mit Ihrem Verhalten oder Ihren Aussagen erreichen wollen, und wenn Sie wissen, wie es stattdessen angekommen ist. Das Kontrastieren eignet sich hervorragend, um erkannte Missverständnisse aufzuklären.

6.2.12 Die Weiterleitung

Die Weiterleitung ist ein Werkzeug, bei dem Sie im Fall eines Angriffs das Wort an einen Dritten abgeben, der in der Diskussion den gleichen Standpunkt vertritt wie Sie selbst. Die Schwierigkeit ist gering (1–3). Das Risiko ist jedoch hoch (7–10), da Menschen sich nicht gerne in Streitigkeiten einmischen und eventuell im Ernstfall doch nicht für Sie argumentieren. Das Werkzeug ist daher – trotz leichter Anwendung – ein Fortgeschrittenen-Werkzeug, wenn nicht sogar ein Profi-Werkzeug.

„Deine Zuverlässigkeit in diesen Angelegenheiten ist völlig inakzeptabel." – „Interessant, dass du das so siehst. Sven, wie siehst du das? Wie gut klappt das denn mit uns?"

Die Weiterleitung ist darauf angewiesen, dass bei dem Angriff Dritte anwesend sind. Wenn Sie beispielsweise in einem Meeting angriffen werden und andere werden Zeuge dieses Angriffs, haben Sie die Möglichkeit, dieses Werkzeug anzuwenden und den Angriff weiterzuleiten. Dazu müssen Sie sich allerdings sicher sein, dass die

Person, an die Sie weiterleiten, auch wirklich auf Ihrer Seite steht UND bereit ist, dafür auch einzustehen. Im Idealfall ist das eine Person, die hierarchisch oder aufgrund anderer formeller oder informeller Autorität über dem Angreifer steht. Die Chance besteht darin, dass der Angriff von einem Dritten direkt auf der Sachebene gestoppt wird. Wenn jemand sagt: „Ich habe XY als einen immer zuverlässigen Mitarbeiter kennengelernt und kann diese Auffassung überhaupt nicht teilen" ist klar, dass der Angriff vielleicht gar nicht so viel Substanz hatte. Nach dem Statement des „Zeugen der Verteidigung" sollten Sie selbst wieder das Wort ergreifen und eine Rückfrage anschließen.

- „Wo sind denn für dich die Punkte, bei denen ich nach deiner Meinung unzuverlässig wäre?"

Sie können sich in der Rückfrage auch auf den Lösungsfokus konzentrieren und den Angreifer wieder mit an den gemeinsamen Tisch holen.

- „Was müsste denn passieren, damit es zwischen uns beiden besser in der Zusammenarbeit klappt?"

Das hohe Risiko der Weiterleitung liegt auf der Hand: Vielleicht glauben Sie nämlich nur, Sie hätten in der Person, die Sie ansprechen, einen zuverlässigen „Entlastungszeugen". In Wahrheit ist es aber gar nicht so, sondern die Person nutzt stattdessen die Gelegenheit, um in den Chor der Ankläger mit einzustimmen.

Ein Restrisiko bleibt sogar bestehen, wenn Sie vorher mit der betreffenden Person abgesprochen haben, dass Sie sie im Fall eines Angriffs involvieren. Ein Rückzieher ist immer möglich. Menschen mögen es nämlich nicht, in so einen Angriff hineingezogen zu werden. Das kann zu wirklich unschönen Szenen führen. Nutzen Sie dieses Werkzeug wirklich nur, wenn Sie sich zu 100 Prozent auf die

Person verlassen können. Ich empfehle sogar, dieses Werkzeug erst dann anzuwenden, wenn Sie im Umgang mit SHIT-Situationen fit genug sind und einen souveränen Weg finden, selbst wenn der Einsatz dieses Werkzeugs schiefgeht.

Weitere Werkzeuge finden Sie als Bonus auf www.handlingshit.de/bonuswerkzeuge - eines davon möchte ich Ihnen aber schon hier präsentieren:

6.2.13 BONUS: Die Paradoxe Intervention

Die Paradoxe Intervention basiert auf der Idee, dass man sich entgegengesetzt der typischen Muster verhält und das Gegenüber dadurch aus dem Konzept bringt, dass er nicht mit der Reaktion umzugehen weiß. Die Schwierigkeit ist hoch (7–10), ebenso wie das Risiko (7–10). Das Werkzeug ist also ein ganz klares Profi-Werkzeug.

„Ich fasse es nicht, was Sie mir hier für einen Mist auf den Tisch legen. Wie soll ich denn damit arbeiten?" – „Echt. So ein Mist, das ist ja auch wirklich frustrierend, das geht mir genauso!"

Wenn Sie dieses Werkzeug beherrschen, kann es eine Menge Spaß machen. Betrachten wir den emotionsgeladenen Angriff eines Cholerikers. Er greift Sie verbal an, geht in eine aktive Täterrolle und möchte Sie dominieren. Und der Angreifer hat natürlich eine gewisse Erwartung an Ihre Reaktion. Er erwartet und hofft, dass Sie klein beigeben, dass Sie sich erschrocken zeigen und eine Opferrolle einnehmen. Bei der Paradoxen Intervention geht es genau darum, diesen Erwartungen nicht zu entsprechen und so seine Hoffnungen zu enttäuschen. Bitte kommen Sie trotzdem nicht auf die Idee, den anderen jetzt einfach auch anzubrüllen. Dann sind Sie wieder der Stressor und alle Umstehenden nehmen nichts weiter wahr, als dass da zwei wütende und gestresste Personen einen Kampf ausfechten. So wirken Sie nicht souverän. Wenn Sie angebrüllt werden, brüllen

Sie einfach mit statt dagegen. Der Angreifer merkt: Das funktioniert nicht so, wie er sich das vorgestellt hat. Er bekommt Sie nicht in die Opferrolle. Das führt schnell zu einer Sprachlosigkeit und Verwirrung. Insbesondere wenn Sie es mit Cholerikern zu tun haben, lässt sich dieses Werkzeug sehr funktional und wirkungsvoll einsetzen. Wichtig ist, dass Sie ergänzend eine Idee haben, wie Sie die Verblüffung und die Situation überhaupt auflösen können. Idealerweise passiert das so, dass Sie die Rollen ansprechen, die da gerade gespielt werden beziehungsweise gespielt werden sollten.

Ich erzähle Ihnen dazu und zum Abschluss des Kapitels einen Fall aus meiner Coaching-Praxis. Aber vorher bin ich noch eine Auflösung schuldig. Eine Auflösung zu dem Fall im Verband, bei dem ich persönlich angegriffen wurde. Der Vorwurf im Rahmen meines ehrenamtlichen Engagements, das mich Geld kostete, mich zu bereichern, wurde bei der Mitgliederversammlung platziert. Ich reagierte mit Interpretation, Weiterleitung und Metakommunikation: „Danke für deine Rückfrage, mit der du mir ja nur die Chance geben willst, dieses abstruse Gerücht, dass ich am Verband Geld verdienen würde, aus der Welt zu schaffen (Interpretation). Wie der Vorstand, die Geschäftsstelle und zwei weitere Gremien bezeugen können, ist das Gegenteil der Fall, ich verdiene hier nichts, und an deren fleißigem Nicken sehen Sie schon, dass diese das bestätigen (Weiterleitung, hier nenne ich deren Reaktion, statt wirklich weiterzuleiten). Sie sehen also, es profitiert nur einer, nämlich unser Verband. Und statt nun abstruse Gerüchte zu diskutieren, sollten wir vielleicht lieber an den wichtigen Themen unseres Verbands arbeiten (Metakommunikation). Was ist also der nächste Tagesordnungspunkt?" Direkt in der Pause sprachen mich die Ersten an und sagten, wie beeindruckend souverän sie meine Antwort fanden. Und noch zwei Jahre später erwähnte ein Verbandsmitglied die Situation. Auf die Frage, warum er sich zum Handling-SHIT-Seminar angemeldet hatte, sagte er: „Du hast damals vor rund zwei Jahren so toll reagiert, das blieb mir im Kopf. Bei einigen verbalen Angriffen in den letzten Wochen kam mir das Beispiel wieder in den Kopf und ich sagte mir: Das will ich auch können!" An diesem Beispiel sehen Sie, welche Chance wirklich in der Anwendung dieser Werkzeuge steckt und welche positive Langzeitwirkung sie haben können.

Aber nun zum versprochenen Fall: Vater und Tochter haben zusammen im Unternehmen gearbeitet. Der Vater, der sich als Firmenpatriarch der alten Schule verstand, hat seine Tochter (und auch alle Mitarbeiter) regelmäßig im Unternehmen – und nur dort – zusammengebrüllt. Das hat die Tochter, eine eher introvertierte Persönlichkeit, sehr belastet und schlussendlich in mein Coaching geführt. Wir haben mit verschiedenen Werkzeugen versucht, dieses Verhalten des Vaters zu adressieren, sind aber zunächst gescheitert. Er brüllte weiter. Tochter hin oder her. Dann haben wir uns zur Paradoxen Intervention entschlossen. Als die Situation das nächste Mal eskalierte, brüllte die Tochter einfach mit. Der Vater regte sich über eine vermeintliche Inkompetenz der Sekretärin auf. Die Tochter stimmte ins Brüllen ein und beschwerte sich ebenfalls über das Personal. In das folgende, lang andauernde Schweigen des verdutzten Vaters sagte sie dann: „Ich wollte nur mal ausprobieren, ob ich auch so gut rumbrüllen kann, damit scheinst du ja sehr wirksam zu führen und ich wollte dich da zum Vorbild nehmen." Damit hatte der Vater genug zum Nachdenken. Am Ende, es dauerte rund eine Woche, in der der Vater still und nachdenklich, ja fast nicht mehr derselbe war, entschuldigte er sich bei seiner Tochter für sein Verhalten, denn so ein Vorbild wollte er schließlich nicht sein.

Typisch an so einer Geschichte mit Vater und Tochter ist die Frage: Wie kann es zu so etwas kommen? Einige Antworten haben wir schon im Abschnitt über Persönlichkeit besprochen. Viel spannender ist aber die folgende Frage: Wie kann so etwas vermieden werden? Alexander Hartmann und Vanessa Buchner haben darauf einige Antworten im folgenden Gastkapitel.

6.2.14 Gastkapitel von Alexander Hartmann und Vanessa Buchner – Preventing SHIT – SHIT vermeiden in drei Schritten

Handling SHIT ist ein unglaublich effektives Programm, um mit stressigen Situationen und mit schwierigen Menschen umgehen zu können. Es zeigt seine volle Stärke immer dann, wenn der SHIT (wieder mal) in hohen Wellen über einem zusammenzuschlagen droht. Noch besser, als mit dem SHIT umgehen zu können, ist allerdings, ihn zu verhindern, bevor er entsteht. Das ist nicht immer möglich. Aber doch ziemlich oft. Dabei hilft uns das OCEAN-Modell.

Die größten Stressoren für Menschen sind Menschen. Nun ist es gleichzeitig so, dass die allermeisten von uns nur im und durch den Kontakt mit anderen Menschen erfolgreich und glücklich sein können. Aber nicht nur andere Menschen machen uns Stress. Oft ist der Mensch, der uns am meisten Stress macht, wir selbst. Nämlich dann, wenn wir uns wieder eine Nacht oder einen Tag um die Ohren schlagen mit Fragen wie: „Warum mache ich das immer? Warum bin ich eigentlich so doof? Warum passiert mir das schon wieder?“ Oder, weil wir unglücklich darüber sind, wie wir gegenüber anderen auftreten. Weil wir verletzt sind, wie andere sich uns gegenüber verhalten: „Wieso muss der immer …? Wie kann man das denn so machen, wenn jeder weiß, dass man es eigentlich so machen muss wie ich?“

Und bei diesen Grübeleien übersehen wir, dass unsere eigene Persönlichkeit und unser eigenes Verhalten eine entscheidende Rolle bei diesen inneren und äußeren Konflikten spielen. Oft ahnen wir zwar, dass wir einen Anteil daran haben. Aber wir sind nicht fähig, daraus die richtigen Schlüsse zu ziehen, und wir wissen nicht, wie wir mit dieser Ahnung umgehen sollen.

Wir haben ein einfaches dreistufiges Modell entwickelt, mit dem man diese Ahnung in Wissen und hilfreiches Verhalten umwandeln kann:

1. Verstehen
2. Annehmen
3. Dienliche Muster bauen

Dieses System nutzen wir im Coaching sowie im Business und auch unserem eigenen Privatleben, um SHIT zu vermeiden, bevor er überhaupt entsteht.

Es hilft auf drei Ebenen, SHIT zu vermeiden: im Umgang mit uns selbst (auf der Ich-Ebene), mit anderen (auf der Du-Ebene) und in der romantischen Beziehung bzw. Partnerschaft (wir nennen es die „Wir-Ebene", während sie natürlich genau genommen ein Sonderfall der „Du-Ebene" ist).

PREVENTING SHIT IN 3 SCHRITTEN:

1. Verstehen

Im ersten Schritt müssen wir verstehen, wer wir sind und was uns ausmacht. Das in diesem Buch beschriebene OCEAN-Modell ermöglicht es Ihnen, die Tiefenstruktur Ihrer Persönlichkeit zu erfassen und zu benennen. Je nachdem, auf welcher der drei Ebenen (ich-du-wir) Sie sich bewegen, ist es natürlich ebenso wichtig zu verstehen, wer der andere ist – welche Persönlichkeitseigenschaften das Gegenüber ausmachen und welche Anteile seiner Persönlichkeit welche Bedürfnisse haben.

2. Annehmen

Nur wenn wir wissen, wer wir wirklich sind, können wir uns auch wirklich annehmen. Oder den/die andere(n).

Unsere Persönlichkeitseigenschaften sind ziemlich stabil. Und die des Gegenübers auch. Es macht auf Dauer kaputt, dagegen anzukämpfen. In der Beziehung zu anderen Menschen (und zu uns selbst) ist es ein wirklicher Gamechanger, sich immer wieder bewusst zu machen:

Okay, es gibt unterschiedliche Persönlichkeitsstrukturen. Und die sorgen dafür, dass ich manchmal so und der oder die andere so reagiert. Denn aus diesem Bewusstsein ergeben sich drei Sätze, die man im Kontakt mit anderen Menschen im Kopf behalten darf:

1. Der andere ist so, wie er ist.

2. Der wird sich auch nicht ändern.

3. Der meint das nicht böse!

In der Konsequenz daraus dürfen wir aufhören, von uns auf andere zu schließen. Andere machen Dinge anders als wir und sie sehen Dinge anders als wir. Nicht, weil sie uns ärgern wollen. Nicht, weil sie morgens aufstehen und denken: „Ha – heute versaue ich ihm/ihr mal so richtig den Tag!" Sondern, weil sie aufgrund ihrer Persönlichkeitsstruktur eben ggf. komplett anders *sind* als wir. Nicht immer besser, nicht immer schlechter. Nur anders. Andere Dinge sind für sie „selbstverständlich". Andere Dinge sind für sie extrem wichtig. Andere Dinge führen zu Wut, Angst und anderen starken Reaktionen. Und wir werden es nie verstehen können. Weil wir nicht der/die andere sind, sondern eben wir. Und das ist gut so.

Aber Achtung: Das heißt ausdrücklich nicht, dass Sie Ihrem Verhalten und dem Verhalten anderer ausgeliefert sind!
Im Gegenteil, so können wir durch ein konsequentes „Du bist so – ich bin so – unsere OCEAN-Modelle unterscheiden sich wie folgt ... und daraus ergeben sich folgende regelmäßige und verständliche Stressoren ..." in Zukunft eine Menge SHIT vermeiden, bevor er passiert.

3. Dienliche Muster bauen

Denn im dritten Schritt geht es darum, auf Basis dieser Erkenntnis „dienliche Muster" aufzubauen. Verhaltensmuster, die helfen, diejenigen Persönlichkeitseigenschaften, die Ihnen im Umgang mit sich selbst und anderen Schwierigkeiten bereiten, im Zaum zu halten. Diese Muster dienen als Puffer für Situationen, die anderenfalls Stress bereiten.

Unser Leben besteht aus Begegnungen unzähliger einmaliger Persönlichkeitsstrukturen, sodass wir im Rahmen dieses Kapitels wirklich nur die Basics mitteilen können. Um das 3-Schritte-Modell mit Leben zu füllen, wollen wir dennoch an ein paar Beispielen aufzeigen, wie es funktioniert.

(Wenn Sie hier tiefer einsteigen möchten, haben wir ein Geschenk für Sie. Hier finden Sie den kostenlosen Zugang zu unserem Intensivtraining rund um das OCEAN-Modell: www.ocean-modell.de)

Warum Alex seine Socken sortiert

Alex wirkt auf viele Menschen sehr ordentlich. Er tut auch viele „ordentliche Dinge". Er hat beispielsweise seine Socken und seine Unterwäsche in zwei sehr sorgfältig beschrifteten Boxen untergebracht. Wenn er diese Geschichte in seinen Seminaren erzählt, wirkt er auf viele erst mal wie ein echter Pedant. Tatsächlich hat er aber sehr niedrige Werte in Ordnung, einer Unterkategorie der Dimension Gewissenhaftigkeit. Seit er das weiß, stresst ihn sein Hang zur Unordentlichkeit gar nicht mehr so (Ich-Ebene). Und er weiß auch, dass Unordnung seine Partnerin, die ein extrem hohes ästhetisches Empfinden hat, nervt (Du-Ebene). Dass er dieses Boxen-System so konsequent durchhält, ist sein dienliches Verhaltensmuster, mit dem er seinen Hang zum Chaos ausgleicht. Gleichzeitig wirkt es auf der Wir-Ebene positiv in seine Beziehung.

Warum Stefanie die Ruhe in Person ist

Für viele Kollegen wirkt Stefanie absolut abgeklärt und stabil. Sie strahlt Ruhe aus. Dabei hat Stefanie in Wahrheit ziemlich hohe

Werte in Neurotizismus, insbesondere in der Unterkategorie Volatilität. Im Studium hat sie noch darunter gelitten, die „Drama-Queen" zu sein. Sie hatte außerdem Angst, dass ihr diese Instabilität bei der beruflichen Karriere im Weg sein würde. Nach einem OCEAN-Test hatte sie endlich einen Namen für ihre Instabilität gefunden, was ihr sehr half, diese Seite ihrer Persönlichkeit anzunehmen (Ich-Ebene). Sie hat sich entschlossen, ein Muster zu bauen, um diesen Teil ihrer Persönlichkeit auszugleichen und mehr Stabilität im Alltag zu haben:

Einmal täglich meditiert sie sieben Minuten lang (mithilfe einer App). Eine Vielzahl wissenschaftlicher Studien belegen inzwischen, dass dadurch der Teil des Gehirns, der für Wut, Angst und Stress zuständig ist, seine Aktivität herunterfährt bzw. weniger leicht reizbar ist (dienliches Muster).

Warum Finn und Yazmin sich auf 15 Minuten geeinigt haben

In der Beziehung zwischen Finn und Yazmin kam es immer wieder zu Reibereien wegen Dingen, die Yazmin als absolute Kleinigkeiten empfand: „Warum muss der Typ *immer* aus einer Mücke einen Elefanten machen?" Finn störte es extrem, dass Yazmin in manchen Dingen, die ihm wichtig waren, eher eine Laissez-faire-Einstellung an den Tag legte: „Warum konnte sie *nicht einmal* pünktlich fertig sein, wenn sie sonntags zu seinen Eltern fahren wollten?" Gleichzeitig haderten beide mit der Frage, ob und was denn nun bei ihnen selbst verkehrt liefe. Vielleicht hatte ja der andere/die andere doch recht? Nach einem OCEAN-Test mit anschließendem Coaching konnten beide ihre Persönlichkeiten „übereinanderlegen" und erkannten, dass Finns hohe Gewissenhaftigkeit und hoher Neurotizismus mit Yazmins wenig ausgeprägter Gewissenhaftigkeit und ihrem niedrigen Neurotizismus kollidierte: Ihr ist Pünktlichkeit relativ egal (bei sich und bei anderen), und sie regt sich generell nicht so leicht auf (und findet es extrem unnötig, wenn andere das tun). Ihm ist Pünktlichkeit sehr wichtig (bei sich und bei anderen), er regt sich im Rahmen seiner höheren Volatilität schneller auf und findet es völlig unpassend, dass sie nicht versteht, dass „es“ ihn (selbstverständlich und angemessener Weise) wütend macht. Erst jetzt konnten beide die jeweiligen Bedürfnisse gegenseitig anerkennen und akzeptieren.

Das dienliche Muster, das sie daraus mithilfe eines Coaches ableiteten, war, dass sie regelmäßig neu aushandelten, was dem jeweils anderen wichtig ist. Für gemeinsame Unternehmungen (wie zum Beispiel der Besuch bei den Eltern) bauten sie einen 15-minütigen Puffer ein, den beide als angemessen akzeptieren konnten (Finn kalkuliert heimlich mit 30 Minuten).

Warum Vanessa lieber noch mal nachfragt

Mit Vanessa in einem Team zusammenzuarbeiten empfinden die meisten Menschen als extrem angenehm. Sie lässt jeden zu Wort kommen und hinterlässt einen sehr empathischen Eindruck. Aber das war nicht immer so. Vanessa hat eine sehr hohe Ausprägung in Dominanz und ein ausgeprägtes Bedürfnis, zu führen und Gespräche zu dominieren. Sie würde Dinge gerne allein machen und bestimmen, auch wenn sie weiß, dass das nicht Sinn und Zweck einer Gruppenübung oder von Teamwork ganz allgemein ist. Als Führungskraft geht es ja auch darum, die Stärken anderer zu sehen und zu fördern. Aus diesem Wissen hat sie für sich das dienliche Muster entwickelt, akribisch darauf zu achten, alle Mitglieder einer Gruppe einzubeziehen und auch diejenigen zu fragen, die sonst nicht sprechen würden.

In allen Beispielen wird deutlich, dass es auf der Musterebene möglich ist, positiv mit dem eigenen OCEAN-Modell umzugehen. Wenn man es kennt. Übrigens: Gerade, wenn zwei Beteiligte eine ähnliche Ausprägung in einer Dimension haben (beispielsweise in einer Paarbeziehung, in der beide Enthusiasmus und Dominanz hoch haben), entstehen oft blinde Flecken. Hier kann ein Coach gute Dienste leisten, Systeme und Muster in der Beziehung sichtbar zu machen, und Wege aufzeigen, diese Muster zu unterbrechen.

Vanessa Buchner und Alexander Hartmann sind das Power-Paar der deutschen Persönlichkeitsentwicklungsbranche. Die Kommunikationswissenschaftlerin und der führende Experte zum Erfolgsfaktor Unterbewusstsein arbeiten zusammen mit Frederik Hümmeke seit Jahren an der Weiterentwicklung des wissenschaftlichen OCEAN-Modells. In ihren Seminaren, Trainings und Vorträgen zeigen die beiden Coaches, wie wir mithilfe des OCEAN-Modells in die Gehirne und Herzen unseres Gegenübers schauen können, und wie wir diese Erkenntnisse im Privatleben, im Beruf und in der partnerschaftlichen Beziehung anwenden können.

SIEBEN

ERFOLGREICH ABGEWEHRT – WAS NUN!?

Wenn Sie einen Angriff erfolgreich abgewehrt haben, sind Sie zwar aus der konkreten Situation – hoffentlich erfolgreich – herausgekommen, aber erstaunlicherweise dreht die Welt sich weiter, als wenn nichts wäre. Und das bedeutet, dass sich Ihr Angreifer oder sein Problem (leider) nicht in Luft aufgelöst haben werden. Eine gute Erwiderung eines Angriffs kann – und wird in den meisten Fällen – natürlich dafür sorgen, dass der Angreifer weniger Lust auf zukünftige Angriffe haben wird. Die Ursache hinter dem Angriff, die Meinungsverschiedenheit, die belastete persönliche Beziehung oder der Konflikt – dies ist von einer guten Erwiderung in den allermeisten Fällen nicht weggewischt. Und Sie werden manchmal sowohl im Privatleben als auch im Berufsleben immer wieder mit dem Angreifer zu tun haben. Deshalb stellt sich nach der Abwehr des Angriffs vor allem eine Frage: Wie geht's weiter? Im Großteil aller Fälle folgt nach dem Angriff in irgendeiner Form ein weiteres Gespräch. Entweder, weil Sie es ins Laufen bringen. Oder, weil Ihr Angreifer im Nachgang um das berühmte „klärende" Gespräch bittet. Auf jeden Fall benötigen Sie eine Strategie, wie es nach dem

SHIT-Moment weitergehen soll, damit aus dieser Phase kein weiterer SHIT-Moment erwächst.

Die gute Erwiderung auf einen Angriff ist nämlich nur eine Bearbeitung des Symptoms. Ein verbaler Angriff ist das Symptom von irgendetwas, genauso wie Kopfschmerzen vielleicht ein Symptom einer anderen Ursache sind. Bei Kopfschmerzen könnte es sein, dass ein Wirbel nicht richtig sitzt oder wir Probleme mit dem Kiefer haben. Jetzt können wir natürlich eine Kopfschmerztablette nehmen; dann geht der Kopfschmerz für den Moment weg. Und genauso geht der verbale Angriff durch die gerade gelernten Methoden zunächst weg. Noch wurde aber nicht an der Ursache gearbeitet und darum geht es ab jetzt.

7.1 DAS WIRKSAME INSIDE BEIM OUTSIDE

Sie müssen, wenn Sie SHIT wirksam klären wollen, auf zwei Ebenen sehr gut unterwegs sein. Wir nennen diese Ebenen INSIDE und OUTSIDE. Zunächst müssen Sie sich auf der INSIDE-Ebene vorbereiten. Hier geht es vor allem um Ihre eigene innere Vorbereitung, um Ihre eigene Response-Ability, Haltung und Rolle. Es geht also um die Themen, die wir im Kapitel „Ruhe im Kopf" bearbeitet haben: die eigenen Stressoren erkennen, Stress unter Kontrolle halten, eine offene und entwicklungsorientierte Grundhaltung einnehmen und sich über Ihre angestrebte Rolle im Gespräch im Klaren sein. Dieses Rüstzeug müssen Sie anlegen, bevor Sie sich „nach draußen", also auf die kommunikative und taktische OUTSIDE-Ebene begeben. Ob Sie sich in dieser Rüstung sicher genug fühlen, beeinflusst natürlich auch Ihre Entscheidung, ob und wann Sie die Klärung suchen. Sicher, bei einem verbalen Angriff können Sie sich in der Regel nicht in Ruhe auf dieser Ebene vorbereiten. Umso mehr wirkt alle Arbeit, die Sie grundlegend gemacht haben, indem Sie beispielsweise mit den Werkzeugen regelmäßig geübt haben. Aber dann gilt: Der Angriff kommt spontan, die Reaktion muss sitzen und die Situation ist vorbei.

Was wir schon als Grundlage in den ersten Kapiteln besprochen haben, gilt also hier wieder und sogar umso mehr!

Zu Inside gehört zusammenfassend insbesondere, dass Sie

- Achtsamkeit nutzen,
  um ruhig und mit viel Selbststeuerung in jede Situation zu gehen und mehr Aha-Erlebnisse über die SHITuation zu generieren.

- Response-Ability nutzen,
  um akuten Stress zu reduzieren.

- Den SHIT als Chance sehen,
  um mit weniger Stress und einer entwicklungsorientierten Haltung durch die Situationen zu gehen.

- Erleben gestalten/Ihre Rolle wählen,
  um Ihre Haltung wirksam zu ändern und aus einer guten Perspektive mit Abstand auf die Situation zu schauen.

- Persönlichkeiten (DEEP OCEAN) und Stressquellen (SCARF) verstehen,
  um eine bessere Einsicht in Ihre SHITuation zu erlangen und zu wissen, was Sie und das Gegenüber brauchen.

Das ist schon beim letzten Werkzeugset für den Gesprächseinstieg die Basis, auf die Sie sich in diesem Bereich aber zugegebenermaßen nicht immer vorbereiten können. Und bei der wirklichen Klärung einer SHITuation im Gespräch ist es erst recht wichtig, wenn wir nun tiefer dabei einsteigen, wie man diese Gespräche führt.

7.2 DAS „DIRECTION OF FOCUS"-MODELL

Wann immer wir einen Konflikt haben, ein Problem mit jemandem oder ein sonstiger Grund für Unmut im Raum steht, geht die Aufmerksamkeit in einer Situation typischerweise immer in eine bestimmte Richtung.

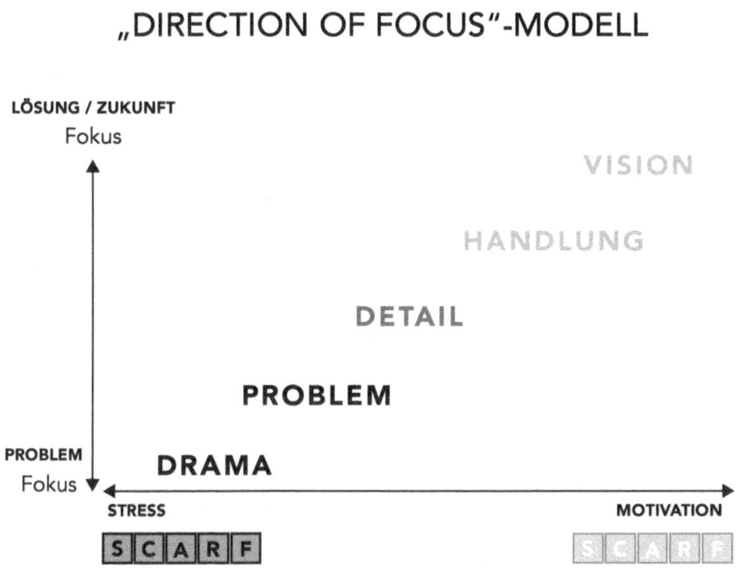

Die Stimmung und den Fokus der Interaktion managen, indem Sie die Aufmerksamkeit lenken.

Das „Direction of Focus"-Modell verdeutlicht, in welche Richtungen sich dieses Gespräch entwickeln sollte – nämlich in eine produktive Richtung. Das Modell hilft uns auch dabei zu erkennen, worüber gerade geredet wird und ob sich das Gespräch denn tatsächlich in die gewünschte Richtung entwickelt. Und es sagt auch, in welche Richtung sich Gespräche nicht entwickeln sollten – das ist die Richtung, in die sich kritische Gespräche typischerweise von allein entwickeln.

Wenn Sie sich das Diagramm ansehen, sollte sich das Gespräch möglichst weit rechts und möglichst weit oben abspielen. Tatsächlich finden Gespräche in und kurz nach einer SHITuation aber meist im linken unteren Quadranten statt. Das ist die Ecke, die für das Drama reserviert ist. „Waaaas? Du hast doch …“, „Aber so war das doch gar nicht …“ und so weiter. Diese Gespräche haben erneut ein hohes SHIT-Potenzial und sind häufig auch gar nichts anderes als eine Neuauflage des ursprünglichen Angriffs inklusive hoher Emotionen und den dazugehörigen 4F-Reaktionen. Immer noch links unten befinden Sie sich, wenn Sie über das Problem reden. Wo liegt denn jetzt das Problem und warum findet man keine Lösung? Wie soll man denn so noch zusammenarbeiten? Man reitet auf dem scheinbar unlösbaren Problem herum. Auch die nächste Ebene kennen Sie alle – wenn nämlich im Nachgang eines Streits dieser nochmals haarklein diskutiert wird. Wer hat denn bitte wann was genau zu wem gesagt? Und zwar mit wortgenauen Zitaten mit Zeitstempel und in der richtigen Reihenfolge. Als ob sich noch irgendeiner genau erinnern könnte, was alles an Worten gefallen ist. Immerhin haben sich aber bereits beide Parteien wieder ein bisschen beruhigt und deshalb kann diese Ebene tatsächlich hilfreich sein, wenn es darum geht, Missverständnisse aufzuklären und Dinge richtigzustellen: „Du hast doch zu mir gesagt, dass …”, „Nein, genau das habe ich eben nicht gemeint” … und so weiter. Es bleibt auch auf dieser Ebene noch so mühsam, dass wir sie lieber verlassen wollen – denn hier bleiben wir nur so lange, wie es wirklich hilfreich ist.

Was Sie dazu benötigen, ist ein klarer Handlungsfokus. Mit diesem Fokus auf dieser Gesprächsstufe zielen Sie bereits ganz klar auf eine bessere Zukunft: Was können Sie denn jetzt ganz konkret tun? Und genau darüber zu reden ist extrem zielführend für eine positive Entwicklung der persönlichen Beziehungen. Darüber steht nur noch die Vision: Wie wollen wir in Zukunft miteinander arbeiten? Was wollen wir aus diesem Konflikt machen? Und vor allem, wie können wir daraus einen Erfolg machen? Zu wissen, wohin man will, und konkrete Handlungen zu erkennen reduziert Stress und schafft neuen Mut für einen nächsten Schritt. Und diese Schritte sind es, womit die Dinge besser werden.

Viele Gespräche, die noch nicht in SHIT ausgeartet sind, beginnen oft im Detail oder beim Problem und rutschen dann sukzessive nach unten links ab. Achten Sie darauf, wenn Sie SHIT vorsorglich vermeiden wollen, dass Sie ganz bewusst und früh immer auf die Visions- und Handlungsebene kommen und Probleme nur aus einem Grund ansprechen: Diese müssen klar sein, um gelöst zu werden, damit man weiß, was zu tun ist, und durch entsprechendes Handeln sein Ziel erreicht.

Wie heißt es so schön: Nur weil man weiß, warum der Karren im Dreck ist, weiß man noch lange nicht, wie man ihn dort wieder herausbekommt. Trotzdem sollte man wissen, dass ein Karren im Dreck liegt, wo er genau liegt und dass er da nicht hingehört. Um sich dann damit beschäftigen zu können, wie man ihn herausziehen kann.

7.3 SHIT KLÄREN – ABER WANN?

Die wichtigste Entscheidung vor einem klärenden Gespräch nach einem Angriff ist die Entscheidung darüber, ob und wann Sie es führen wollen. Was glauben Sie, wann kann man im „Direction of Focus"-Modell erfolgreich nach oben rechts kommen, wann vielleicht nicht? Diese Entscheidung ist zudem ein wichtiger Schritt, um die Kontrolle im Gespräch zu behalten. Die erste Frage, die Sie sich vor einer Klärung stellen und für sich beantworten müssen, ist also zugleich die, ob Sie einem Gespräch direkt nach dem Angriff überhaupt gewachsen sind. Überlegen Sie, ob Sie emotional und inhaltlich in der Verfassung sind, ein Gespräch zu führen. Bringen Sie gerade genug Ruhe und Fokus auf? Sind Sie auch von der inhaltlichen Seite her fit? Wie gut sind Sie vorbereitet, um sauber mit guten Argumenten punkten zu können?

Insbesondere dann, wenn Sie in der Phase direkt nach dem Angriff einfach noch zu emotional aufgewühlt sind, um sich auf ein weiteres Gespräch einzulassen, können Sie auch anbieten, das Problem zu einem späteren, dann jedoch möglichst konkret benannten Zeitpunkt zu klären:

- „Wir sollten diesen Konflikt mit diesen Emotionen erst einmal auf sich beruhen lassen und dann in aller Ruhe wieder darüber sprechen."

- „Wann wollen wir in Ruhe noch einmal über das Thema reden? Wie sieht es übermorgen aus?"

Sie können diese Technik auch verwenden, wenn mehrere Personen anwesend sind, wie beispielsweise in einem Meeting. Insbesondere in dieser Situation können Sie sich auch direkt an die Runde wenden und die Gesprächsführung abgeben:

- „Ich habe das Gefühl, dass wir an dieser Stelle eine Pause gebrauchen können, was meint ihr, sollen wir eine kurze Pause machen oder uns sogar vertagen?“

Sie können auch mit einer offenen Frage in die Runde beginnen:

- „Wie können wir jetzt am besten weitermachen, dass wir mit kühlem Kopf wieder auf die Sachebene finden? Ist da vielleicht eine Pause oder eine Vertagung angemessen?“

Auf diese Weise bekommen Sie zumindest so lange Pause, wie in der Gruppe über Ihren Vorschlag diskutiert wird, und eventuell sogar die Pause oder die Vertagung, die Sie vorgeschlagen haben. Wichtig ist, dass Sie nicht um die Pause bitten, sondern sie als Alternative zur Diskussion stellen.

Insbesondere wenn Sie sich in der Lage sehen, das Gespräch direkt zu führen, weil Sie sich emotional stabil fühlen, weil Sie den Angriff und Ihre Reaktion gut unter Kontrolle gebracht haben, sollten Sie den Angreifer unbedingt einbinden und ihn sogar um seine Erlaubnis fragen:

- „Wollen wir das Thema jetzt direkt sachlich klären?“

- „Lass uns doch jetzt mal schauen, wie wir dieses Thema so klären, dass es für uns beide okay ist, dann sind wir direkt einen Schritt weiter! In Ordnung?”

Sie merken, dass an dieser Stelle eine geschlossene Frage verwendet wird. Ihr Angreifer kann mit Ja oder mit Nein antworten. Wenn Sie ein Nein als Antwort erhalten, fragen Sie konkret nach: „Wann wollen wir es denn stattdessen klären?“ Sie fragen nicht, ob es überhaupt geklärt werden soll, sondern nur wann. Lassen Sie keinen Zweifel daran, dass Sie daran interessiert sind, diesen Konflikt zu bereinigen. Stellen Sie die Relevanz des Themas heraus, bestehen Sie auf Klärung und erläutern Sie, warum aus Ihrer Sicht eine Klärung für beide Seiten wichtig ist. Wenn Sie immer noch ein Nein hören, schlagen Sie vor, abzubrechen, und beenden das Thema:

- „Gut, wenn Sie nicht wollen, dann hat es an dieser Stelle wohl keinen Zweck. Ich würde sagen, wir schieben das nach hinten und schauen einfach, wann wir wieder aufeinander zugehen können."

- „Es ist okay, wenn Sie das jetzt nicht direkt klären wollen, ich denke jedoch, dass eine Klärung für uns beide wichtig und die Grundlage für eine gute erfolgreiche Zusammenarbeit ist/für ein angenehmes Miteinander in der Zukunft ist. Deswegen möchte ich gern jetzt direkt einen Termin für die Klärung machen./Deswegen bitte ich um einen Termin und kann gern morgen eine E-Mail mit Terminvorschlägen senden."

- „Es wirkt auf mich, als hätten Sie gar kein Interesse an einer Klärung, das finde ich schade. Wenn sich das ändert, freue ich mich auf ein Signal, ansonsten gehe ich davon aus, dass wir das Thema hier beenden.

In den allermeisten Fällen kommt es jedoch früher oder später und auch wenn es erst einmal abgelehnt wurde, doch irgendwann zum Gespräch über das Thema. Und spätestens dann müssen Sie vorbereitet sein. Wenn das Gespräch ansteht, gilt es schon bei den ersten Worten einiges richtig zu machen, um den Grundstein für eine Klärung zu setzen.

7.4 SHIT-GESPRÄCHE BEGINNEN

Es gibt nicht nur Gespräche mit schwierigen Menschen, sondern auch schwierige Gespräche. Und vor diesen Gesprächen drücken wir uns fast noch lieber als vor Gesprächen mit schwierigen Menschen. Worst Case natürlich: schwierige Gespräche mit schwierigen Menschen. Jedenfalls ist oftmals die höchste Hürde, so ein Gespräch überhaupt zu beginnen. Wir drücken uns darum. Sehr gerne auch im privaten Bereich. Wir drücken uns vor Beziehungsgesprächen, wir drücken uns davor, dem anderen mit seiner uns unangenehmen Meinung auf die Pelle zu rücken. Wir drücken uns davor, unserer Partnerin oder unserem Partner reinen Wein einzuschenken. Wir drücken uns davor, Onkel Willi bei der nächsten Gelegenheit auf seine Homophobie anzusprechen. Und je länger wir zögern, umso größer wird dieses Ding, das uns stört. Wir füttern ein Monster in uns. Jede kleine Sache, die nicht geklärt wird, bleibt im Raum stehen. Das Monster wächst und wächst. Gerade in Beziehungen füttern wir dieses Monster oft jahrelang. So lang, bis es groß und unbesiegbar erscheint oder am Ende uns und unsere Beziehung auffrisst.

Aber je mehr uns eine Sache stört, umso früher sollten wir sie doch eigentlich ansprechen. Warum machen wir es so oft nicht? Vier Gründe hindern uns:

1. Der innere Konflikt: Das Gespräch treibt uns in einen inneren Konflikt. Wir alle haben ein Bild von uns selbst, das durch das Thema oder durch die drohenden Konsequenzen gefährdet wird. Wir haben Angst vor der Idee, was für ein Mensch wir wären, wenn wir jemandem ein klares Feedback geben und ihm kündigen. Bin ich dann nur ein fieser Chef, der wieder einmal einen Mitarbeiter zu schlecht geführt hat und ihn jetzt mit der Kündigung ins Unglück stürzt? Wir haben Angst vor der Idee, was für ein Mensch wir wären, wenn wir eine Beziehung beenden. Machen das nicht nur Versager? Ist das ein Zeichen meiner Beziehungsunfähigkeit? So sind wir doch eigentlich gar nicht!

2. Der äußere Konflikt: Wir haben Angst vor den realen Konsequenzen des Gesprächs. Wenn ich eine Trennung anspreche, dann stehe ich am Ende vielleicht wirklich allein da. Dann muss ich mir eine Wohnung suchen und dann gibt es Stress und Streit und ist es das überhaupt wert? Finde ich wieder eine Beziehung oder werden alle, die ich dann bekomme, schlechter sein als die jetzige? Hat der Mitarbeiter, dem ich kündigen will, vielleicht etwas gegen mich in der Hand, macht Ärger oder eine Szene und kann ich die Position wieder angemessen besetzen?

3. Die Intentionsfalle: Wir glauben, dass der andere sein Verhalten uns gegenüber mit Absicht an den Tag legt. Der macht das ja gerade, um uns zu ärgern oder zu schaden. Und wenn er es mit voller Absicht macht, dann hat es wohl keinen Zweck, ihn darauf anzusprechen. Das wäre dann eh nur vergebliche Mühe.

4. Die Verschlossenheitsfalle: Wir gehen davon aus, dass der oder die andere unser Anliegen sowieso nicht verstehen würde. Die wird nie verstehen, warum mich ihre Unpünktlichkeit so nervt. Die tickt einfach anders. Dann kann ich es ebenso gut bleiben lassen, es anzusprechen. Das ist ja den Stress nicht wert.

Ich bin sicher, dass jeder von Ihnen sich schon einmal aus einem dieser Gründe vor einem Gespräch gedrückt hat. Und vielleicht ging es dabei zunächst auch nur um Kleinigkeiten.

Stellen Sie sich aber bitte vor, Sie müssten einem hoffnungsvollen Menschen nicht nur mitteilen, dass er bitte die Zahnpastatube oder den Toilettendeckel schließen soll, sondern dass er leider nur noch sechs Monate zu leben hat. Ärzte stehen oftmals vor dieser Situation und die folgende Methode, um schwierige und unangenehme Gespräche zu beginnen, habe ich früher vornehmlich Ärzten beigebracht, die wirklich schwere Gespräche am laufenden Band führen mussten. Mittlerweile ist sie ein Standard im Handling SHIT und ein für jede Führungskraft essenzielles Werkzeug.

Der Kerngedanke hinter der Methode heißt „Drop the Bomb" – die Methode heißt **AnKoGePo** und gibt auch gleich mit den Anfangsbuchstaben die Schritte vor. Sie führt mit hoher Klarheit schnell zum Punkt und sie funktioniert glücklicherweise auch, wenn es nicht um tödlichen Krebs geht, sondern eben um Unpünktlichkeit oder Kündigung oder was auch immer Ihren SHIT verursacht. Sie ist in vier Punkte gegliedert und umfasst in der Praxis nur wenige Sätze.

1. **Anlass – Warum gerade jetzt?**
2. **Kontext – Worum geht es? Drop the Bomb!**
3. **Gemeinsames Interesse – Situation verstehen.**
4. **Positives Ergebnis – Wofür das Gespräch gut ist.**

Diese vier Punkte bündeln sich in wirklich wenigen Sätzen. Denn es geht genau darum: eine verdruckste Salamitaktik zu vermeiden, bei der die Wahrheit scheibchenweise aufgetischt wird. Statt: „Ohh, die Leberwerte sehen bei Ihnen aber schlecht aus ... Und die Antibiotika schlagen auch nicht an ... Und sowieso, hier noch ein paar andere Werte, die gar nicht gut sind. Eieiei, das sieht echt nicht so gut aus ..."

Nutzen sie lieber AnKoGePo und sagen klar, was ist:

„Ich habe gerade die Laborwerte Ihrer Untersuchung bekommen (An). Ich muss Ihnen leider sagen, dass Sie innerhalb der nächsten sechs Monate sterben müssen (Ko)."

Natürlich gehen beim Adressaten zeitgleich mit der Bombe die 4F hoch. Das muss uns bewusst sein und diese Reaktion müssen wir auch aushalten und ihr Raum geben. Auch wenn der andere vielleicht gerade nicht so aufnahmefähig ist, reden Sie trotzdem – sofern möglich – ohne Pause weiter, um die Methode durchzuziehen.

„Für uns beide ist es wichtig, dass Sie die Zeit, die Sie noch haben, so gut und qualitativ gestalten können wie möglich (Ge)

und daher möchte ich mit Ihnen den Behandlungsplan besprechen, der das ermöglicht (Po).“

Das gemeinsame Interesse, das beide haben – beispielsweise die verbleibende Zeit so angenehm wie möglich zu gestalten –, zu formulieren und zu benennen, welches *positive* Ergebnis wir erwarten, ist nicht einfach. Im Fall einer Kündigung könnte dies zum Beispiel sein, die Zeit bis zum Verlassen des Unternehmens produktiv zu nutzen und parallel ein Outplacement zu planen. Im Fall einer Trennung könnte dies beispielsweise sein, ein Arrangement zur Vermeidung eines Rosenkriegs zu treffen.

Sollte es zu einer Stressreaktion kommen, sollten Sie eine Phase einplanen, in der der Adressat die Nachricht verdauen kann, bevor Sie dann direkt mit dem Gespräch beginnen. Gegebenenfalls müssen Sie die **GePo**-Schritte wiederholen, da sie aufgrund der Stressreaktion nicht gehört oder verarbeitet wurden. Sie können deshalb durchaus fragen, ob Sie das Gespräch mit dem Adressaten gleich oder in ein paar Tagen weiterführen wollen. Vereinbaren Sie dann aber konkrete Zeitrahmen. Ein Anfang ist in jedem Fall gemacht.

7.5 SHIT-GESPRÄCHE FÜHREN

Manchmal macht man schon sehr viel richtig, wenn man nur nichts falsch macht. Und es gibt viele Dinge, die wir in SHIT-Gesprächen falsch machen können. Bevor wir uns anschauen, wie ein Gespräch nach der richtigen Eröffnung geführt wird, sehen wir uns an, was zu vermeiden ist.

7.5.1 Bitte nicht! Die Don'ts

Bitte vermeiden Sie diese typischen Fehler, wenn Sie es mit SHIT zu tun haben. Um ein Gespräch nach einem Angriff zu einem Erfolg zu führen, um also einen Handlungsfokus oder eine Vision zu entwickeln, sollten Sie zunächst auf die im Folgenden aufgeführten Kommunikationsmöglichkeiten verzichten. Dieser Verzicht ist oft umso schwieriger, da sie uns manchmal sogar intuitiv richtig erscheinen. Sie werden merken, dass diese Fehler jeweils gegen eine der bisher besprochenen Grundlagen für den Umgang mit SHIT stehen: Entweder stellen sie eine 4F-Stressreaktion dar, die zu vermeiden ist, greifen das Gegenüber an, nehmen es nicht ernst oder sie führen im „Direction of Focus"-Modell nach unten links statt oben rechts.

Du-Du-Du-Uzi: Hinter dem vom deutschen Psychologen Dr. Gunther Schmidt geprägten Namen verbirgt sich unsere Neigung, den Gegner wie aus einer Maschinenpistole geschossen – eben wie aus der Uzi – mit Du-Botschaften einzudecken: „Du hast doch …", „Was du wieder erzählst …", „Wie du dich aufführst …". Diese Kommunikation ist wenig hilfreich und stellt im Zweifel sogar einen erneuten Angriff dar, der dieses Mal aber von Ihnen ausgeht. Diese Art von Gesprächsführung setzt den anderen einer Stresssituation aus und treibt ihn in eine Rechtfertigungslogik, die das Gespräch nie weiter als – im besten Fall – auf die Detail-Ebene hebt.

Katastrophieren: Mit dieser Gesprächstechnik würden Sie beispielsweise reagieren, wenn jemand Ihnen einen kritischen Punkt aufzeigen würde und Sie Formulierungen verwenden wie: „Um Gottes willen …“, „Das ist ja echt schlimm …“, „Ich weiß nicht, wie wir das lösen sollen …“, „So werden wir jedenfalls daran kaputtgehen …“. Sie erkennen bereits an diesen Beispielen, dass auf diese Weise der Problemfokus nicht überwunden werden kann, schlimmstenfalls rutschen Sie sogar auf die Drama-Ebene ab.

Verschlimmerung: Sie haben gerade eine Kritik zu Ihrem Projekt gehört. Wenn Sie diese Kritik nicht sachlich verarbeiten, sondern im Sinne einer Verschlimmerung aufnehmen und Formulierungen verwenden wie: „Um Himmels willen, du hast recht …“, „Stell dir mal vor, wenn …“, „Das kann ja alles noch viel böser enden …“, legen Sie auf das Drama, das gerade zu Ihrem SHIT-Moment geführt hat, noch eine Schippe drauf. Das ist für keinen Beteiligten hilfreich. Und es führt natürlich nicht zum angestrebten Handlungsfokus. Diese Verschlimmerung erlebt man beispielsweise oft, wenn man Dritten von Problemen in den eigenen Beziehungen – ob privat oder im beruflichen Umfeld – berichtet: „Was? Ich könnte das nicht …“, „Dass du das mit dem/mit der aushältst …“ Es ist weder hilfreich noch wertschätzend, so zu reagieren.

Relativierung: Ihr „Gegner“ hat einen Kritikpunkt oder einen Punkt angesprochen, den er in Ihrer persönlichen Beziehung als schwierig empfindet und Sie sagen daraufhin Dinge wie: „Ach komm, so schlimm ist das doch nicht …“, „Finde ich gar nicht so …“, „Das wird sich schon lösen …“, „Es hat doch bisher immer funktioniert …“, dann hört sich das zunächst ganz nett und funktional an, weil man versucht, das Problem ein bisschen kleiner und greifbarer zu machen. Es hat aber eine kritische Nebenwirkung. Es entsteht nämlich leicht der Eindruck, dass Sie das Gegenüber mit seinem Problem, das er immerhin für so wichtig hält, dass er es anspricht, nicht ernst nehmen. Ihr Gegenüber kann diese Relativierung schnell als Abwertung oder Missachtung erleben, wenn er sich und sein Problem weder wertgeschätzt noch ernst genommen fühlt.

Warum-Frage: Die Warum-Frage steht stellvertretend für das schon aus der Sesamstraße bekannte „Wieso, weshalb, warum?“. In unserem Fall bleibt aber auch der, der fragt, dumm. „Warum sagst du das?“, „Warum greifst du mich hier so an?“, „Wieso sprichst du in diesem Ton mit mir?“ Wenn wir ehrlich sind, wissen wir, dass wir auf diese Fragen keine zielführenden Antworten bekommen. Und wir wollen eigentlich auch keine haben. Denn was soll jemand darauf antworten? Weil du doof bist? Weil du nervst? Das ist Kindergarten! Wir bringen den anderen geradewegs in eine Rechtfertigungssituation. Und aus dieser Situation kommt ganz selten etwas Gutes heraus. Denn bei ihm passieren zwei Dinge: Entweder er spürt, dass er sich rechtfertigen muss, dann fühlt er sich nicht wohl und rutscht direkt in eine Stressreaktion. Oder aber er bekommt das Gefühl, dass seine Meinung von Ihnen nicht akzeptiert wird und Sie sich auf der persönlichen Ebene über ihn stellen. Sie verlassen die gegenseitige Augenhöhe. W-Fragen sollten Sie ausschließlich verwenden, wenn Sie bereits in einem sehr sachlichen, wissenschaftlichen oder technischen Bereich unterwegs sind. „Warum biegt sich der Stahlträger durch?“ ist in einer sachlichen Diskussion absolut okay, sogar sehr hilfreich. In dem Moment aber, wo Sie eine W-Frage zu Meinungen oder zum Verhalten von Personen oder Gruppen stellen, drücken Sie die angesprochene Person sofort in eine Rechtfertigungssituation mit den bekannten SHIT-Folgen.

7.5.2 Wie geht es also richtig? 5+M!

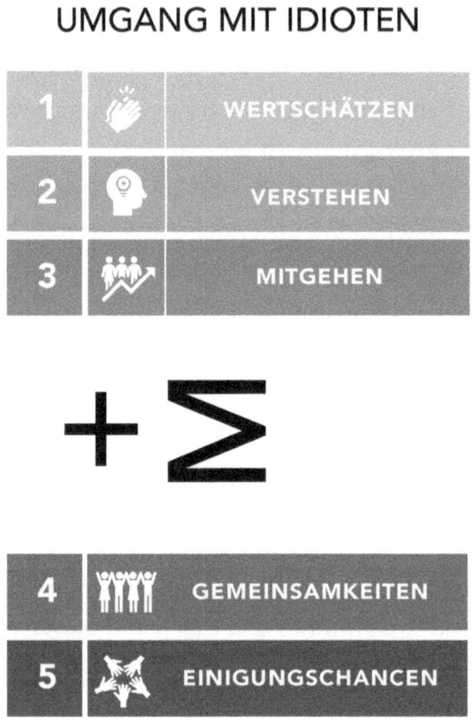

Was zu vermeiden ist, ist nun klar. Viele dieser Reaktionen sind zwar gut gemeint, aber leider nicht wirksam. Sobald zum Beispiel eine Rechtfertigungsdynamik entsteht, kann man das Gespräch meist schon direkt abbrechen, denn es wird in der Regel keine gute Wirkung entstehen.

Um diesen Druck zu einer Rechtfertigungshaltung zu vermeiden und auch in Summe eine gute Basis für ein Gespräch zu schaffen, ist die Haltung zentral. Dafür sollte sich Ihre Haltung und die Wahl der Gesprächsthemen auf dem Weg zu den angestrebten – notfalls auch kleinsten – Gemeinsamkeiten und Einigungschancen an fünf Schritten orientieren. Das Werkzeug heißt 5+M:

1. **Wertschätzen**
2. **Verstehen**
3. **Mitgehen**
4. **Gemeinsamkeiten**
5. **Einigungschancen**

Die **Wertschätzung** des Gegenübers ist zwingend! Ihr Gegenüber muss merken, dass er mit beziehungsweise trotz seiner Meinung von Ihnen als Person wertgeschätzt wird und Sie ihn jedenfalls nicht pauschal als „Depp" verurteilen. Wichtig: Wertschätzen heißt nicht zustimmen! Sie nehmen aber eine Grundhaltung ein, aus der heraus Sie davon ausgehen, dass auch in der abstrusesten Aussage irgendein Ansatzpunkt steckt, der es wert ist, sich mit dieser Aussage auseinanderzusetzen. Und als Nächstes würden Sie diesen Wert gerne verstehen. Das ist teilweise natürlich eine hohe emotionale Hürde, besonders, wenn Sie das Gefühl haben, dass der andere Sachen gesagt hat, die sich für Sie so verurteilenswürdig anhören, dass man sie eigentlich gar nicht diskutieren dürfte. Aber: Vielleicht sind Sie ja auch gerade nur zu blöde, die Aussage, die er getätigt hat, richtig zu verstehen, haben den Kontext missverstanden oder Ähnliches. Vielleicht stehen Sie einfach auf dem Schlauch? Denn die Bedeutung des Gesagten entsteht bei uns im Kopf. Ob das Gesagte mit dem Verstandenen übereinstimmt, ist ja noch lange nicht erwiesen. Aus dieser Grundhaltung heraus ist es hilfreich, sich ein bisschen zurückzunehmen und – im Zweifel für den Angeklagten – erst einmal nachzufragen. Und manchmal können und dürfen wir das Gesagte auch nicht ernst nehmen. Was haben Sie schon einmal im Stress jemandem an den Kopf geworfen? Wann hatten Sie schon einmal eine falsche Meinung? Ist leider schon öfter vorgekommen, oder?

Finden Sie ganz konkrete Wege, um Wertschätzung zu zeigen und auszudrücken, manchmal eignen sich Formulierungen wie diese als Orientierung:

- „Es ist mir wichtig, dass wir uns hier einigen, weil du mir wichtig bist."

- „Ich möchte gern eine Lösung finden, die für uns beide funktioniert."

- „Ich möchte das klären, damit wir in Zukunft wieder entspannt und freundschaftlich zusammenarbeiten können."

- „Dass wir uns bei dem Thema nicht einig sind, heißt nicht, dass ich dich nicht mag, gerade deswegen ist es mir ja sogar wichtig, das Thema zu klären."

- „Du hast doch bestimmt gute Gründe für deine Meinung und die möchte ich gern kennenlernen und verstehen!"

Zusätzlich können Sie ganz aktiv immer wieder Dinge nennen, für die Sie den anderen wertschätzen.

Sie wissen inzwischen, dass ganz viele SHIT-Momente nur daraus resultieren, dass wir nicht genau **verstehen**, was der andere versteht, und natürlich auch umgekehrt. Sie erinnern sich, dass man aus unterschiedlichen Perspektiven auf das gleiche Problem schauen kann und je nach Perspektive etwas ganz anderes sieht. Vielleicht rührt die Einschätzung des anderen, die zum SHIT-Moment geführt hat, ja genau daher? Dass er eine andere Perspektive hat? Vielleicht war es ganz einfach ein Irrtum, dem der andere aufgesessen war?

Das alles heißt trotzdem ausdrücklich nicht, dass Sie die unpassende Meinung oder den Angriff auf Sie gut finden oder gutheißen müssten. Es heißt erst recht nicht, dass Sie Ihrem Gegenüber zustimmen müssten. Sie hören sich seine Sicht der Dinge an und versuchen, seine Meinung zu verstehen und wertzuschätzen. Sie versuchen, in die Denkprozesse des anderen einzusteigen – eben in dem Gedankengebäude des anderen mitzugehen. So verstehen wir besser, wie der andere denkt. Das heißt wiederum nicht, dass Sie diese Meinung auch teilen müssten, aber Sie lernen, wie der andere zu seiner Meinung kommt. Je besser Sie den anderen verstehen, umso einfacher funktioniert nachher der Dialog. Den Denkprozess des anderen erforschen wir am besten durch offene Fragen, die aus einer Haltung des ernsthaften Interesses gestellt werden:

- „Wie kommst du denn zu deiner Perspektive?"

- „Welche Fakten liegen hinter deiner Perspektive?"

Wichtig ist, wirklich zu versuchen, zu verstehen, wie der andere zu seiner Einschätzung kommt. Versuchen Sie, Ihre eigene Perspektive in diesem Moment nach hinten zu stellen. Auf jeden Fall stellen Sie sie nicht gleich radikal dagegen. Sollte der Gesprächspartner auf diese Fragen keine direkte Bereitschaft zum Gespräch zeigen, dann erklären Sie gern auch Ihre Haltung: „Ich gehe mal davon aus, dass wir beide gute Gründe für unsere Meinungen haben, meine kenne ich schon, deine aber noch nicht. Für mich ist es wichtig, genau zu verstehen, was du denkst, damit wir hier gemeinsam das Thema klären und uns aufeinander zubewegen können. Also: Was lässt dich so denken?" Versuchen Sie grundsätzlich zuerst zu verstehen, bevor Sie danach streben, selbst verstanden werden zu wollen.

Ich-Botschaften sind für diesen Perspektivaustausch ebenfalls sehr gut geeignet. Sagt der eine: „Ich habe mir diese Statistik angeguckt", könnten Sie als Ich-Botschaft formulieren: „Ich bin bei meinen Überlegungen auf eine andere Statistik gestoßen. Wollen wir uns die beiden zusammen anschauen und herausfinden, wie sie in unserem Kontext zusammenpassen?" Sie steigen auf diese Art in einen kollaborativen, auf Zusammenarbeit zielenden Denkprozess ein.

Wenn Sie diese Einbindung erreichen, haben Sie eine gute Grundlage für das Verhindern weiterer SHIT-Momente und vor allem für die Klärung der konkreten Situation geschaffen.

Mitgehen läuft oft parallel mit Verstehen und bedeutet, dass Sie auch ganz aktiv die Perspektive des Gegenübers einnehmen und aus seiner Sicht auf das Thema schauen. Es geht dabei nicht darum, dem anderen in irgendeiner Form recht zu geben. Gehen Sie mit ihm in seine Welt hinein. Auch wenn die Grundannahmen, auf denen die Meinung des Gegenübers basiert, überhaupt nicht mit Ihren eigenen Grundannahmen übereinstimmen.

Dieser Schritt des Mitgehens ist deswegen nötig, weil Sie so im Detail die Perspektive des anderen wirklich verstehen lernen. Hier helfen Ihnen sogenannte **Vertiefungsfragen**. Bei einer Vertiefungsfrage nehmen Sie einen Inhalt aus dem gerade vom Gegenüber Gesagten auf und fragen noch einmal nach.

Das Gegenüber sagt: „So wie wir Menschen ticken, macht das doch gar keinen Sinn!" und Sie fragen: „Wie, meinst du denn, ticken wir Menschen?" oder „Inwiefern macht es da gar keinen Sinn?". Über so eine vertiefende Nachfrage kommen Sie stärker ins Detail und ins Verstehen des Gegenübers.

Sie werden später sehen, wie diese Schritte in der Praxis eines schwierigen Gesprächs aussehen und wie Sie versuchen können, den Gesprächspartner für Ihre Sicht der Dinge zu öffnen. Insbesondere dann, wenn es sich nicht um eine Meinungsverschiedenheit auf beruflicher Ebene handelt.

Gemeinsamkeiten und Einigungschancen laufen ebenfalls oft parallel, teils finden Sie diese schon, wenn Sie noch mitten in einem der obigen Punkte im Gespräch sind. Jemand sagt, dass es ihm doch nur um die Menschen ginge – und auch wenn Sie mit der Art, wie er das umsetzt, uneins sind, heißt es hier, eine Gemeinsamkeit zu unterstreichen. „Super, also uns beiden geht es um das

Wohl der Menschen, richtig?" Einigen Sie sich doch schon einmal auf die Gemeinsamkeit. Danach können Sie feststellen, dass allerdings damit auch noch nicht alles klar ist: „Scheinbar haben wir aber einen anderen Ansatz, um das Wohl der Menschen sicherzustellen."

Ganz besonders im professionellen Umfeld stellt sich als Nächstes die Frage, wohin es für Sie beide gehen soll. Dazu empfehle ich – basierend auf dem „Direction of Focus"-Modell – sogenannte Handlungs- oder Visionsfragen, die ganz konkret nach in der Zukunft liegenden Lösungen fragen. Sie haben jetzt also zumindest kleine Gemeinsamkeiten und auch noch ein paar Themen, die zu klären sind. Mit diesen offenen Fragen können Sie sehr gut auf die andere Person zugehen und sie zu einer Zusammenarbeit auffordern:

- „Wie können wir uns denn hier einigen?"
- „Wie kommen wir denn nun zu einem Kompromiss?"
- „Was müssen wir besprechen, um hier eine gemeinsame Perspektive zu entwickeln?"
- „Wie können wir uns hier in unseren Meinungen annähern oder uns gegenseitig besser verstehen?"

Zu guter Letzt gibt es noch zwei wunderbare Tricks zur Optimierung der Einigungschancen, die Sie auch gern nacheinander nutzen können:

Zuerst die **Hürdenfrage**: Wenn Sie am Ende des Gesprächs einen Kompromiss vorschlagen, aber der andere nicht darauf eingeht, dann fragen Sie: „Was hält dich denn jetzt noch ab, diesem Kompromiss zuzustimmen?" So kommen Sie näher an die Gründe des Widerstands und können diese Gründe vielleicht aktiv bearbeiten oder den Kompromissvorschlag gemeinsam anpassen.

Dann die sogenannte **Buy-In-Question**: Mit der BIQ ist eine hypothetische Frage gemeint, mit der Sie den anderen auffordern, Rahmenbedingungen oder eine Situation zu skizzieren oder zu benennen, welches Eingeständnis von Ihnen nötig wäre, damit er zu einem Kompromiss oder sogar zur Unterstützung Ihrer Meinung bereit wäre. Hier sind Fragen, durch die Sie ein Buy-In, eine Zustimmung, provozieren können:

- „Was muss denn passieren, dass du den Kompromiss mitgehst?"
- „Was könnten wir denn tun, um dich für dieses Projekt zu gewinnen?"
- „Was würde dich überzeugen, um hier mitzumachen?"

Tipp: Vermeiden Sie hier Formulierungen nach dem Motto „Was könnte *ich* denn tun?", weil die Frage impliziert, dass es nur an Ihnen liegt, etwas tun zu müssen. Es wäre somit der erste Schritt, Sie in die Pflicht zu nehmen. Fokussieren Sie hier auf gemeinsame Lösungen, Ziele und Handlungen, auf Maßnahmen, die sie gemeinsam einleiten. Denn darauf kommt es an: lösungs- und handlungsorientiert daran zu arbeiten, Ihr Problem gemeinsam lösen zu können.

7.6 GESPRÄCHE MIT ZÄHEM SHIT

In den meisten Fällen fahren wir mit dieser Art der Gesprächsführung schon gut. Erfahrungen aus den Gesprächen mit Seminarteilnehmern, die dieses Vorgehen angewendet und uns ein Feedback gegeben haben, zeigen, dass es vielleicht nicht mit einem Gespräch getan ist. Aber nach ein paar Gesprächen ist in 90 Prozent der Fälle das Wichtigste geklärt und der SHIT löst sich auf. Bleiben also noch zehn Prozent übrig ...

Bei Ideologen, Fundamentalisten und Extremisten stoßen wir nämlich an die Grenzen dieser fünf Schritte. Aber genau dafür, um diese Grenzen zu überwinden, gibt es das +M in der 5+M-Methode. Deswegen heißt die Methode auch 5+M. Es sind fünf Schritte und wenn diese nicht reichen, dann brauchen wir noch das M. Denn hier geht es um das Verändern von Meinungen, also von Denkmustern. Aber eins nach dem andern.

Wir haben uns bisher stark auf Beispiele aus dem Berufsleben fokussiert. In diesem Umfeld geht es oft um Erfolg, um Geld, und der Druck ist sowieso schon hoch. Auf professioneller Ebene sind Sie aber vor allem an einer gemeinsamen Lösung auf der Sachebene interessiert; alle Parteien wünschen sich eine Lösung, die für sie funktioniert.

Wie wir alle wissen, gibt es auch im Privatleben Situationen und Gespräche, in denen wir eher daran interessiert sind, den anderen von seiner Meinung abzubringen oder zumindest diese zu hinterfragen, obwohl wir eigentlich kein klar definiertes gemeinsames Ziel haben. Im Privatleben beziehungsweise außerhalb des Berufslebens sind die SHITuations von der Häufigkeit her meist seltener. Aber wenn sie auftreten, dann sind sie meist umso heftiger und emotionaler – und halten umso länger an. Umso wichtiger ist es, zu verstehen, wie der andere zu seiner Sicht der Dinge kommt.

Im Klartext geht es in Gesprächen mit schwierigen Mitmenschen oder solchen mit schwierigen Meinungen darum, dass Sie die Ansichten dieser Personen nicht unwidersprochen stehen lassen wollen. Natürlich gelten aber alle hier genannten Fakten und Effekte auch für Gespräche im beruflichen Umfeld.

7.6.1 Was den SHIT so zäh macht

Oftmals stellen wir uns die Frage, warum der andere so beharrlich an einer aus unserer Sicht offensichtlich falschen Meinung festhält. Genau das ist es ja, was den SHIT so zäh macht. Der andere will einfach nichts von uns annehmen und beharrt auf seiner aus unserer Sicht falschen Meinung. „Das gibt's doch gar nicht", denken wir dann. Aber das gibt es nicht nur, die zugrunde liegenden Effekte haben ebenfalls neurologische Ursachen.

Vor einigen Jahren habe ich am Exzellenzcenter der Universität Konstanz auf Einladung meines Doktorvaters geforscht. Eine tolle Stadt und es war eine tolle Zeit. Besonders hängen geblieben ist mir jedoch etwas, was ein Professor im Nebensatz gesagt hat. Prof. Koschorke meinte, dass „Erzählungen kein Wahrheitszeichen" besitzen. Eine Geschichte, die erzählt wird, ist entweder falsch oder richtig oder so dazwischen – in jedem Fall kann man das der Geschichte selbst aber nicht ansehen. Wenn ich jemandem nun erzähle, dass ich heute Morgen einen Mann gesehen habe, der mit seinem Gehstock versucht hat, einen Hund zu schlagen, dann kann das richtig oder falsch sein. Mein Gesprächspartner kann diese Geschichte glauben oder er kann sie als unwahr abtun. Was er glaubt, ist auf der Basis meiner Erzählung seine eigene Entscheidung. Denn auch wenn sich eine Geschichte als logisch und plausibel darstellt, kann sie unwahr sein. Wir wissen es einfach nicht.

Neurowissenschaftler verstehen inzwischen immer besser, wie Denken funktioniert. Sie wissen gut, wie Menschen ihre eigenen Gedanken bewerten – und das hat mit dieser Idee viel zu tun. Gedanken an sich sind nicht falsch oder richtig. Wir haben sie einfach.

Ihnen kommen jetzt vielleicht die Gedanken aus den ersten Kapiteln in den Kopf, dort ging es darum, wie das Gehirn überhaupt zu seiner Wahrnehmung kommt. Sie erinnern sich, dass es dort mehrere Ebenen neuronaler Netzwerke gibt, ganz unten die physiologische Wahrnehmung. Dieser pure Reiz wird dann über mehrere, in Richtung Bewusstsein aufsteigende Ebenen jeweils immer weiter verarbeitet. Je nachdem, wie diese Netzwerke bei der Interpretation arbeiten, welche Emotionen und Erfahrungen aktiviert werden, kann die Wahrnehmung dabei verschieden interpretiert werden. Und man kann auf Bewusstseinsebene mit allem, was da kommt, immer auch ganz komisch umgehen. Da entscheidet man sich zum Beispiel, ein absolutes Top-Argument einfach zu ignorieren. Denn fatalerweise lassen wir uns bei der Bewertung unserer Gedanken und der darauf aufbauenden Meinung nicht von objektiven Gütekriterien beeinflussen, obwohl das allgemein als vernünftig gilt. Stattdessen bewerten wir unsere Gedanken vielmehr über unsere Gefühle. Entscheidend bei der Bewertung eines Gedankens ist für uns die Frage: Fühlt sich dieser Gedanke für uns richtig an? Bin ich bereit zu glauben, dass jemand mit dem Gehstock nach einem Hund schlägt? Ob sich dieser oder irgendein anderer Gedanke für uns richtig oder falsch anfühlt, basiert auf vielen Faktoren.

Am wesentlichsten ist der Faktor der Konsistenz. Die entscheidende Frage ist, ob der Gedanke inhaltlich und strukturell gut zu unserer übrigen Gedankens- und Gefühlswelt passt. Neurowissenschaftlich heißt das nach dem Neurologen und Autor Robert A. Burton „Feeling of Knowing", das Gefühl, zu wissen. Immer wenn ein Gedanke konsistent ist, also passend zu unseren bisherigen Gedanken, Ideen und Erfahrungen, dann fühlt er sich richtig an. Oft gilt dabei die Formel: Je passender, je richtiger. Wenn sich ein Gedanke gut anfühlt, dann finden wir den Gedanken richtig. Und er fühlt sich eben für uns gut an, wenn er in unser sonstiges Gebäude aus Wissen, Überzeugungen und Erfahrungen passt – es hat nichts damit zu tun, ob er nach irgendwelchen Kriterien auch richtig ist. In meiner Doktorarbeit habe ich das „narrative Plausibilität" genannt – wenn der Gedanke plausibel in die ganzen Geschichten, die wir uns selber erzählen, hineinpasst, nach dem Motto: „Ja, genauso könnte es sein, das macht Sinn!“ Dann entsteht die Wahrnehmung von Konsistenz und damit auch das Gefühl, zu wissen.

Neuen Reizen stehen wir nie unvoreingenommen gegenüber. Unser Gehirn bewertet sie immer aufgrund bereits gemachter Gedanken – es beeinflusst auf dieser Basis sogar, welche Informationen wir überhaupt wahrnehmen und welche nicht. Diesen Effekt nennen Wissenschaftler „Priming“. Priming kennen wir alle. Wenn Sie sich das Gefühl vorstellen, wie nach einem Flug in den Süden die Flugzeugtür aufgeht und Ihnen dieser warme Schwall Luft entgegenkommt – na, wie fühlt sich das an? Nicht nur, dass sich bei den meisten von Ihnen nun tatsächlich dieses ganz spezielle Gefühl einstellt, es kommt auch zu ganz vielen Assoziationen: Sie denken nun an Urlaub, Entspannung oder was auch immer Sie mit diesem Gedanken verbinden. Und wenn Sie diese Gedanken haben, dann sind Sie gerade entspannter, atmen vielleicht einmal durch, entspannen sich kurz und gehen mit sehr viel weniger Hektik als noch vor dem Gedanken zum Kühlschrank, um sich ein kühles Getränk zu holen.

Auch wenn diese Bewertungsvorgänge, vom Urlaub bis hin zur Bewertung einer neuen Information, unbewusst passieren, entwickeln wir daraus dennoch ein Gefühl des Wissens und sind aufgrund dieses Gefühls bereit, unsere Gedanken und die daraus abgeleiteten Handlungen vor uns selbst und gegen andere zu verteidigen. Wir halten uns selbst nämlich für sehr vernünftig und gehen davon aus, dass wir uns unsere Meinung aufgrund hieb- und stichfester Argumente gebildet haben.

Man könnte vermuten, dass, wenn uns jemand ein Gegenargument zu unserer Meinung liefert, wir dieses abwägen und in unsere Betrachtungsweise mit aufnehmen. Und dass deshalb zumindest die größten Absurditäten argumentativ aus unserem Meinungsgebäude eliminiert werden könnten. Unser Alltag zeigt uns, dass wir mit dieser Auffassung gänzlich falschliegen. Wann wollten Sie das letzte Mal jemanden mit gegenteiliger Meinung überzeugen, haben ihm zwei Argumente genannt und er sagte daraufhin: „Ach so, ja, dann bin ich nun deiner Meinung!"? Kommt fast nie vor, oder? Und schon gar nicht, wenn es emotional wird.

Viel eher sind wir bereit, unser Tun mit teils haarsträubenden Argumentationsketten zu stützen. Das liegt daran, dass unser Gehirn ein System entwickelt hat, das genau diesen Einstellungswechsel verhindert – wir sind quasi von Natur aus auf Starrsinn und Rechthaberei programmiert. Der Treibstoff dieses Systems ist ein sehr unschönes Gefühl namens „kognitive Dissonanz". Dieses unangenehme Gefühl der Spannung entsteht beispielsweise in uns, wenn wir eine Entscheidung getroffen haben, die sich anschließend als Fehlentscheidung herausstellt. Oder wenn unser Verhalten ganz allgemein im Widerspruch zu unseren sonstigen Überzeugungen und Werten steht. Wenn wir als gesundheitsbewusster Mensch beispielsweise unsere Nikotinsucht vor uns rechtfertigen müssen. Oder wenn wir als umweltbewusster Mensch Fleisch aus Massentierhaltung kaufen und uns diese Käufe schönreden müssen. Unser Gehirn will uns nämlich vor diesem Spannungszustand schützen, indem es versucht, diese Dissonanz aufzulösen. Unser Gehirn will dafür sorgen, dass wir weder vor uns noch vor anderen als inkompetent dastehen, als jemand, der einer falschen Meinung anhing. Es will unbedingt verhindern, dass wir unrecht haben. Und dafür stehen ihm verschiedene Wege offen: Entweder wird das Verhalten geändert, sodass es zur Überzeugung passt, oder die Überzeugung wird geändert, sodass sie zum Verhalten passt. Am häufigsten aber werden weitere Überlegungen und Argumentationen als Rechtfertigung herangezogen. Denn was unser Gehirn besonders gut kann, ist die selektive Aufnahme und Interpretation von Dissonanz reduzierenden Informationen. Das bedeutet, dass wir nur Dinge aufnehmen, die unsere Überzeugung stützen und rechtfertigen. Unser Gehirn führt regelrechte Verrenkungen auf, um diese Informationen herauszufiltern. Psychologen nennen diese Verrenkung „confirmation bias“ beziehungsweise Bestätigungsfehler. Ein Beispiel, das wir alle kennen: Wollen wir uns ein rotes Auto kaufen, dann fahren plötzlich überall rote Autos herum! Wie machen die das? Wir alle wissen, niemand macht da etwas, es ist einfach so, dass die Information „rotes Auto" vorher für unser Gehirn irrelevant war, es also keine Aufmerksamkeit und keine bewusste Verarbeitung gestartet hat, wenn ein rotes Auto vorbeigefahren ist. Nun, wo doch ein rotes Auto möglicherweise Thema einer großen Entscheidung wird, wird jedes rote Auto, das vorbeifährt, bewusst verarbeitet – und es scheint, als gäbe es plötzlich ganz viele davon.

Informationen werden so ausgewählt und interpretiert, dass sie die eigenen Erwartungen erfüllen oder bestätigen: So haben zum Beispiel viele Raucher diesen einen berühmten Onkel, der zwar auch geraucht hat, aber 99 Jahre alt geworden ist. Dieser Mechanismus ist tief in den Prozessen verankert, wie unser Gehirn Informationen verarbeitet. Und er funktioniert umso besser, je härter wir für unsere Überzeugung angegangen werden. Es verhindert auch, dass wir unsere eigene Meinung mit einem Fragezeichen versehen und dass wir bei der Aufnahme und Bewertung von Informationen so offen sind, wie es bei Diskussionen über komplexe Themen nötig ist. Diese Zusammenhänge sorgen dafür, dass wir uns in unseren Meinungen und Ansichten immer unversöhnlicher gegenüberstehen. Denn kognitive Dissonanz und Bestätigungsfehler sorgen dafür, dass unsere Meinungen unter Druck immer stabiler werden. Deshalb braucht es sehr viel Geduld und Zeit, um eine Meinung oder ein Denkmuster zu ändern. Aber es funktioniert. Im Dialog. Stück für Stück.

Wenn wir an einem offenen Dialog interessiert sind, dann muss uns bewusst sein, worauf unsere Meinung basiert. Das ist oft nicht mehr als ein Gefühl, das uns aufgrund unserer bisherigen Erfahrungen in die eine oder die andere Richtung getrieben hat. Sie können sich selbst fragen: Wie viel Ahnung habe ich denn wirklich von den Themen, zu denen ich eine Meinung habe? Sie können sich gerne selbst testen: Wenn ich Sie ohne Zugang zu einer Suchmaschine in einen Raum setzen und bitten würde, einen 15-minütigen Vortrag auszuarbeiten, der Ihre Meinung logisch und faktenbasiert sauber untermauert ... wie tief würden Sie ins Thema kommen? Sie können dieses Gedankenexperiment mit vielen Themen wiederholen: Klimawandel, Globalisierung, Migration, Atomenergie et cetera. Könnten Sie das, wovon Sie überzeugt sind, argumentativ untermauern? Genügen Ihre Argumentationsketten den Ansprüchen von Logik und Wissenschaftlichkeit? Oder könnten Sie doch nur in Teilen wiederholen, was in Ihren jeweiligen Lieblingsmedien als Meinung vorgegeben wurde? Ich weiß, das ist keine bequeme Frage und unsere Gehirne bilden sich jetzt gern ein, dass man selbst besser ist. Aber es ist eine wichtige Frage und es gehört auch zu intellektueller Größe, zu wissen, wo die Grenzen des Wissens und Denkens gezogen sind. Aus diesem Wissen entsteht dann die offene Grundhaltung: Vielleicht weiß das Gegenüber einmal mehr als ich?! Vielleicht lerne ich vom anderen oder durch das Gespräch?

Nur wenn wir mit einer neutralen und aufgeschlossenen Haltung und vielleicht auch mit einer der Komplexität der Lage angemessenen Demut auf unseren Diskussionsgegner zugehen, wird ein Gespräch etwas bringen. Und es wird dann gar keine Diskussion, sondern ein auf gegenseitiges Verstehen angelegter Dialog. Wir werden im Gespräch jemanden überzeugen und beim nächsten Mal werden wir etwas dazulernen. In beiden Fällen ist das ein gutes Ergebnis.

Da ist jemand beispielsweise voll und ganz gegen die Globalisierung. Diese Meinung haut er Ihnen mit voller Überzeugung um die Ohren. „Ich bin total gegen die Globalisierung!“ So! Wir neigen schließlich alle dazu, den Extremismus herauszukehren – oder zumindest ist das meist der Stil unserer Kommunikation. Jetzt können wir das so stehenlassen, weil es uns egal ist, oder wir können nachfragen: „Interessante Perspektive. Ich würde sie gerne verstehen. Warum hältst du denn die Globalisierung für so ein Problem?" Dann werden Sie eine mehr oder weniger gut argumentativ belegte Antwort bekommen. Und Ihr Gegenüber wird jetzt ein paar Probleme aufzählen. Sie fragen weiter nach und gehen immer wieder ins Detail, werden also spezifisch. Es funktioniert nur, wenn Sie die Leute nicht mit allgemeinem Schwadronieren davonkommen lassen. Nutzen Sie Vertiefungsfragen, um bei den Schlüsselwörtern stärker nachzufragen: „Aha. Globalisierung ist also ein Problem wegen ... Was meinst du denn damit genau?" An dieser Stelle versuchen wir nicht nur unser Gegenüber und seine Perspektive so gut es geht zu verstehen. Wir lassen uns sogar von ihm in sein Gedankengebäude mitnehmen. „Die Globalisierung ist ein Problem, weil die Leute hier ihre Jobs verlieren!" Sie müssen im Gespräch immer am Ball bleiben. „Okay, welche Jobs genau meinst du denn, die wir hier verlieren? Mhm ... interessant. Und was noch?" Dann fangen wir ganz langsam an, mit den Leuten zu arbeiten. Doch Vorsicht: Echtes Interesse ist die Voraussetzung, dass diese Methoden funktionieren. Fragen Sie nicht zynisch, sondern aus einer Position des echten Interesses. Und ist das nicht auch spannend, wie jemand zu seiner Meinung kommt?

Meist wird unser Gegenüber selbst auch schnell merken, dass es ihm schwerfällt, gewisse Fragen zu beantworten. Denn um eine Meinung zu haben, braucht es vieles. Nur eine Ahnung vom Thema, die braucht es gerade nicht. Die Abwesenheit von Ahnung oder sachlichen Argumenten, die die eigene Meinung bestätigen, lässt Menschen ihre eigene Meinung – wie gezeigt – sogar umso unversöhnlicher und emotionaler verteidigen. Denn das Aufgeben der eigenen Meinung kommt dann einem Eingeständnis der eigenen Inkompetenz gleich. Hinzu kommt, dass der Verteidiger sich als Verlierer in der Interaktion fühlen würde – beides unschön. Da hält man doch lieber mit ein paar Kunststücken auf Ebene der mentalen Verrenkung an der eigenen Meinung fest.

Trotzdem wird unser Gegenüber merken, dass er argumentativ nicht besonders sicher ist. So höhlt sich eine versteifte Meinung fast von allein aus: In dem Moment, in dem der Gefragte merkt, dass es jetzt doch schwierig für ihn wird, fängt er an zu denken. Dann ist die Skepsis bereits in ihm. Und das ist gleichzeitig der erste Moment, wo er schon ein bisschen in eine andere Richtung abgebogen ist. Diesen Effekt können wir mithilfe der richtigen Werkzeuge aktiv beeinflussen.

7.6.2 Denkmuster verändern

Die Methoden, um die Denkmuster des anderen zu verändern, kommen zwischen den Punkten 3 und 4 zum Einsatz. Wir versuchen zunächst, durch Wertschätzen, Verstehen und Mitgehen das Gedankengebäude des Gegenübers zu erfassen. Wenn es uns aber überhaupt nicht gefällt und wir durch diese Punkte nicht zu den angestrebten Gemeinsamkeiten finden können, können wir mit den hier aufgeführten Methoden versuchen, dieses Gedankengebäude so ins Wanken zu bringen, dass wir uns am Ende eben doch auf Gemeinsamkeiten in unserem Sinne einigen können. Das dies dann nicht mal eben „im Vorbeigehen" klappt und es höchstwahrscheinlich mehrerer Gespräche bedarf, sollte nach der Beschreibung, woher der SHIT kommt, auch schon klar sein.

Zum besseren Verständnis der Veränderung von Denkmustern stellen Sie sich folgendes Bild vor: Sie gehen spazieren und kommen an einem wunderschönen Seegrundstück vorbei. Ideal gelegen. Sie würden es gerne pachten. Vielleicht als Wochenendgrundstück, vielleicht, um ein schönes Haus darauf zu errichten. Leider steht auf dem Grundstück ziemlich zentral bereits ein alter heruntergekommener Schuppen, der Ihnen die Lust an diesem Grundstück gründlich vergällt. Den würden Sie gerne abreißen, um das Grundstück wirklich genießen zu können. Wenn er doch nur weg wäre. Das Grundstück könnte so schön sein. Aber leider steht der Schuppen strikt unter Denkmalschutz. Die Analogie, die ich Ihnen mit diesem Bild verdeutlichen möchte, ist folgende: Der Grundstücksinhaber ist die Person, mit der Sie gerne interagieren würden. Der hässliche Schuppen ist in diesem Bild das Muster. Also die kontroverse oder abzulehnende Position, die die Person aus Ihrer Sicht innehat und die diesen Schuppen sogar selbst unter Denkmalschutz gestellt hat. So schön (oder aus uns unbekannten Gründen wichtig) findet sie den Schuppen. Es wird sehr schwer, diesen Schuppen irgendwie von dem Grundstück zu entfernen. Sie müssten versuchen, den Grundstücksinhaber davon zu überzeugen, dass dieser Schuppen nun wirklich nicht schön und keinesfalls schutzwürdig ist. Dazu könnten Sie versuchen, das Bild, das der Grundstücksinhaber von seinem Schuppen hat, zu verändern. Sie müssen ihm eine neue Perspektive eröffnen. Wir könnten beispielsweise versuchen, den Schuppen in ein harmonisches Gesamtbild zu integrieren. Ein guter Architekt lässt den Schuppen stehen und baut rundherum ein schönes, großes Anwesen. Er schafft es, die vorhandene Bausubstanz in ein neues, stimmiges Ensemble zu integrieren, sodass dieser alte hässliche Schuppen zu einem interessanten Designelement wird, das nur noch an die alten Zeiten erinnert. In diesem Fall hätten wir das bestehende Muster ergänzt.

Je nachdem, was Sie bei Ihrem Gegenüber bewirken wollen, stehen Ihnen bestimmte Werkzeuge beziehungsweise Arten von Fragen zur Verfügung, die Sie innerhalb der Schritte 1 bis 5 (meist zwischen den Schritten 3 und 5) nutzen werden, bevor Sie nach Gemeinsamkeiten und Einigungschancen suchen. Diese liegen nämlich bei diesen zähen SHIT-Typen erst einmal in weiter Ferne – zumindest ohne den Einsatz dieser drei Methoden:

- M1: Musterwechsel,
- M2: Musterdifferenzierung,
- M3: Musterergänzung.

UMGANG MIT PROBLEMATISCHEN IDIOTEN (DUNKLE TRIADE)

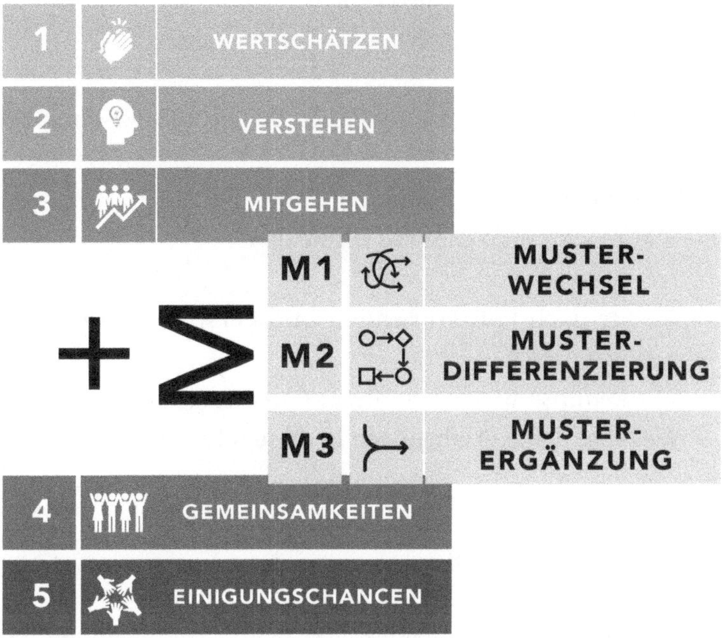

Musterwechsel

„Was wäre denn besser, wenn wir die Globalisierung nicht hätten? Ah, okay. Wir hätten mehr Menschen, die eine gut bezahlte Arbeit hätten. Also das fände ich gut. Ist ja gut, wenn mehr Menschen gut bezahlt werden. Da hast du auf jeden Fall einen Punkt." Auf dieses Ziel können Sie sich mit Ihrem Gegenüber sicher einigen – so haben Sie eine Gemeinsamkeit mit Einigungschance gefunden. Dass der Weg des Gegenübers, wie er dahin kommen will, vollkommener Quatsch ist, das denken Sie sich hier bitte nur. Wie tragfähig die These in Wahrheit ist, kann und sollte später besprochen werden. Aber erst einmal, und das ist wichtig, sind Sie in einen Dialog getreten und haben eine Gemeinsamkeit auf der Zielebene herausgearbeitet.

Fragen Sie nach positiven/negativen Konsequenzen der Perspektive:

- Wozu würde das denn führen?
- Was wären die Vorteile davon?
- Was wären die möglichen Nebenwirkungen?

Fragen Sie nach „Wofür", also nach der hinter der Perspektive stehenden Absicht:

- Wofür macht diese Forderung Sinn?
- Was möchtest du dadurch vermeiden?

Fragen Sie nach Hintergründen und Perspektiven hinter der Perspektive:

- Wie kommst du denn zu dieser Forderung/Position?
- Was sind deine Erfahrungen in diesem Kontext?

Musterdifferenzierung

„Du bist gegen Globalisierung, das heißt, etwas von außen ins Land zu holen ist aus deiner Sicht schwierig. Wie ist das denn mit den Mangos und den Bananen, die du so gerne isst? Wärst du bereit, auf deine Banane zu verzichten? Ich meine, in Deutschland wachsen die ja nicht. Zumindest nicht so gut. Oder nicht so günstig. Oder wärst du auch bereit, für deine Polohemden 300 Euro zu bezahlen, wenn wir sie hier im Land fertigen?" Fragen Sie gar nicht zynisch, sondern aus echtem Interesse heraus. Wo liegt denn die Grenze Ihres Gegenübers, wie viel mehr wäre er bereit zu zahlen?

Fragen nach Grenzen der Position:

- Was schließt deine Position/Forderung ein?
- Welche Ausnahmen siehst du denn als gerechtfertigt an?

Fragen nach hypothetischen/extremen Beispielen:

- Angenommen … Wie würdest du das bewerten?
- Wenn du jetzt einer der Betroffenen wärst, wie ginge es dir?

Fragen nach Alternativoptionen mit gleicher Wirkung („Ja, und …")

- Wie könnte man noch ein ähnliches Ergebnis bekommen?
- Ja, und was ist sonst noch ein Thema für dich?

Musterergänzung

„Okay, da sind wir uns einig, es wäre klasse, wenn alle Leute einen Job hätten, und der wäre dann noch gut bezahlt. Was wäre denn außer Globalisierungsvermeidung noch eine Möglichkeit, das hinzubekommen? Welche Alternativen haben wir, das Ziel auf anderem Weg zu erreichen?" Mit dieser Frage machen Sie schnell ganz neue Bereiche auf. Das heißt, Sie zwingen Ihr Gegenüber, sein eigenes Muster zu ergänzen.

Erfragen von alternativen Möglichkeiten/Szenarien:

- Welche weiteren Themen würden sich dadurch ergeben?
- Wie könnte sich das Thema denn noch entwickeln?

Aktivierung weiterer Muster durch perspektivverändernde Fragen:

- In zehn Jahren von jetzt, wie könntest du darüber denken?
- Wenn du … wärst, was würdest du sagen?

Veränderung von Konstanten und Umwelten:

- Denk mal an deinen letzten Urlaub. Wenn du so entspannt …
- Reden wir mal bei einem Spaziergang darüber …

Wir nutzen diese Werkzeuge, um veränderte Denkmuster zu provozieren. Um zu provozieren, können Sie ruhig auch einmal Extrembeispiele benennen. „Du bist also dafür, dass alle Ausländer rausmüssen? Jetzt bin ich neugierig. Stell dir mal vor, deine Schwester ist sterbenskrank und der einzige Arzt, der sie behandeln könnte, ist Ausländer. Soll der auch raus? Oder wie sieht das mit deinem Lieblingsgastwirt aus? Oder James aus dem Fußballclub? Auch keine Deutschen. Sollen die auch raus?“

Ganz häufig hören Sie dann schon die erste Relativierung: „Nein, doch nicht alle Ausländer.“ „Super, ich hatte schon befürchtet, dass du wirklich alle ... aber okay ... woran erkennen wir denn die, die eigentlich raus sollten? Und was ist übrigens mit den Nicht-Ausländern, die dieses asoziale Verhalten, das du gerade kritisiert, auch zeigen? Müssen die auch raus? Erklär mir das mal, denn ich finde das gerade extrem spannend. Wo würdest du die Grenze ziehen? Wenn „raus“ also doch nicht die Lösung wäre, gibt es eine andere Lösung, wie wir damit umgehen können?“

Auf diese Weise kommen Sie in Differenzierungen, in Inhalte und Logiken, in ein Verständnis von Systemen. Sie werden gemeinsam mit dem Gesprächspartner immer näher an die echte Komplexität der Welt kommen. Und in dieser Komplexität liegen eben auch die Einigungschancen und die Möglichkeit, Gemeinsamkeiten zu entdecken.

Die nächste gute Nachricht ist: Auch wenn wir häufig zu Ideologien und Extremismus neigen, stellen wir doch ebenso häufig fest, so ideologisch und extremistisch sind die Leute gar nicht, wie man von außen denkt, dass sie es sind. So viele „Idioten“, so viele Diskriminierende, so viele Nazis, so viele Rassisten gibt's erstaunlicher- und glücklicherweise gar nicht. Das wirkt in den Medien deutlich schlimmer, als es „in echt“ ist. Das stellt man fest, wenn man tatsächlich mit den Menschen redet. Hinter einer naiv geäußerten Meinung steckt meistens nur eine „idiotische“ Meinung, die sofort vom Meinungsinhaber relativiert wird, wenn man mit zwei oder drei Fragen nachbohrt, was diese denn bedeutet. Wenn man noch ein bisschen genauer hinschaut, ist es eine Unsicherheit, die sich dahinter verbirgt, eine eigene Enttäuschung, ein eigener Frustmoment, irgendein persönliches Erlebnis, das vom Meinungsinhaber generalisiert wird. Meistens wissen diejenigen das auch sehr gut. Ganz häufig wird die eigene Meinung nur aufrechterhalten, damit man seine Cliquendynamik nicht gefährdet. Mehr ist das in der Regel nicht. Und entsprechend wenig stabil ist die Meinung dann auch.

Sogar wenn die Leute das Gespräch abbrechen wollen, ist das häufig als Erfolg zu werten. Denn warum wollen sie nicht weiterreden? Eigentlich müssten sie ja froh sein, dass sich jemand für ihre Meinung interessiert. Weil sie merken, dass sie sich jetzt gerade auf ganz dünnem Eis bewegen und sie nicht in der Lage sind, ihre Meinung überzeugend zu vermitteln. Vielleicht, weil sie einfach nicht überzeugend ist? Und diese Selbstzweifel ... sie setzen sich fest. Selbstzweifel kann sich wunderbar ins Ego einfressen.

7.7 ERLEBEN WIRKT

Insbesondere im Gespräch mit zähem SHIT, mit der dunklen Triade, sollten Sie sich im Klaren sein, was ein einziges Gespräch bewirken kann. Meist gar nichts, außer einem Impuls, zu geben. Mehrere Gespräche machen dann über die Zeit aber schon etwas aus. Wir haben es teilweise mit über lange Jahre trainierten Denkmustern zu tun, die wir nicht mal eben so aufbrechen. Unsere beste Chance ist der Aha-Moment, für den Ihr Gegenüber im Gespräch auch Ruhe braucht. Deswegen dürfen wir in dem Gespräch keine Stressoren setzen, deswegen müssen wir das Gegenüber wirklich wertschätzen und mit einer offenen Grundhaltung und echtem Interesse abholen. Denn nur so stellt sich Entspannung auf der Beziehungsebene und damit auch Ruhe im Gehirn ein. Garantiert ist sofortiger Erfolg aber auch dann nicht, manchmal dauert es eine ganze Reihe von Gesprächen.

Ein großer Hebel, der den Prozess der Meinungsänderung stark unterstützt, ergibt sich, wenn das Gegenüber ganz neue Erfahrungen zum Thema macht. Vor allem, wenn sich tatsächlich langsam der Beginn einer Meinungsänderung einstellt, hilft es sehr, wenn sich für die betroffene Person zur Theorie auch die Praxis neuer Erfahrungen gesellt. Das Erleben dieser Erfahrungen festigt die neue Perspektive zusätzlich. Insbesondere bei zwischenmenschlichen Konflikten, bei denen zum Beispiel Person A davon ausgegangen ist, dass Person B ihr aktiv und bewusst das Leben schwer machen wollte, ist es sehr hilfreich, wenn neben dem klärenden Gespräch, das die Inkonsistenz in der Perspektive aufgedeckt und eine neue Perspektive hinzugefügt hat, ganz konkrete neue Erfahrungen entstehen. Hier bedeutet es für Sie, wenn Sie Person B sind, ganz aktiv neue und bewusst gute Momente mit A zu schaffen. Je besser das gelingt, umso schwerer kann A seine Theorie, dass Sie gegen ihn sind, noch aufrechterhalten. Nichts festigt nämlich unsere neuronalen Trampelpfade so sehr wie eigenes positives Erleben.

Wie kann mit diesen Gedanken und mit den bisher beschriebenen Werkzeugen selbst eine hochkomplexe SHITuation gelöst werden, die aus mehreren Personen mit mehreren Gesprächen über einen langen Zeitraum besteht? Damit beschäftigen wir uns jetzt.

ACHT

SHIT HANDLED! EINE ERFOLGSGESCHICHTE

Ohne Rat, ohne externe Unterstützung und das richtige Wissen um Stressoren und die Persönlichkeitsmerkmale ihres Gegenübers sind viele Menschen bereits von SHIT in einer „One-to-one-Situation" überfordert. Mit ein wenig Übung ist aber dieser *eine* unangenehme Kollege auf jeden Fall in den Griff zu bekommen. Mit einem lösungsorientierten Fokus und den beschriebenen Werkzeugen lassen sich schwierige Gespräche mit Idioten und Hypokriten von jedem meistern. Insbesondere wenn es nur eine schwierige Person gibt, lässt sich mit diesen Mitteln schon viel erreichen.

Leider gibt es auch viele SHIT-Situationen, die viel komplizierter und von einer Vielzahl von sich gegenseitig bedingenden Faktoren bestimmt sind. Diese unangenehme Wahrheit kommt umso mehr zum Tragen, da in unserer Arbeitswelt nur noch die wenigsten Menschen allein „vor sich hinwerkeln". Viel häufiger sind wir eingebunden in Teams, in Abteilungen, in Hierarchien. So entsteht der SHIT, der uns extrem belastet, häufig aus komplexen gruppendynamischen Prozessen heraus. Und häufig schwappt es völlig unvorbereitet – wie aus dem Nichts – über uns. Sie haben es in solchen

Situationen dann nicht nur mit einem Idioten zu tun, sondern Sie stehen vielleicht einer ganzen Gruppe unterschiedlichster Persönlichkeiten mit unterschiedlichsten Motiven gegenüber, die wiederum Sie für einen Idioten halten. Das Gefühl, allein gegen alle zu stehen, kann extrem belastend sein – wie sich jeder, der nachts schon einmal über eine eher harmlose Bemerkung des Kollegen gegrübelt hat, leicht vorstellen kann. Vor allem dann, wenn nicht nur Ihre Reputation, sondern vielleicht sogar Ihre komplette berufliche Existenz auf dem Spiel steht und Sie überhaupt nicht wissen, warum die anderen Sie herausdrängen. Sie haben schließlich nichts gemacht. Nichts, was dieses Verhalten provoziert haben könnte. Oder vielleicht doch?

Die gute Nachricht ist, dass es natürlich möglich ist, mithilfe der in diesem Buch aufgezeigten Methoden und dem Wissen um die unterschiedlichen Bedürfnisse der jeweiligen handelnden Personen selbst die verfahrensten und kompliziertesten Prozesse in eine gewinnbringende Situation für Sie zu verwandeln.

Die folgende Geschichte aus meiner Praxis zeigt genau so einen Fall. Und obwohl er tatsächlich so passiert ist, vereint er prototypisch ziemlich alle Methoden und Lösungen, die ich Ihnen bisher aufgezeigt habe. Er zeigt, wie wichtig es ist, auf keinen Fall in Panik zu verfallen und sich vom eigenen Stress zu schlechten Reaktionen verleiten zu lassen, die nur den Zielen der Gegner in die Hände spielen. Er zeigt, wie hilfreich es ist, sich im Notfall externe Hilfe zu suchen, was kein Zeichen von Schwäche, sondern von Stärke ist. Wirklich smarte Menschen suchen sich Hilfe, wenn Sie diese benötigen. Nur deshalb konnte ich die geschilderte Situation gemeinsam mit meinem Coachee umdrehen. Sie werden im Laufe der Geschichte außerdem ein weiteres Werkzeug kennenlernen, das Ihnen helfen wird, auf den ersten Blick sehr komplizierte Gruppenprozesse zu visualisieren und Personen, an denen Sie aussichtsreich ansetzen können, um Ihre Situation zu verbessern, zu identifizieren.

Natürlich sind Orte und Namen der Handlung hier verfremdet, denn statt dem stressbedingten Burn-out zu verfallen, hat mein ehemaliger Coachee noch eine lange Karriere vor sich, die ich mit der folgenden Geschichte keinesfalls gefährden möchte.

Henri begann seine berufliche Karriere mit hohem Fokus, hohen Erwartungen und – wie es für einige Jahre schien – am falschen Ort. Denn er fand sich wieder in einem Geflecht von persönlichen Animositäten, politischen Entscheidungen und einem Team, das sich mehr und mehr gegen ihn stellte.

2008 hatte er seine chirurgische Ausbildung abgeschlossen und trat eine Stelle als Transplantationschirurg in einem österreichischen Universitätskrankenhaus an. Im selben Jahr wurde der leitende Professor der Abteilung für Transplantationschirurgie aufgrund eines internen Konflikts mit anderen Abteilungen entlassen. Dieser Professor war eine anerkannte internationale Persönlichkeit, eine häufig international eingeladene Koryphäe mit höchstem Ansehen und höchstem fachlichen Standard. Viele seiner Kollegen verließen deshalb aus Protest gegen seine Entlassung entweder sofort oder innerhalb der nächsten Monate das Krankenhaus. Aber einer blieb, er wird eine Schlüsselrolle im kommenden SHIT einnehmen. Wir nennen ihn David.

Nicht nur die Abteilung war in dieser Phase auf David angewiesen. Sein Verbleib war kritisch für das Krankenhaus. Da viele Transplantationsoperationen nur durchgeführt werden können, wenn ein Gefäßchirurg eingebunden ist, wurde David zusätzlich damit beauftragt, ein neues Team für Gefäßchirurgie aufzubauen, in das er drei oder vier Chirurgen berufen konnte. Die Leitung stellte David für die zusätzliche Arbeit eine Professur als Belohnung in Aussicht. In dieses neue Team wurde zum Jahreswechsel 2009/10 auch Henri berufen. Und zwar ausdrücklich aufgrund seiner Erfolge in der klinischen Forschung.

„Meine Erwartung bei der Besetzung meiner Stelle war, dass ich als Gefäßchirurg ausgebildet werde, dass ich gemeinsam mit David die Forschung weiterentwickeln und in meiner Rolle als akademischer Gefäßchirurg wachsen kann. Ich war in dieser Richtung sehr ehrgeizig und in den letzten zehn Jahren auch erfolgreich und ich sah für mich

eine große Chance darin, die Gefäßchirurgie gemeinsam mit den anderen wieder aufzubauen. Also nahm ich die Stelle an und wurde von David und einem chirurgischen Gremium weiter ausgebildet. Gleichzeitig begann ich mit meiner Forschungsarbeit. Alles mit der Erwartung, dass David eine Professur erhalten würde. Eine Ernennung zum Professor ist aber keine Entscheidung, die die Klinikleitung allein treffen kann. Sie muss einen externen Gutachter einbinden. Und dieser Gutachter lehnte eine Ernennung von David ein ums andere Mal ab. Es würde jemand mit höheren Standards auf dieser Position benötigt, der ein besserer Chirurg, ein besserer Forscher und so weiter wäre. So scheiterten mehrere Versuche. Der letzte Versuch im Jahr 2014 scheiterte ebenfalls. Und das veränderte die Situation und die Gruppendynamik massiv. Weil ich in der Forschung mit David zusammenarbeitete, betreute ich einige Doktoranden für ihn. Es war vorgesehen, dass er ihr Doktorvater sein sollte. Ich machte die Arbeit in der Supervision – also als fachlicher Betreuer – und er war der formelle Supervisor. Aber als er wiederum nicht als neuer Professor berufen wurde, musste ich mich nach jemand anderem umsehen, der die Rolle des Supervisors einnehmen konnte. Denn eine Voraussetzung für diese Rolle ist eben eine Professur. Nach seiner Ablehnung war klar, dass David diese Rolle nicht erfüllen konnte. Ein anderer Abteilungsleiter war durchaus bereit, diese Position als Supervisor meiner beiden Doktoranden zu übernehmen. Ich sagte im Interesse meiner Doktoranden zu, denn für mich klang das nach einer vernünftigen Alternative. Ich war mir nicht bewusst, dass David meine Entscheidung als eine Art Verrat ansehen könnte. Und damit fing der SHIT an."

David trat aus Protest und aus Frust über seine Ablehnung als formeller Leiter der Abteilung zurück. Die Gruppe hatte also zu dieser Zeit ein unmittelbares Führungsproblem – und begann sich gegen Henri zu wenden. Ein Chirurg namens Joachim übernahm interimistisch die formelle Leitung des Teams. Informeller Führer blieb aber trotz seines Rücktritts nach wie vor David.

„Ich selbst habe nie versucht, die Führung allein zu übernehmen. Es gab in meiner Gruppe zu viele Leute, die dagegen waren. Aufgrund

meines Erfolges als Forscher, meiner Publikationen und Doktoranden sowie meiner guten Beziehungen innerhalb und außerhalb des Krankenhauses hatten sie wohl das Gefühl, dass meine Forschung für sie mit Mehrarbeit an der Patientenfront verbunden war, denn während ich forsche, behandele ich keine Patienten. Und während sie, so ihre Wahrnehmung, die Extraarbeit machen mussten, konnte ich nach außen den Ruhm für die Forschung einheimsen. Zumindest war das meine Interpretation der Situation. Zu dieser Zeit hatte ich jedenfalls keine Unterstützung, um mit dieser Dynamik umzugehen. Hinter den Kulissen zog David nach wie vor alle Fäden. Und mit jedem meiner Erfolge wandte sich zunächst er, aber am Ende die ganze Gruppe, bestehend aus damals vier Chirurgen, mehr und mehr gegen mich. Und plötzlich, gegen Ende des Jahres 2014, wurde ich von einem Meeting überrascht, bei dem mir meine Kollegen mitteilten, dass sie mir nicht mehr vertrauen und dass sie die Zusammenarbeit mit mir beenden wollten. Ein echter SHIT-Moment, der aus meiner damaligen Sicht aus dem Nichts kam. In dieser Situation beschloss der Abteilungsleiter, mich aufs Abstellgleis zu schieben. Ich durfte meiner klinischen Arbeit nicht mehr nachgehen. Ich wurde weiterbezahlt, aber ich hatte keine Arbeit mehr, außer meiner Forschung. Sie durfte ich zwar fortsetzen, allerdings nicht im Krankenhaus, sondern zu Hause. Neben der emotionalen Belastung war damit ein weiteres großes Problem verbunden. Dass ich nämlich, wenn diese Situation länger angedauert hätte, meine Zulassung als Chirurg hätte verlieren können. Meine berufliche Zukunft stand also auf dem Spiel, ein Job woanders hätte einen Umzug über mehrere Hundert Kilometer bedeutet, unmöglich in meiner aktuellen familiären Situation.

Alles, wofür ich gearbeitet hatte, war gefährdet. Man kann als Chirurg wohl einmal ein halbes Jahr pausieren, aber dann wird es kritisch – und natürlich war genau das Teil des Plans, um mich loszuwerden. Das Schlimmste war, dass es für all das keine fachlichen oder disziplinarischen Gründe gab. Es konnte gar keine geben, weil ich als Chirurg ein Profi bin, technisch relativ geschickt, in meiner klinischen Arbeit sehr effektiv, sodass es einfach keine handfesten

Gründe gegen mich gab. Wer mich in dieser Situation zunächst rettete, war der Leiter der Personalabteilung. Er war derjenige, der erkannte, dass nicht ich das Problem in dieser Gruppe war, sondern David, der seine informelle Führerschaft eben gerade nicht einsetzte, um irgendwelche Probleme in der Gruppe zu lösen, sondern um Probleme in der Gruppe zu schaffen. Es ist seltsam, denn indem David versuchte, mich aus der Gruppe zu drängen, schuf er für die ganze Gruppe und für sich ein großes Problem. Und natürlich würde er auch dadurch nicht Professor werden, indem er mich aus der Gruppe hinausdrängte. Aber das war irgendwie seine Rache. Zu dieser Zeit war ich wirklich darauf fokussiert, in der Forschung erfolgreich zu sein, und zu dieser Zeit hatte ich Frederik nicht an meiner Seite. Ich war auch deshalb so auf meinen Erfolg fokussiert, weil ich hoffte, dass mich mein Erfolg und meine Reputation am Ende retten würden. Aber ich hatte dabei versäumt, auf die Bedürfnisse der anderen zu achten und in der Gruppendynamik innerhalb meines Teams klug zu handeln, um größere Probleme zu vermeiden. So hatte ich zwar eine gute Verbindung zum Dekan, der eine sehr wichtige und hohe Position in der Klinikhierarchie innehat, und auch der Leiter der Personalabteilung, der in dieser Situation ebenfalls viel Einfluss hatte, war auf meiner Seite. Ich hatte mit vielen anderen Abteilungsleitern geforscht, hatte also ein sehr gutes Netzwerk aus wichtigen Leuten, aber ich habe nicht in meine Kollegen investiert. Wenn ich es jetzt erzähle, kommt es mir dumm vor, aber ich hatte es einfach nicht im Blick. Ich habe mich auf bestimmte Ziele konzentriert und wenn ich zurückblicke, habe ich nicht genügend auf die Bedürfnisse meiner Kollegen geachtet. Das war eines der ersten Dinge, auf die mich Frederik, den ich wenig später kennenlernte, aufmerksam machte.

Der Abteilungsleiter hatte beschlossen, dass eine unabhängige und vor allem externe Person die Gruppendynamik analysieren sollte. Eine Psychologin, die darauf spezialisiert war, in solchen Konflikten zu beraten, sprach deshalb dreimal drei Stunden lang mit mir und ich erklärte ihr die ganze Situation von Anfang bis Ende. Sie sprach auch mit den anderen und am Ende spielte ich in ihrem Abschlussbericht keine negative Rolle, sondern sie konzentrierte ihre Kritik hauptsächlich auf die Leitung der Abteilung. Es gab laut ihrem Bericht einen Mangel an Führung durch Joachim. Diese mangelnde Führung war für sie eine der Hauptursachen für die Situation. Sie schrieb auch, dass David die Macht seiner informellen Führung nicht dazu benutzt hatte, Konflikte zu regeln. Stattdessen hatte er sie dazu benutzt, den Konflikt um meine Person zu verschlimmern. Aufgrund ihrer Schlussfolgerungen wurde David nach diesem Prozess, der sich mindestens über ein halbes Jahr hinzog, gefeuert. Wir waren also unseren informellen Leiter los und mir erlaubte man, in einem benachbarten Krankenhaus wieder als Gefäßchirurg tätig zu sein, zu operieren und nach Patienten zu sehen. Diese Entscheidungen haben mir natürlich sehr geholfen, meine Lizenz zu behalten. Allerdings hatte die Psychologin in ihrem Abschlussbericht nicht nur über mich nicht negativ geschrieben, sondern auch nicht über meine vier Kollegen, die inzwischen alle gegen mich standen. Um diesen Konflikt im Team zu lösen, wurde ein Mediationsprozess vereinbart.

Ich kann wirklich nicht sagen, dass ich mich auf die Mediation gefreut hätte. Ich hatte ganz im Gegenteil das Gefühl, dass ich dabei dringend Hilfe brauchte, um nicht unterzugehen. Ich hatte davor mindestens drei Coaches. Es war immer eine Art von Coaching, bei dem ich mich am Ende zwar etwas selbstbewusster und unterstützt fühlte, aber keiner von ihnen konnte mir am Ende der Sitzung sagen, was ich konkret tun sollte. Ich hatte zu dieser Zeit natürlich auch einen Anwalt. Aber der sagte mir vor allem, was ich nicht tun sollte. Ich brauchte damals einfach jemanden, der mir konkret sagen konnte, wie ich mich verhalten, wie ich diesen Mediationsprozess durchlaufen sollte. Ich suchte nach praktischem Rat. Wie sollte ich mit dieser Situation umgehen? Und deshalb wandte ich mich an Frederik, den mir eine sehr gute Freundin, die die Situation kannte, empfahl.

Frederik half mir, mich auf die Mediation vorzubereiten. Wir begannen mit der Persönlichkeitsanalyse und das hat mir wirklich geholfen zu verstehen, warum ich mich in bestimmten Situationen immer wieder auf eine bestimmte Weise verhalten habe. Ich habe zum Beispiel erkannt, warum ich nicht genug in meine Kollegen investierte, war ich doch hoch in Dominanz und Enthusiasmus, aber gering in Empathie und Politeness – ich war begeistert von meiner Forschung und fokussierte mich darauf. Wie es den Menschen um mich herum damit ging, spürte ich gar nicht. Und es hat natürlich auch geholfen, weil ich diese Erkenntnisse auf meine Kollegen anwenden konnte. So half mir Frederik zu verstehen, welche Bedürfnisse meine Kollegen hatten und wie ich sie ansprechen musste: Welche Persönlichkeiten hatten diese und was machte ihnen Stress? Das waren Fragen, die wir uns oft stellten. Gemeinsam haben wir deren Verhalten besprochen und abgeleitet, welche Persönlichkeitsausprägung wohl gilt und welche SCARF-Dimensionen für wen relevant waren. So konnte ich besser verstehen, wie mit wem umzugehen war und ich setzte jeweils ganz kleine Impulse durch das Verändern meines Umgangs mit den Kollegen.

Eine andere Sache, die er gemacht hat, war das Erstellen einer SHITMatrix beziehungsweise Stakeholder-Matrix, wie Frederik sie damals nannte. Wir platzierten jede Person, die in diesem Fall relevant war, in der Matrix. Und während ich in der nächsten Zeit kleine Änderungen in meinem Verhalten gegenüber den anderen Teammitgliedern vornahm, analysierten wir periodisch, wie sich diese Matrix veränderte. Auf mich hatte allein die Visualisierung der Verhältnisse einen extrem großen Effekt, weil ich sehen konnte, dass meine „Gegner" im System sehr wenig Einfluss hatten, während die einflussreichen Personen hinter mir standen. Ich wusste nun, worauf ich mich konzentrieren konnte. Aus der Vielzahl der Akteure haben wir immer ein paar wenige wichtige herausgefiltert und genau geplant, wie mit ihnen umzugehen ist. Ich konnte innerhalb kurzer Zeit erkennen, dass ich Dinge in meinem Verhalten und im Verhalten meiner Kollegen ändern und dadurch die Matrix in Bewegung bringen konnte. Ich konnte etwas tun, was die Situation besserte! Was mir außerdem große Zuversicht gegeben hat, war die Tatsache, dass es beim Versuch dieser Verhaltensänderungen keine

Fehlschläge geben konnte. Wenn eine Intervention, eine bestimmte Ansprache, etwas, was ich zu einem Kollegen sagen sollte, nicht so funktionierte, wie wir sie geplant hatten, dann hatten wir zumindest neue Informationen erhalten, mit denen wir den nächsten Schritt besser planen konnten. Das gab mir viel Selbstvertrauen und ich hatte keine Angst mehr vor negativen Konsequenzen.

Dabei hat Frederik auf der einen Seite stets betont, dass „es erst immer schlimmer wird, bevor es besser wird", dass also Rückschläge und schwierige Momente immer lauern, bevor wir durch sind. Auf der anderen Seite hat er mich klar überzeugt, dass ich in diesem Prozess selber nur wachsen konnte, in meinen Kompetenzen und persönlich. Denn selbst wenn einem etwas Schlechtes passiert, realisiert man später irgendwann, wofür es gut gewesen ist.

Wir haben auch mit den anderen Methoden von Handling SHIT gearbeitet. Das ist etwas, was mir bis heute schwerfällt. Frederik hat mich in den Methoden ausgebildet, zuerst habe ich die Werkzeuge im Handling-SHIT-Onlinekurs gelernt und dann sind wir meine konkreten Beispiele aus der SHITMap durchgegangen und haben geübt. Ich habe immer noch das Gefühl, dass ich hier wirklich ein Amateur bin. Aber das Wichtigste, was ich mitgenommen habe – und das versuche ich bis heute zu üben – ist, dass ich im Fall eines Angriffs ruhig bleiben und nicht in Panik geraten sollte. Wenn Sie nicht wissen, was Sie sagen sollen, verteidigen Sie sich nicht, sondern sagen Sie, auch um eine gewisse Verbindung herzustellen: „Ich bin sehr enttäuscht. Es tut mir leid für Sie, dass es Ihnen so geht, aber das überrascht mich, ich muss darüber nachdenken und ich brauche etwas Zeit." Das Verbalisieren (siehe auch Kapitel 6) *ist eine großartige Technik. Wenn es also notwendig und im Moment zu schwierig ist, mit dem SHIT umzugehen, versuche ich einfach Zeit zu gewinnen, indem ich ein bisschen Einfühlungsvermögen zeige. Das Werkzeug eignet sich für mich insbesondere, da mir das ein Stück weit in meiner Persönlichkeit fehlt.*

Der echte Umgang mit SHIT ist letztlich ein Spiel, bei dem man einfach ein bisschen schlauer sein muss als der Gegner. Und eines der Dinge, die man lernt, ist, immer wieder Fragen zu stellen. „Was meinen Sie damit? Warum ist das ein Problem?“ Sie verteidigen sich nicht, sondern stellen einfach immer weiter Fragen (siehe auch Kapitel 7). *Oder wenn jemand sagt: „Sie kümmern sich nie um Ihre Patienten.“ Dann könnten Sie einfach „Nie?“ fragen und dann schweigen Sie* (siehe auch Kapitel 6). *Sodass sich der andere zum Narren macht, denn das kann niemals wahr sein, dass sich ein Arzt nie um seine Patienten kümmert. Das ist die einfachste Art, mit SHIT umzugehen. Einige Methoden sind wirklich so einfach in der Anwendung, andere sind dagegen eher auf Expertenniveau. Ich habe die Grundlagen gelernt. Ich bin kein Experte. Aber ich kann mit SHIT umgehen.*

Die Mediation haben wir dann einfach nur als Informationsquelle genutzt. Für Frederik war direkt klar – und ich habe es auch schnell erfahren können: Die meisten Mediatoren sind keine wirkliche Hilfe bei der Lösung des zugrunde liegenden Problems. Daher haben wir das Problem systematisch außerhalb der Mediation gelöst, dort, wo wir den Prozess kontrollieren konnten. Wir sahen die Mediation nicht als ein Werkzeug zur Lösung des Problems an, sondern als etwas, das hilfreich sein könnte, um Informationen zur Lösung des Problems außerhalb der Mediation zu erhalten und um Impulse zu setzen. Und in der Zwischenzeit versuchte ich natürlich weiterhin, auch mein Bestes als Forscher und klinischer Chirurg zu geben. Das gelang mir übrigens auch wieder besser; das Gefühl, in dem SHIT weiterzukommen, hat meinen chronischen Stress, den ich damals hatte, deutlich reduziert und mir wieder mehr Fokus auf die Arbeit ermöglicht.

Nach der Mediation mussten wir einen neuen Leiter bestimmen. Und zu diesem Zeitpunkt gab es nur einen neuen Mitarbeiter, der überhaupt nicht in den Konflikt involviert war. Er hatte sich für keine Seite entschieden. Aber er war der Jüngste der Gruppe. Ich plädierte trotzdem für ihn, denn das war meine Chance für einen neutralen Chef. Er war sehr ehrgeizig und sehnte sich danach, Professor zu werden. Er hatte jedoch sein Doktorat noch nicht abgeschlossen. Zu dieser Zeit war ich wieder recht erfolgreich in meiner Forschung und ich ging zu ihm mit dem Ziel, ihn dabei zu unterstüt-

zen, der Chef zu werden. Ich sagte zu ihm: „Wenn Sie Professor werden wollen, brauchen Sie Ihren Doktortitel." Ich sagte ihm, dass ich ihn unterstützen könne, und bot meine Hilfe an. „Ich habe einige Ideen und ich kann Sie in dieses Projekt oder jenes Projekt hier involvieren und in den nächsten Jahren, wenn wir erfolgreich sind, können Sie Ihren Doktortitel haben und versuchen, eine Professur zu bekommen. Und ein Plan für Ihre Professur ist ja auch wichtig, um alle Kollegen zu überzeugen, dass Sie der Chef der Abteilung werden sollten." Ich habe ihm das angeboten, was er aufgrund seiner Persönlichkeitsstruktur am meisten wollte. Und das hat funktioniert. So ist es mir gelungen, ihm die Rückendeckung zu geben, die er brauchte. Mehr noch: Ich habe für ihn eine eigene SHITMatrix gemacht und ihm erklärt, mit wem er wann wie sprechen müsse, um der Chef der Abteilung zu werden. Vor einigen Wochen war ich noch im Exil, jetzt hatte ich aktiv daran gearbeitet, meinen neuen Chef zu installieren. Und es funktionierte. Seit einiger Zeit ist er mein formeller Chef, für mich ein riesiger Erfolg auf dem Weg hin zu noch weniger SHIT.

Im gleichen Jahr wurde ich gebeten, Professor für das Gefäß-Forschungsteam des Krankenhauses zu werden. Das heißt, ich wurde von anderen Leuten intern zur Professur vorgeschlagen. Als ich mit Joachim darüber sprach, stimmte er zu, dass ich für die nächsten Jahre als Professor vorgeschlagen werde. Aber er sagte auch: „Ich bin einverstanden, aber Ihre Kollegen sollten auch zustimmen." Wir arrangierten deshalb ein Treffen mit allen Gefäßchirurgen und bei diesem Treffen erklärte Joachim, warum ich Professor werden sollte und warum er der Meinung war, die ganze Gruppe solle das unterstützen. Und am Ende des formellen Treffens wurde die Idee von allen akzeptiert. Das ist vorsichtig ausgedrückt eine recht positive Entwicklung: Jetzt hatte ich offensichtlich sogar auch den Rückhalt in der ganzen Gruppe!

Dadurch, dass ich den Kollegen in der Interaktion immer das geben konnte, was sie nach ihrer jeweiligen Persönlichkeitsstruktur brauchten, und vermieden habe, was ihnen Stress machen würde, waren die persönlichen Konflikte heraus aus dem System. Und alle Betei-

ligten haben gelernt, dass SHIT mich nicht zur Resignation bringt, ganz im Gegenteil. Sie haben erlebt, wie ich gewachsen bin. Wegen des SHITs habe ich nun einen Chef, der mir sehr dankbar ist und der mich fördert! Dieses Wissen stärkt und schützt mich zukünftig zusätzlich!

So weit sind wir im Moment. Im Allgemeinen hätte ich mich in der ganzen Situation viel mehr auf die Unterstützer konzentrieren sollen. Drei „Idioten" haben mich gestresst, aber viele Leute haben mich unterstützt. Ich neigte und neige dazu, das zu übersehen; das ist der Neurotizismus in meinem Persönlichkeitsprofil. Rückblickend stresst mich die ganze Geschichte immer noch. Die Dynamik hat sich zwar völlig verändert, aber, um ehrlich zu sein, traue ich dem Frieden immer noch nicht ganz. Ich fühle mich noch nicht perfekt. Ich bleibe wachsam, ich verbessere meine Position und so werde ich immer immuner gegen diese drei „Idioten". Im Nachhinein betrachtet war meine verkrampfte Reaktion aus einem „Panikmodus" heraus, den Frederik 4F nennt, nicht der beste Weg, mit der unerwarteten Kritik umzugehen. In dem Prozess danach habe ich viel über mich selbst gelernt, über meine Rolle im System, wie ich in Zukunft mehr mit meinen Kollegen verbunden sein kann und wie ich bessere Wege finden kann, um meine Perspektive zu vermitteln. Dass ich heute in dieser relativ starken Position bin, ist ein Ergebnis der Zusammenarbeit mit Frederik." – Henri.

8.1 DIE BAUSTEINE ZUM ERFOLG

Mithilfe von drei methodischen Bausteinen haben wir eine nahezu ruinierte Karriere in eine Erfolgsgeschichte umgewandelt. Dabei ist aus meiner Sicht extrem wichtig, dass an der Eskalation des internen Konflikts vor allem schlechte Führung schuld war. Im Klartext: Hätte das Führungspersonal der Klinik von Anfang an seine Aufgaben wahrgenommen, hätte die Situation nie so weit eskalieren können. Hätte, hätte, bringt aber leider nichts – und die Realität ist, dass Führung in Kliniken, wie auch in vielen Unternehmen, trotz so vieler Angebote, zu lernen und sich zu verbessern, leider immer noch eher unterirdisch ist. Letztendlich ist ja mein Job und Geschäftszweck meines Unternehmens, Führungskräfte auszubilden und ihnen bei ihren Herausforderungen zu helfen – und genau aus diesem Grund ist auch Handling SHIT entstanden.

Der erste Fehler war, David mithilfe von Versprechungen zur Übernahme einer Aufgabe zu drängen, für die er nicht qualifiziert war. Der zweite Fehler war, dass die erwartete Kompensation für diese neue Aufgabe nicht erfolgte, die Vereinbarung mit David aber auch nicht korrigiert wurde. Das Führungsvakuum wurde auch nicht durch die interimistische Besetzung beseitigt. Diese Unklarheit bedeutete für alle Beteiligten Stress, eine ganze Reihe von SCARF-Dimensionen wurde angeschmissen – wie wir sehen werden, für den einen mehr und für den anderen weniger. Aber der Grundstein des Konflikts wurde an dieser Stelle gelegt, was vor allem zeigt, dass die in Kapitel 3.3 gestellte Frage: „Was hat der Stress der anderen mit mir zu tun?“ immer berechtigt ist. Denn tatsächlich hat Henri wenig dazu beigetragen, dass der Konflikt so massiv eskalierte und sich über einen so langen Zeitraum hinzog.

Im ersten Schritt haben wir die Persönlichkeiten der beteiligten Personen analysiert. Ohne im Detail auf die Merkmalsausprägungen der einzelnen Beteiligten eingehen zu wollen – dafür waren an diesem langen Konflikt einfach zu viele Personen beteiligt –, möchte ich einige ausgewählte Merkmale dennoch herausstellen.

Sowohl bei Joachim als auch bei mindestens zwei weiteren Chirurgen des Teams konnten wir eine hohe Ausprägung im Bereich Neurotizismus vermuten. Diese Dimension setzt sich zusammen aus den zwei Unterkategorien Rückzug und Volatilität. Sie erinnern sich: Menschen mit einer Neigung zum Rückzug ziehen sich bei Stress und Unsicherheit aus der Situation heraus und werden eher versuchen, eine angstbesetzte Situation zu vermeiden. Eine Person mit dieser Persönlichkeitsausprägung ist auf einer Interimsposition zur Führung eines konfliktbeladenen Teams natürlich fehl am Platz, wenn sie nicht gelernt hat, damit umzugehen. Denn diese Person wird – wie in diesem Fall geschehen – alles daransetzen, Konflikte zu vermeiden, indem sie ihnen aus dem Weg geht. Und sie wird so erst recht ein Führungsvakuum verursachen.

Bei Henri war unter anderem eine relative geringe Ausprägung der Dimension Verträglichkeit erkennbar, die sich wiederum aus den zwei Unterkategorien Empathie und Höflichkeit zusammensetzt. Gleichzeitig ist Henri eine grundsätzlich eher durchsetzungsfähige Person, die ausgeprägt zielorientiertes Verhalten zeigt und sich für Themen, in diesem Fall seine Forschung, begeistert. Diese im Berufsleben oft sehr hilfreiche Kombination wurde ihm in diesem speziellen Teamgefüge fast zum Verhängnis, weil sie ihn daran hinderte, die Bedürfnisse seiner Kollegen angemessen wahrzunehmen beziehungsweise zu befriedigen. Tatsächlich wurde von drei seiner Kollegen ausdrücklich bemängelt, dass sie ihn nicht als Teamplayer wahrnehmen würden. Unter anderem wünschten sie sich einen engagierten „Kumpel", um Spaß zu haben und unkompliziert zusammenzuarbeiten. Und wirklich, diese Beschreibung passt nicht auf einen Menschen mit der Persönlichkeitsstruktur von Henri. Ich wusste allerdings auch nicht, dass diese Eigenschaften unbedingt nötig sind, um ein guter Gefäßchirurg zu sein. Aber auch diese Tatsache war nicht positiv für Henri. Objektiv, an Kennzahlen gemessen, besser zu sein als alle Kollegen wirkt oft nicht sympathiefördernd.

Nachdem wir die Persönlichkeitsanalyse durchgeführt hatten, haben wir im nächsten Schritt alle beteiligten Personen in eine

SHITMatrix eingezeichnet. Dieses Werkzeug lernen Sie jetzt zunächst theoretisch kennen, bevor wir kurz vor dem Ende des Buchs nochmals tief in die Geschichte und den SHIT von Henri einsteigen.

8.2 DIE SHITMATRIX (WERKZEUG)

Wenn Sie auf viele Menschen in einem sozialen System Einfluss nehmen wollen – sei es auf ein Team oder eine Organisation oder im Extremfall auf ein ganzes Land – und Sie eine effektive Strategie für Ihre Einflussnahme entwickeln wollen, dann nutzen Sie dieses spezielle Werkzeug, damit alles funktioniert. Das Werkzeug heißt auch Stakeholder-Matrix, persönlich finde ich SHITMatrix jedoch viel passender.

Wenn Sie Menschen beeinflussen wollen, dann lautet die erste Frage: Wen wollen Sie beeinflussen? Das klingt seltsam, ist es aber in Wirklichkeit nicht. Sie wären überrascht, in wie vielen Settings und wie vielen Change-Projekten relevante Akteure einfach vergessen werden. Damit das nicht passiert, benötigen wir auf dem Weg zur Stakeholder- beziehungsweise SHITMatrix einen Zwischenschritt: Wir erstellen zunächst eine Liste von allen Personen, die von unserer Einflussnahme betroffen sind. Um Ihnen ein konkretes Beispiel zu nennen – stellen Sie sich vor, Sie möchten oder sollen in Ihrem Unternehmen einen neuen Prozess implementieren.

Sie beginnen also ganz einfach und unkompliziert mit einem Brainstorming und überlegen zunächst, welche Personen von dem neuen Prozess betroffen sein werden. Die Namen tragen Sie in eine Tabelle mit drei Spalten ein. Wünschen Sie sich eine Vorlage, laden Sie diese unter www.handlingshit.de/shitmatrix herunter. Teilen Sie die Personen entsprechend in drei verschiedene Kategorien ein. Wir beziehen die Betroffenen mit ein, also jeden, der von der Veränderung tangiert wird. Ihre Namen kommen in die erste Spalte.

Nun gibt es in jeder Organisation Personen mit mehr Einfluss als andere. Sie haben die Macht, Dinge zu bewegen. Manche von ihnen sind mächtig, weil sie auf Ressourcen sitzen. Manche von ihnen sind mächtig, weil sie Autorität haben. Wer auch immer es ist und aus welchem Grund auch immer sie mächtig sind, Sie möchten, dass die Mächtigen auf Ihrer Tagesordnung stehen. Diese Menschen tragen Sie in der zweiten Spalte ein. Dabei kann es passieren, dass sich manche Mitarbeiter in zwei oder in allen drei Spalten wiederfinden.

In die dritte Spalte schreiben sie die Experten. Das sind die Personen, deren fachliche und praktische Expertise Sie benötigen, um sicherzustellen, dass Sie die angestrebte Veränderung auch wirklich umsetzen können. Ohne die Unterstützung von den hausinternen IT-Spezialisten wird es Ihnen beispielsweise sehr schwerfallen, ein neues Customer-Relationship-Management zu implementieren.

Der erste Schritt besteht also darin, sich wirklich die Zeit zu nehmen, ein Brainstorming durchzuführen und sich die entstandene Liste ein paar Mal anzusehen. Im ersten Durchgang werden Sie vielleicht ein paar Leute vergessen. Schauen Sie sich die Liste also noch einmal an und stellen Sie sicher, dass Sie alle abgedeckt haben.

Wenn Sie dann mit einer Liste und mit Positionen aufwarten, auf denen die relevanten Leute in den Kategorien der Liste stehen, können Sie den nächsten Schritt machen. Das ist ein genauer Blick auf jede einzelne Person, die Sie aufgeführt haben.

Sie fragen sich für jede einzelne Person: Wie ist ihre Reputation? Wie wahrscheinlich ist es, dass andere Personen dieser Person folgen würden, wenn diese etwas Bestimmtes empfehlen oder eine Sache unterstützen würde? Wenn das sehr wahrscheinlich ist, bewerten Sie die Person mit einer 10. Wenn es absolut unwahrscheinlich ist, dann bewerten Sie die Person mit einer 1.

Im nächsten Schritt bewerten Sie die Personen nach ihrem Einfluss. Und mit Einfluss ist hier der Grad ihrer Vernetzung in der jeweiligen Organisation gemeint. Sind sie Meinungsführer, sehen und treffen sie viele Menschen, sodass sie die Chance hätten, viele Menschen zu beeinflussen? Hier sehen Sie, dass Einfluss im Sinne des Erreichens vieler Menschen nicht bedeuten muss, sie erfolgreich zu erreichen. Eine Person könnte beispielsweise Zehntausende von Followern in sozialen Medien haben. Niemand in der Firma hat mehr Follower. Die Frau ist eine glatte 10, was die Reichweite betrifft. Aber leider hat sie nur eine Reputation von 1, man folgt ihr wegen des Entertainments. Gibt sie Empfehlungen, denken bestimmt einige daran, jetzt erst recht das Gegenteil zu machen. Was allein bringt es daher, so viele Follower zu haben? Diese beiden Dinge – Reputation und Einfluss – müssen also in einem Zusammenhang betrachtet werden.

Die dritte Sache, die Sie in diesem Zusammenhang abschätzen, ist die Einstellung der Person zu Ihrem Projekt. Ist sie für Sie und für das Projekt, dann gibt es +5. Ist sie dagegen, ist das eine -5. Oder ist sie – was selten vorkommt – neutral und damit 0?

Eine weitere Frage ist: Wie offen sind diese Menschen für Veränderungen? Denn das ist der Grundgedanke, über den wir sprechen: die Offenheit gegenüber Veränderungen. Sie wollen Veränderung und deshalb ist es für Sie extrem wichtig zu wissen: Wie offen sind diese Menschen für Veränderungen und was brauchen sie, damit eine Veränderung stattfinden kann? Die verschiedenen Profilvarianten werden wir uns gleich anschauen.

Was bei der ganzen Geschichte extrem wichtig und was Sie verstehen müssen, ist, dass Sie nur Arbeitshypothesen aufstellen. Das gilt für jede Art von Daten, die Sie für die SHITMatrix zusammenstellen. Es sind Arbeitshypothesen, Ideen, die sich in der Realität durchaus als falsch erweisen können. Betrachten Sie Ihre Vorarbeit einfach als eine Methode, eine Art Struktur in eine nicht organisierte Datenmenge zu bringen.

Im nächsten Schritt zeichnen wir ein Diagramm. Wir haben zwei Achsen und für die erste Achse nehmen wir die beiden Werte von Reputation und Einfluss und multiplizieren sie. Da wir zwei Werte zwischen 1 und 10 haben, ergibt das eine Skala von 1 bis 100. Das Produkt der beiden Werte nennen wir „Overall Influence" und dies gibt uns einen Wert für Einflussnahme.

Die zweite Achse ist für die Einstellung (positiv, neutral, negativ) der Person zu Ihrem Projekt, was auch immer dieses Projekt sein mag. Und schon haben wir unser Diagramm fertig und sind bereit zum Befüllen. Vor uns sehen wir die leere Stakeholder-Matrix.

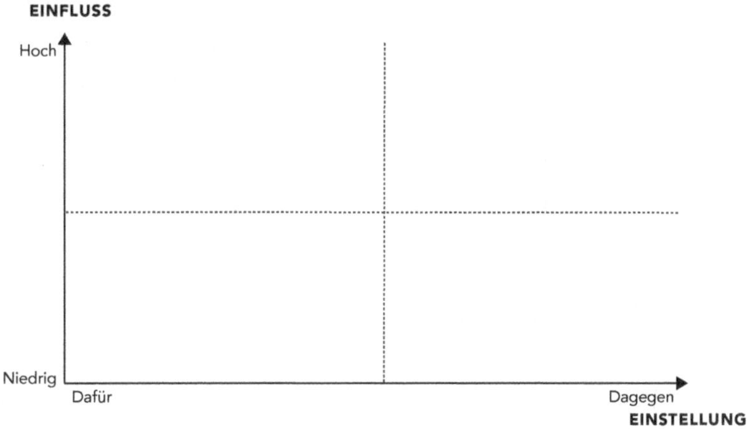

Im nächsten Schritt checken wir die Personen nach Merkmalen für Offenheit gegenüber Veränderungen, um sie nach der Ausprägung ihrer Offenheit wiederum zu kategorisieren. Weil es in unserem Beispiel um die Implementierung eines IT-Projekts geht, leihen wir uns dazu aus der Marketingpraxis fünf Typen, die scheinbar nichts mit dem Umgang mit SHIT zu tun haben.

1. Innovatoren
2. Early Adopter
3. Early Majority
4. Late Majority
5. Resistoren

Die **Innovatoren** sind schon überzeugt, weil etwas neu und schön und glänzend ist. Das reicht. Wenn etwas neu ist, dann wollen sie es. Ihre Neugierde gewinnt.

In puncto Offenheit kommen als nächstes die **Early Adopter**. In dieser Gruppe finden wir diejenigen, die einen Anwendungsfall, die irgendwie eine Idee brauchen, wie sie dieses Neue im wahren Leben nutzen können. Wenn sie den Anwendungsfall erkennen, dann sind sie gerne dabei und freuen sich über die Zusammenarbeit.

Die **Early Majority** braucht nicht nur einen Anwendungsfall, sondern auch eine Idee zur Rentabilität des Anwendungsfalls. Der Early Adopter fragt: Was ist neu und wie kann ich es verwenden? Die Early Majority fragt: Wie kann ich das Neue so einsetzen, dass es einen positiven Nutzen für mich hat und die Kosten geringer sind?

Die nächste Gruppe heißt **Late Majority**. Im Grunde wollen sie sich nicht ändern oder etwas verändern. Aber sie würden es tun, weil sie nicht zurückbleiben wollen. Wenn sie sehen, dass alle anderen auf den Zug aufspringen, werden sie auch mitfahren.

Am Ende der Skala finden wir die **Resistoren**. Diejenigen, die das Motto haben: Ich bin dagegen, worum geht's? Sie sind also nicht nur gegen Ihre Idee, sondern die Resistoren sind quasi grundsätzlich gegen Ideen.

Diese Typisierung, die ich aus dem Fachgebiet der Diffusionstheorie im Innovationsmanagement entlehnt habe, hilft Ihnen, den Fokus auf eine Frage zu richten: Was braucht die Person, damit ich sie von meiner Idee oder von meinem Vorhaben überzeugen kann?

Jetzt tragen Sie jede Person, inklusive der Markierung, welches Offenheitsprofil sie hat, in die Matrix ein. Und Sie erhalten vielleicht ein Bild ähnlich wie dieses:

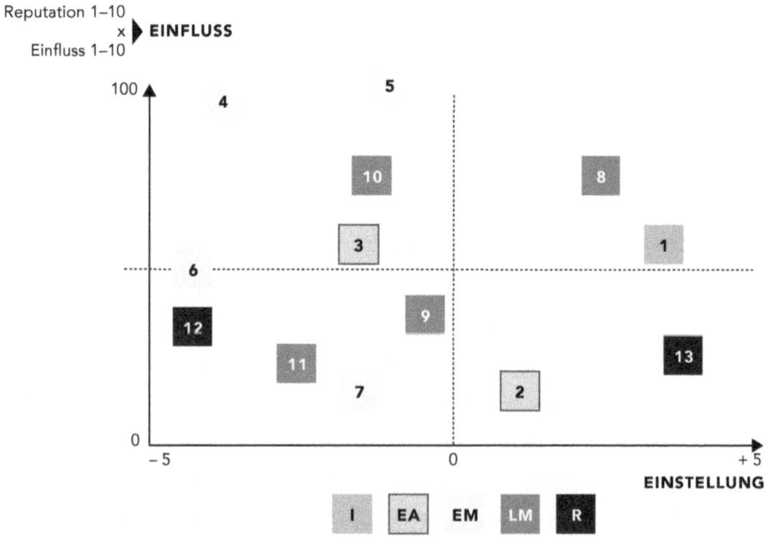

Wenn Sie die Abbildung genau betrachten, dann fällt Ihnen vielleicht die Person 13 auf. Hier haben wir einen Resistor, der Ihrem IT-Projekt trotzdem positiv gegenübersteht. Ein möglicher Grund dafür könnte sein, dass Ihr Projekt vielleicht bedeutet, dass er etwas zurückbekommt, was er durch eine andere Veränderungsinitiative zuvor verloren hat. Weil er also immer noch gegen das vorherige Projekt ist, ist er jetzt für Sie. Und wir sehen auch Personen, die wir zur Late Majority gezählt haben, die für das Projekt sind. Weil sie möglicherweise denken, dass es sowieso kommen wird und Widerstand zwecklos ist.

Machen Sie also nicht den Fehler, Menschen zu schnell in Schubladen zu stecken und sie dort zu belassen. Sehen Sie sich die Menschen und ihre Motivation genau an, immer wieder neu. Verpassen Sie Ihren Arbeitshypothesen ein regelmäßiges Update.

An dieser Stelle kommt typischerweise die Frage: Wie lange dauert es, eine solche Matrix zu erstellen? Stellen Sie sich vor, Sie haben ein Projekt mit 20, 30 betroffenen Personen, was eine typische Projektgröße ist. Puh … das muss ja Stunden dauern. Oder Tage … Nein. Bitte nicht. Nehmen Sie sich etwa 20 oder 30 Minuten Zeit für den ersten Rohentwurf! Machen Sie eine erste grobe Skizze, wie das aussehen könnte. Es ist sowieso nur eine Arbeitshypothese. Ihre erste Arbeitshypothese ist nicht die perfekteste, die Sie sich ausdenken können. Besser eine erste grobe Orientierung als gar keine. Achten Sie darauf, dass Sie die Dinge zusammenfassen und dass Sie in nur 20, 30 Minuten einen ersten Grobentwurf haben. Und die 30 Minuten nur, wenn es wirklich etwas länger dauert. Investieren Sie nicht mehr Zeit. Gleiches gilt übrigens auch, wenn Sie Tausende Stakeholder haben: Wenn wir bei heiklen Projekten Konzerne beraten, dann betreffen die Änderungen manchmal Tausende Menschen. Mit ein paar Tricks funktioniert auch hier die SHITMatrix.

Jetzt haben Sie einen Entwurf einer SHITMatrix vor sich. Und mit dieser können Sie „herumspielen“ beziehungsweise experimentieren. Die Matrix hilft Ihnen in verschiedenen Punkten. Der erste Punkt ist die **Diagnose**. Wie gut oder wie schlecht sieht es denn für unser Vorhaben aus? Hier können wir zunächst einfach auszählen. Wie viele Personen haben wir auf die linke Seite gepackt und wie viele auf die rechte? Das können wir auch einmal nach der Hierarchieebene machen, also nur die zählen, die im Overall Influence über 50 liegen.

Eine weitere Funktion des Werkzeugs ist die **Prognose**. Was sind die kritischen Stellen, an denen es schwierig wird, die wir aber hinbekommen müssen, um überhaupt eine Chance zu haben? Beispielsweise haben wir vier kritische Kandidaten, vier Fokusthemen. Wir können prognostizieren, dass es schwierig wird, wenn beispielsweise zwei starke Overall Influencer nicht wollen. Dann müssten wir schauen, ob wir vielleicht noch einen Stakeholder finden, der über den beiden sitzt und den wir bisher nicht im Auge hatten.

Die wichtigste Funktion der Matrix ist aber die Definition von **Strategie und Taktik**. Unser Ziel ist es, Personen von links nach rechts zu verschieben. Wir wollen Personen für unser Projekt oder sogar für uns selbst gewinnen. Dazu suchen wir uns jetzt unsere Hebel nach zwei Kriterien aus: so einflussreich und so offen für unsere Einflussnahme wie möglich.

8.3 MENSCHEN FÜR SICH GEWINNEN

Wie beschrieben geht es in dem Beispiel, mit dessen Hilfe ich die Stakeholder-Matrix erkläre, um ein IT-Projekt. Wir haben die beteiligten Personen – die Stakeholder – deshalb in fünf Kategorien eingeteilt, die dafür Relevanz haben. In der geschilderten Success-Story ging es aber nicht um die Implementierung eines IT-Projekts oder um die logische Überzeugung für ein neues Thema, sondern um die Akzeptanz im Team beziehungsweise um eine positive Einstellung zu einem Teammitglied. Wenn Sie also sich selbst in einer solchen Situation befinden, wenn Sie merken, dass da irgendetwas in Ihrem Team nicht stimmt, dass die anderen Ihnen ablehnend oder gar feindselig gegenüberstehen, sind andere Kategorisierungen sinnvoller. Wenn Sie es mit einer eher sachlich orientierten Entscheidung zu tun haben – zum Beispiel der Entscheidung, ob wir ein Projekt machen oder nicht –, beginnen Sie mit der Einteilung in Offenheitsprofile. Wenn es eher zwischenmenschlich ist, gehen wir weiter in die Tiefe der jeweiligen Persönlichkeit.

Wir greifen in so einem Fall wieder auf die aus Kapitel 2.4 ff. bekannten Persönlichkeitsausprägungen aus dem DEEP OCEAN-Modell zurück. Im Hinterkopf müssen Sie dabei behalten, dass kein Mensch nur durch ein einziges dieser Persönlichkeitsmerkmale bestimmt wird, sondern durch das hochkomplexe Zusammenspiel der einzelnen Ausprägungen, die in unserem Modell jeweils noch mal zwei Unterkategorien umfassen. Am Ende haben wir zehn Kategorien – die noch dazu in einem dynamischen Zusammenspiel wirken – und erreichen so bei einer professionellen Auswertung eine hohe Klarheit.

Das Ergebnis unserer Kurzanalyse kann aufgrund des Zusammenspiels der zehn Dimensionen immer nur eine Arbeitshypothese sein. Falsch machen können wir trotzdem wenig. Denn jede Reaktion – auch wenn es nicht die von uns gewünschte Reaktion ist – ermöglicht es uns, unser Gegenüber besser zu verstehen und uns seiner Persönlichkeit anzunähern. So lange, bis wir den richtigen Hebel gefunden haben, an dem wir ansetzen können.

Auf der Suche nach dem passenden Hebel unterziehen Sie die beteiligten Personen einer ganz vereinfachten Persönlichkeitsanalyse. Es ist an dieser Stelle hilfreich, wenn Sie bereits Ihre eigene Persönlichkeit so gut wie möglich kennen, und ich lege Ihnen deshalb ans Herz, sich, wie in Kapitel 2.4 angeboten, die eigene Persönlichkeit mithilfe von Profis genauer anzuschauen.

Rufen Sie sich jede beteiligte Person ins Gedächtnis. Dabei fangen Sie nicht mit derjenigen Person an, die Ihnen vielleicht am meisten Ärger macht. Sondern Sie fangen mit der Person an, die am meisten Einfluss im System hat und die Ihnen am offensten für Ihre Einflussnahme scheint. Um die, die Sie zwar stressen, die Ihnen aber aufgrund fehlenden Einflusses nicht gefährlich werden können, können Sie sich später immer noch kümmern. Dann aber aus einer Position der Stärke heraus.

Stellen Sie sich bei jeder beteiligten Person folgende Fragen für jedes Persönlichkeitsmerkmal und bewerten Sie anschließend die Stärke der Ausprägung. Das machen Sie am besten, indem Sie sich fragen, wie sehr Sie von Ihrer eigenen Antwort überzeugt sind und wie schnell Sie diese Antwort geben konnten. Vergeben Sie dafür Punkte von 1 (schwach ausgeprägt) über 2 (neutral) bis 3 (stark ausgeprägt). Wenn Sie die vergebenen Punkte zusammenzählen, haben Sie einen ungefähren Eindruck davon, wie sehr die jeweilige Dimension die betreffende Person prägt, von 8 (sehr schwach) bis 24 (sehr stark). So sollten Sie relativ schnell eine Hypothese über die bestimmenden Merkmale der betreffenden Person erstellen können, auf der Sie Ihre Strategie aufbauen, um die betreffende Person für sich zu gewinnen.

Ich erlebe in meinen Seminaren oft den Einwand, ob es hier nicht einfach auf „Nach-dem-Mund-Reden" oder „Einschleimen" hinauslaufen würde. Ich möchte es anders ausdrücken. Es geht vor allem darum, eine gemeinsame Ebene mit der Person zu finden und Sympathie aufzubauen. Dazu ist es wichtig, mit der Person im Rahmen ihrer Persönlichkeit zu kommunizieren, weil wir auf diese Weise kein Stressor- und somit kein 4F-Verhalten auslösen. Manchmal sagen wir dann inhaltlich das Gleiche, nur in einer anderen Form, sodass es annehmbar wird. Wenn also jemand ein hohes Ordnungsbedürfnis hat, wir das verstehen und ihm dieses Bedürfnis in einem gewissen Rahmen erfüllen, damit wir für unsere Themen auf mehr Nährboden stoßen, ist das kein Einschleimen, sondern ein Ernstnehmen menschlicher Bedürfnisse mit der Bereitschaft, aufeinander zuzugehen.

8.3.1 Offenheit

In dieser Dimension – die sich in Offenheit für Erleben und Offenheit im Intellekt aufteilt – kann insbesondere eine niedrige Ausprägung für andere Menschen zum Problem werden. Menschen mit einem sehr niedrigen Niveau an Offenheit sind nämlich sehr konventionelle und konservative Menschen. Fast ein bisschen einfach gestrickt, bei sehr niedriger Ausprägung. Neues erschreckt sie. Sie finden sich oft in der Late Majority oder unter den Resistoren.

Menschen mit einem sehr hohen Niveau an Offenheit werden von anderen Menschen als ungewöhnlich kreativ, wissbegierig, intelligent und visionär charakterisiert. Sie sind neugierige und wissbegierige Freigeister, die es mögen, neue Dinge auszuprobieren und zu erleben. Vielleicht sind sie deshalb ein bisschen chaotisch. Oft und gern sind sie auch als Innovators und Early Adopter unterwegs.

Im Folgenden finden Sie eine Einordnungshilfe, mit der Sie, ohne einen Profi zu konsultieren, zu einer ersten Einschätzung des Gegenübers kommen können.

Worauf Sie für Erleben achten sollten:

- Kleidet sich die Person gern besonders oder außergewöhnlich oder trägt spezielle und kreative Accessoires mit einer Geschichte dahinter? 0–3

- Versucht die Person, sich ein atmosphärisches (also stimmungsvolles und ästhetisches) Umfeld zu gestalten? Dekoriert sie daher ihren Arbeitsplatz oder ihre Wohnung beispielsweise mit Licht, Bildern oder künstlerischen Objekten? 0–3

- Mag die Person Kinobesuche oder Musik und Konzerte und berichtet begeistert von den emotionalen Momenten? 0–3

- Hat die Person außergewöhnliche Hobbys oder macht gern Ausflüge in die Natur zu inspirierenden Orten? 0–3

Worauf Sie für Intellekt achten sollten:

- Macht es der Person offensichtlich Spaß, sich an philosophischen, politischen oder technischen Diskussionen zu beteiligen? 0–3

- Liest die Person gern auch komplexere Literatur, um sich in Themen einzuarbeiten, oder schaut sie Fantasyfilme, die eine umfangreiche neue Welt beschreiben? 0–3

- Hat die Person einen großen Wortschatz und ist in der Lage, ihre Gedanken klar zu strukturieren und sich differenziert auszudrücken? 0–3

- Hat die Person Freude daran, Probleme zu lösen, beispielsweise in Form von Rätseln, Sudokus oder anderen Knobelaufgaben bis hin zu philosophischen Problemen? 0–3

Um Personen mit einer hohen Ausprägung von Offenheit für Erleben auf Ihre Seite zu ziehen, können Sie insbesondere bei hohen Werten aus den ersten vier Fragen

- Ihre Wertschätzung für die sichtbaren Ausdrücke der Kreativität loben, indem Sie zum Beispiel den Kleidungsstil wohlwollend ansprechen, die Schönheit der Einrichtung/Umgebung loben, sich im Gespräch dafür begeistern lassen oder sogar bei Gefallen Elemente für sich übernehmen. Spielen Sie dabei nichts vor, aber drücken Sie Ihre Wertschätzung aus.

Kommen die Punkte eher aus dem zweiten Fragensatz für Offenheit im Intellekt, können Sie

- die Meinung dieser Person zu komplexen Themen einholen, sich Dinge erklären lassen. Scheuen Sie sich nicht, etwas kritisch zu hinterfragen. Diskussionen und intellektuellen Widerspruch mag sie.

- sich über innovative Ideen und Geschehnisse im Arbeits- oder im alltäglichen Leben austauschen.

- nach Buchempfehlungen fragen, falls Sie sich für ein Thema interessieren, das der Person liegt.

Um Personen mit einer niedrigen Ausprägung von Offenheit auf Ihre Seite zu ziehen,

- können Sie loben, wie stabil diese Person ist und dadurch auch einmal gute Dinge bewahrt. Loben Sie auch Bestehendes, wenn zum Beispiel die Arbeitsabläufe bei der Person funktionieren.

- achten Sie darauf, dass Sie die Bedürfnisse nach Stabilität und Sicherheit ansprechen und möglichst klare Optionen vorgeben, die wenig kreative Leistung erfordern. Stellen Sie klar, was vom bisherigen Guten auch in der Zukunft bewahrt werden soll.

- geben Sie bei Neuerungen Zeit, damit sich die neue Perspektive auf die Dinge entwickeln kann, bleiben dabei pragmatisch und sachlich, kommunizieren einfach und konkret, Schritt für Schritt.

Wichtig bei diesen Tipps ist, dass Menschen eine Ausprägung zumeist irgendwo auf der mittleren Skala haben. Zum besseren Verständnis sind die Tipps hier für den Umgang insbesondere mit den extremen Ausprägungen, machen uns doch vor allem diese Probleme. Nutzen Sie diese Ideen als Input für Ihr Brainstorming, überlegen Sie, was konkret bei welcher Person passen könnte und was nicht, legen Sie bitte nicht blind drauflos!

8.3.2 Extraversion

In dieser Dimension – die sich in Dominanz (Durchsetzungsvermögen) und Enthusiasmus aufteilt – können sowohl eine niedrige und eine hohe Ausprägung für andere Menschen zum Problem werden. Menschen mit niedriger Ausprägung haben weniger Interesse an sozialen Interaktionen und tun sich häufiger schwer vor allem mit ihnen unbekannten Leuten. Sie stehen neuen Bekanntschaften und Themen eher kritisch gegenüber und sind dementsprechend auch schwieriger für Aktivitäten zu gewinnen.

Menschen mit hoher Ausprägung sind besonders begeisterungsfähig, vor allem in sozialen Kontexten. Das heißt, dass sie leicht zu begeistern sind für neue Ideen wie auch für das sogenannte gesellige Beisammensein. Aber sie können nicht nur deshalb echte Nervensägen sein – besonders, wenn die Dimension Durchsetzungsvermögen hoch ist. Ihre soziale Dominanz kann dann so weit gehen, dass sie zu absolut jedem Thema ihren Senf dazugeben, den 15. Witz auch noch erzählen müssen, wenn es schon nach dem fünften eigentlich genug war, oder andere in ihrer Überzeugungsarbeit einfach nicht in Ruhe lassen und immer wieder auch die privatesten Themen ansprechen, die keiner hören will, weil sie den Mund nicht halten können. Es gefällt ihnen gar nicht, sich klaren Anweisungen fügen und ihre eigenen Bedürfnisse hintanstellen zu müssen.

Worauf Sie bei Enthusiasmus achten sollten:

- Macht es der Person Spaß und Freude, mit den Menschen in ihrer Umgebung in Kontakt zu treten und Gespräche jeder Art zu führen? 0–3
- Zeigt die Person ihre gute Laune offen und lacht gerne? 0–3
- Ist die Person häufig auf Partys oder Feiern? 0–3
- Erzählt sie gern viele Witze und Schwänke und/oder auch sehr persönliche Sachen, obwohl man sich noch gar nicht so gut kennt? 0–3

Worauf Sie bei Dominanz achten sollten:

- Genießt die Person es, ihre Meinung zu präsentieren? Auch wenn diese nicht unbedingt fundiert oder gerade nicht gefragt ist? 0–3
- Nimmt die Person gern eine Führungsrolle ein und übernimmt das Kommando, selbst dann, wenn die Gruppe das eigentlich nicht möchte? Achten Sie auch darauf, wo die Person sitzt, wie viel Raum sie einnimmt. Fasst sie andere Personen an oder respektiert keine Nahbereiche? 0–3
- Begeistert die Person, zuweilen auch einmal mit Charisma, andere von ihrer Ansicht und verfällt dann bei Widerstand gern in einen dominanten Tonfall und gibt deutliche Anweisungen? 0–3
- Ist die Person sehr hartnäckig darin, andere Menschen von einem Vorhaben zu überzeugen, und bleibt auch bei Widerstand sehr lange an Themen dran? 0–3

Um Personen mit einer hohen Ausprägung von Extraversion in der Dimension Enthusiasmus auf Ihre Seite zu ziehen, sollten Sie insbesondere bei hohen Werten aus den ersten vier Fragen bei allen Ihren Aktivitäten den sozialen Kontext betonen:

- Laden Sie sie zu sozialen Aktivitäten ein.

- Erkundigen Sie sich nach Freunden, Familie und Vereinsmitgliedschaften.

- Beziehen Sie die Person in Ihr Team ein und vermeiden Sie alles, was nach Ausschluss aussehen könnte; geben Sie ihr Raum, sich in der Gruppe zu positionieren.

- Bestätigen Sie diese Menschen in ihren Vorhaben, besprechen Sie, was sie an dem Thema begeistert. Das mögen und brauchen sie. Stimmen Sie gern in die Begeisterung ein.

Kommen die Punkte eher aus dem zweiten Fragensatz für Extraversion in der Dimension Dominanz sollten Sie

- dieser Person möglichst viel Handlungsspielraum lassen und ihre Verantwortlichkeiten respektieren. Geben Sie ihr eine wichtige Rolle in der gewünschten Veränderung.

- diese Personen früh in Entscheidungen einbinden und ihnen unbedingt die Möglichkeit geben, ihre Meinung mitzuteilen. „Ich möchte gerne ... was meinst du dazu?“

- einen autoritären Tonfall vermeiden – dennoch können Sie hart in der Sache bleiben; Widerstand und eine knallharte Diskussion in der Sache machen ihnen oft nicht nur nichts aus, sondern werden sogar oft geschätzt.

- bei für Sie unwichtigen Themen in der Diskussion kein Fass aufmachen. Denken Sie sich: „Ja, ja." Und lassen Sie einmal bei einem Thema locker, das Ihnen nicht so wichtig ist.

Um Personen mit einer niedrigen Ausprägung von Extraversion auf Ihre Seite zu ziehen, sind Einzelinteraktionen generell besser geeignet als Gruppenaktivitäten:

- Wertschätzen Sie, wenn diese Person Ihnen etwas anvertraut, und behandeln Sie diese Dinge unbedingt vertraulich.

- Rücken oder gar zerren Sie solch eine Person nicht unnötig ins Rampenlicht und stellen Sie sie niemals in der Gruppe bloß (was eine Selbstverständlichkeit sein sollte). Wenn diese Person in der Gruppe eine Rolle übernehmen soll, besprechen Sie das bitte vorher.

- Fragen Sie explizit und womöglich mehrfach nach, um die ehrliche Meinung der Person zu erfahren.

- Fragen Sie nach dem expliziten Einverständnis bei Entscheidungen, die die Person betreffen. „Ist es okay für dich, wenn ...?" Fragen Sie außerdem, was für diese Person wichtig ist – und zeigen Sie nachher durch Ihre Handlungen, dass Sie das verstanden haben.

- Loben Sie die Momente, in denen die Person sich aktiv an Gruppenprozessen beteiligt, da dies für sie mit viel Unsicherheit verbunden ist.

8.3.3 Neurotizismus

In dieser Dimension – die sich in Rückzug und Volatilität aufteilt – wird vor allem eine hohe Ausprägung problematisch: für die Person selbst, aber auch für Menschen, die mit dieser Person Umgang pflegen. Menschen mit niedrigen Werten sind dagegen emotional stabile Zeitgenossen, die wie der Fels in der Brandung so schnell nichts umwirft und mit denen man im Normalfall gut klarkommt. Tatsächlich sind hohe Werte in dieser Dimension Risikofaktoren für Angststörungen und Depressionen. Aber Vorsicht: Wir arbeiten hier mit einer ganz simplifizierten Arbeitshypothese. Deshalb sollten Sie mit allzu schnellen Zuschreibungen von klinischen Diagnosen sehr, sehr vorsichtig sein. Und gehen sie erst recht nicht zu der SHIT-Person und sagen ihr „Du kriegst doch eh bald 'ne Depression" ins Gesicht.

Neurotizistisch geprägte Menschen machen sich vorrangig Sorgen über den Erhalt ihres aktuellen Status, anstatt daran zu arbeiten, ihn aufzuwerten. Bei ihnen trifft mit höherer Wahrscheinlichkeit zu, dass sie unglücklich, ängstlich und gereizt sind. Sie tragen schwer an echten oder vermeintlichen Verletzungen und schlechten Erfahrungen in ihrer Vergangenheit und machen sich große Sorgen um die Zukunft. Dabei haben Sie meist nicht mehr Mist erlebt als andere, diesen Mist schauen sie aber regelmäßig im Detail an und geben diesem viel Raum. Ihr Selbstbewusstsein liegt auf sehr niedrigem Niveau.

Worauf Sie für Rückzug achten sollten:

- Hat die Person große oder regelmäßig Angst vor Krankheiten beziehungsweise hat sie überdurchschnittlich hohe Fehlzeiten aufgrund von Krankschreibungen? 0–3

- Reagiert sie oft sorgenvoll bis traurig auf das aktuelle Tagesgeschehen? „Was das wieder werden soll/Wo soll das alles hinführen?" 0–3

- Sieht die Person eher Probleme als Chancen und lässt sich von Kleinigkeiten schnell entmutigen? Bleibt sie daher eher stabil und mit Scheu vor Veränderung in bestehenden Funktionen? Ist sie, wenn Stress ausbricht, plötzlich weg?

- Gibt es häufig Phasen, in denen Sie die Person – tatsächlich beispielsweise am Telefon, aber auch emotional – schwer erreichen, ohne dass Sie einen bestimmten Grund dafür ausmachen könnten?

Worauf Sie für Volatilität achten sollten:

- „Explodiert“ die Person manchmal wie aus heiterem Himmel und verliert dabei völlig die Fassung? 0–3

- Ist die Person schnell beleidigt, gekränkt oder schnell verlegen? Reagiert sie dann teils emotional, von traurig bis aufbrausend und lässt die Emotionen scheinbar ungefiltert heraus? 0–3

- Beschäftigt sie sich sehr lange mit negativ empfundenen Kleinigkeiten – lässt sie sich zum Beispiel den ganzen Tag von einer am Morgen verschütteten Tasse Kaffee verderben? Motzt diese Person dann regelmäßig herum, dass es doch schon früh klar war, dass das heute ein „doofer Tag“ werden wird? 0–3

- Ist sie sehr nachtragend und pflegt alte Feindschaften? 0–3

Um Personen mit einer hohen Ausprägung von Neurotizismus auf Ihre Seite zu ziehen, müssen Sie vor allem Stabilität und Sicherheit vermitteln – und manchmal eine „Ist-mir-doch-egal-Haltung“ an den Tag legen. Der meiste SHIT hat nämlich gar nichts mit Ihnen zu tun.

- Erklären und erläutern Sie Vorhaben frühzeitig und gründlich. Halten Sie Vor- und Nachteile bereit sowie Argumente, um die Nachteile zu entkräften. Erklären Sie, dass das Gegenüber durch die Veränderung nun wirklich nicht gefährdet ist.

- Bereiten Sie Veränderungen langfristig und langsam vor, lassen Sie Inkubationszeit für Ihre Ideen: Platzen Sie nicht einfach mit Ihren Plänen heraus und erwarten dann Begeisterung.

- Erkundigen Sie sich häufig nach der Gesundheit oder dem Befinden der Person und – das ist wichtig – hören Sie auch zu. Verschlimmern oder relativieren sie dabei nicht (siehe Kapitel 7.5.1), sondern wünschen Sie dem anderen einfach nur ernsthaft, dass es bald besser wird.

- Bleiben Sie selbst unbedingt verlässlich, halten Sie Verabredungen ein und lassen Sie es nie an Respekt oder formalen Respektbezeugungen fehlen. Grüßen Sie höflich und seien Sie selbst dann pünktlich, wenn bei Ihnen Politeness und Ordnung nicht so hoch ausgeprägt sind.

- Fragen Sie häufig um Rat, auf diese Weise bestätigen Sie die Person in ihrem Status.

8.3.4 Verträglichkeit

In dieser Dimension – die sich in Empathie/Mitgefühl und Politeness/Höflichkeit aufteilt – können sowohl eine niedrige als auch eine hohe Ausprägung für andere Menschen zum Problem werden. Es ist eine sehr komplexe Dimension – mit deutlich positiven und negativen Elementen auf dem gesamten Spektrum. Es ist eine Dimension, die in jeder Ausprägung durchaus Probleme bereiten kann. Vor allem den Mitmenschen. Also auch Ihnen.

Menschen mit einem sehr niedrigen Niveau an Agreeableness, also sozialer Verträglichkeit, werden als stur, wettbewerbsorientiert und, im Extremfall, sogar rücksichtslos beschrieben. Sie neigen auch verbal zu einer gewissen Geradlinigkeit, nehmen wenig Rücksicht auf die Gefühle anderer Menschen und gehen aktiv in Konflikte. Allerdings weiß man bei ihnen immer, wo man steht. Letzteres ist ein Problem bei Menschen mit hoher Ausprägung: Sie werden zwar generell als nette Menschen wahrgenommen und treten vermittelnd und ausgleichend auf. Da sie jedoch eine Tendenz dazu haben, Konflikte zu vermeiden, stimmen sie Ihnen in der direkten Interaktion zwar oft zu, können aber in Wahrheit dennoch anderer Meinung sein.

Menschen mit einer niedrigen Ausprägung an Politeness können sich und anderen Schwierigkeiten bereiten, da sie ein veritables Autoritätsproblem haben und Regeln oftmals nur für andere gelten. Es sei denn, sie haben sich ihre eigenen Regeln gemacht. An diese halten sie sich – und die anderen haben sich auch daran zu halten.

Worauf Sie bei Empathie achten sollten:

- Fragt die Person häufig, wie es Ihnen geht, und nimmt Ihre Antworten ernst? 0–3

- Spürt sie sofort, dass bei Ihnen etwas nicht stimmt? Muntert sie oft auf oder tröstet? Nimmt sie sich viel Zeit für andere Menschen, auch wenn es dafür für sie selbst Probleme gibt? 0–3

- Würde die Person zu den ersten gehören, die Sie beispielsweise für einen Umzug um Hilfe bitten könnten? Wird diese Person dann sehr viel tun, um auch wirklich helfen zu können? 0–3

- Spiegelt diese Person bewusst oder unbewusst Ihre Körpersprache, Ihre Gestik oder bestimmte Sprachbilder, die Sie gern verwenden? 0–3

Worauf Sie bei Politeness achten sollten:

- Ist die Person immer pünktlich oder hält sie Verabredungen akribisch ein? Ruft sie direkt an, wenn sie ein Commitment nicht einhalten kann? 0–3

- Eckt die Person so gut wie nie mit klaren Worten und mutigen oder polarisierenden Aussagen an? Wird stattdessen eher die allgemeine Meinung wiedergegeben und verdutzt geschaut, wenn jemand nicht der allgemein vorherrschenden Meinung ist? 0–3

- Sind Kleidung und Erscheinungsbild immer akkurat und angemessen, so wie sie sein sollte? Weil „man das halt eben so macht" und „sich das ja auch so gehört", denn: „Was sollen die Leute sonst denken!" 0–3

- Hält sich die Person akribisch an die Regeln und Normen der Gesellschaft – zum Beispiel, dass in der Tempo-30-Zone Strich 30 gefahren wird und man, weil man das so macht, jedem eine Postkarte aus dem Urlaub sendet? Regelverstöße vom Parkticket bis hin zu disziplinarischen Schwierigkeiten kommen so gut wie nicht vor, und wenn, leidet dann die Person regelrecht darunter? 0–3

Um die konfliktscheuen und regeltreuen Personen mit einer hohen Ausprägung an Verträglichkeit auf Ihre Seite zu ziehen, können Sie, insbesondere bei hohen Werten

- ganz entspannt sein. Diese Menschen wollen auf Ihrer Seite sein, weil sie wissen, dass es nicht schön ist, niemanden an der Seite zu haben. Achten Sie nur darauf, diese Menschen weder emotional noch in praktischen Dingen auszunutzen.

- gemeinsame Interessen und soziale Normen ansprechen; das sind gute Gründe, warum sich diese Menschen überzeugen lassen.

- auf das Interesse der Allgemeinheit fokussieren, warum etwas gut und hilfreich für alle ist.

Um Personen mit einer niedrigen Ausprägung auf Ihre Seite zu ziehen,

- können Sie ansprechen, dass die bestehenden Regeln doch keinen Sinn machen, dass es klüger und rationaler wäre, es so zu machen, wie Sie vorschlagen. Erklären Sie, inwiefern es auf Ihre Weise viel logischer und besser wäre.

- können Sie manchmal die Person mit einem kleinen Wettstreit von sich überzeugen. Wetten Sie um eine Flasche Champagner, dass Sie recht haben. Und wenn das Gegenüber hoch in Empathie sein sollte, aber gering in Politeness – dann wetten Sie so, dass der Verlierer für einen guten Zweck spenden soll. (Vorsicht: Hier sollte kein böses Blut entstehen. Die Person ist eventuell konfliktfreudig, sieht eine Auseinandersetzung an sich aber als nichts Weltbewegendes an.)

- sollten Sie auf der Fakten- und Sachebene bleiben und weniger die menschliche Seite betonen. Die Bedenken der Menschen formulieren Sie als pragmatische Arbeitsaufgaben im Sinne von: Auch wenn es nicht jeder unterstützen würde, ergibt es doch Sinn und man darf ja nicht die Frösche fragen, ob man den Teich trockenlegen soll. Aber man muss schon wissen, wie die Frösche reagieren werden und es denen einfach machen, einen neuen Teich zu finden, sonst hat das Projekt unnötig extra Probleme.

8.3.5 Gewissenhaftigkeit

In dieser Dimension – die sich in Fleiß und Ordnung aufteilt – können sowohl hohe und niedrige Ausprägungen im Sinne von Handling SHIT für die Mitmenschen zum Problem werden: bei niedriger Ausprägung, aber vor allem dann, wenn SIE selbst nicht mit den damit einhergehenden Eigenschaften klarkommen. Bei hoher Ausprägung ist es so, dass diese Menschen nicht mit Ihnen klarkommen, weil sie dieselben Ansprüche, die diese Menschen an sich anlegen, auch von Ihnen erwarten. Und diese Ansprüche sind hoch.

Sie sind strukturierte Arbeitstiere, die sehr empfindlich auf Misserfolge reagieren. Sie neigen zu einem ausgeprägten Schwarz-Weiß-Denken auch in moralischer Hinsicht. Und sie neigen dazu, auch andere, also Sie, aufgrund ihrer eigenen moralischen Ansprüche zu bewerten. Außerdem ist jedermann seines Glückes Schmied und wenn Sie kein Glück haben sollten, dann haben Sie sich eben nicht genug angestrengt.

Worauf Sie bei Ordnung achten sollten:

- Legt die Person großen Wert darauf, die Dinge systematisch und strukturiert zu bearbeiten, so wie es sich gehört? 0–3

- Ist es bei der Person zu Hause oder am Arbeitsplatz sehr aufgeräumt – vor allem auch dort, wo man normalerweise nicht hinschaut: in den Schränken und in der Schreibtischschublade, wo alles schön systematisiert ist? 0–3

- Legt die Person gerne To-do-Listen an, arbeitet diese auch regelmäßig und systematisch ab und pflegt beständig andere Systematiken? 0–3

- Denkt diese Person langfristig und logisch, hat die Person als Altersvorsorge einen Bausparvertrag oder verfügt über längerfristige Finanzplanung und macht heute schon etwas, was eigentlich erst in Zukunft relevant ist? 0–3

Worauf Sie bei Fleiß achten sollten:

- Arbeitet die Person häufig auch am Wochenende beruflich? Kann sie nicht entspannt auf dem Sofa sitzen, solange es etwas zu tun gibt, und erledigt oft noch schnell etwas, auch wenn die Pause schon begonnen hat? 0–3

- Hat die Person einen akademischen Grad oder eine andere formal sehr hohe Ausbildung oder arbeitet zumindest konstant an sich selbst? 0–3

- Hat die Person einen klaren und beständigen Fokus auf das, was zu tun ist, denkt in logischen Schritten und fordert ein, dass nun alle loslegen und an einem Strang ziehen sollen? 0–3

- Bringt die Person Sachen schnell hinter sich und schiebt selten etwas auf? Hat sie vielleicht sogar eine leistungsorientierte Haltung, bei der es okay ist, dass der, der mehr leistet, auch mehr verdient? 0–3

Personen mit hoher Ausprägung von Gewissenhaftigkeit auf Ihre Seite zu ziehen ist nicht leicht, denn sie bewerten Ihr Verhalten ziemlich rigoros. Deshalb sollten Sie bei dieser Dimension nicht nur auf einer Handlungsebene, sondern idealerweise an Ihren eigenen Einstellungen arbeiten. Was Sie dennoch machen können:

- Bitten Sie das Gegenüber um Unterstützung bei der Planung und Durchführung der nächsten Schritte, betonen Sie, dass es für den Erfolg wichtig wäre, und bitten Sie darum, diese Schritte auch teilweise gemeinsam zu machen.

- Achten Sie verstärkt auf Ordnung, Systematik, Aufgeräumtheit und Fortschritt. Nutzen Sie ganz bewusst Werkzeuge und Methoden, die Sortierung und dadurch Resonanz beim Gegenüber schaffen.

- Betonen Sie, wie wichtig es Ihnen ist, das Thema zu Ende zu bringen, was Sie da angefangen haben; betonen Sie Ihre Bereitschaft dazu.

- Wenn Sie das Gefühl haben, dass Ihre weniger ausgeprägte Leistungsorientierung das Gegenüber nervt: Signalisieren Sie volles Commitment und machen Sie es erlebbar, lassen Sie sich nicht bei Müßiggang erwischen. Liegen Sie auf dem Sofa, wenn der andere anruft und fragt, was Sie so machen, dann sagen Sie, dass Sie auch über das gemeinsame Thema nachgedacht haben, Sie müssen ja nicht sagen, dass das schon fünf Stunden her ist – und versenden Sie doch einfach eine E-Mail freitags um 21:00 Uhr, dazu gibt es tolle Software, mit der Sie den Versandtermin planen können.

Um Personen mit einer niedrigen Ausprägung auf Ihre Seite zu ziehen, können Sie

- ihnen Arbeit abnehmen und sich gemeinsam zum Brainstormen treffen, wie das Thema noch einfacher und mit noch weniger Aufwand gelöst werden kann.

- besprechen, wie sich vielleicht Aspekte der Arbeit automatisieren oder delegieren lassen. Betonen Sie, dass die Arbeit, die übrig bleibt, hier aber auch nötig ist.

- nachschauen, welche anderen Persönlichkeitseigenschaften jemanden in die Leistungsbereitschaft bringen können. Hoher Enthusiasmus? Sprechen Sie an, wie klasse es wäre, am Ziel zu sein, schaffen Sie Begeisterung! Hohe Offenheit? Sprechen Sie an, wie toll und perfekt das Ergebnis zu weiteren der Person wichtigen Themen passt und wie dadurch ein ästhetisches, rundes Bild entstünde! Hohe Empathie? Sprechen Sie an, wie gut es für die Menschen in der Umgebung wird, wenn sie das Thema bearbeiten.

Jede Persönlichkeitsausprägung hat also ihre Hebel entsprechend ihrer Grundbedürfnisse. Diese müssen Sie finden und bedienen.

- Offenheit – Ästhetik und Innovation
- Gewissenhaftigkeit – Produktivität und Struktur
- Extraversion – Geselligkeit und Einfluss
- Agreeableness – Gerechtigkeit und Zusammenhalt
- Neurotizismus – Zuverlässigkeit und Sicherheit

Wenn Sie ein Team auf Ihre Seite bringen wollen, hilft Ihnen außerdem eine ganz besondere Mechanik. Wenn Sie eine Person in Bewegung bringen, bringen Sie das Gesamtgefüge in Bewegung. Es bewegt sich niemals nur eine Person allein, weil alle anderen Personen wie in einem Spinnennetz verbunden sind und dann ihre Beziehung zur bewegten Person neu ausrichten müssen. Und in den allermeisten Fällen folgen sie dabei der einflussreichsten Person.

Niemand will am Ende allein dastehen. Henri hat die Hebel mithilfe des Handling-SHIT-Programms gefunden und angesetzt. Und das können Sie auch. Werden Sie mit Ihrem eigenen Stress und dem SHIT der anderen fertig und verwandeln Sie stressige Situationen in Erfolgserlebnisse – in Gesprächssituationen und in Gruppenbezügen.

8.4 EINMAL SHIT UND ZURÜCK

Die oben kurz zusammengefasste Geschichte von Henri, der innerhalb eines Teamkonflikts gefangen war, an dem er beinahe zugrunde ging, bildet exemplarisch die gesammelten Handling-SHIT-Methoden ab. Ich möchte sie deshalb nutzen, um noch einmal zu zeigen, wie man mithilfe der Handling-SHIT-Methoden und Werkzeuge nicht nur auf einzelne Angriffe reagieren, sondern wie man sie nutzen kann, um strategisch und systematisch ein komplettes System zum eigenen Nutzen zu bearbeiten und zu beeinflussen.

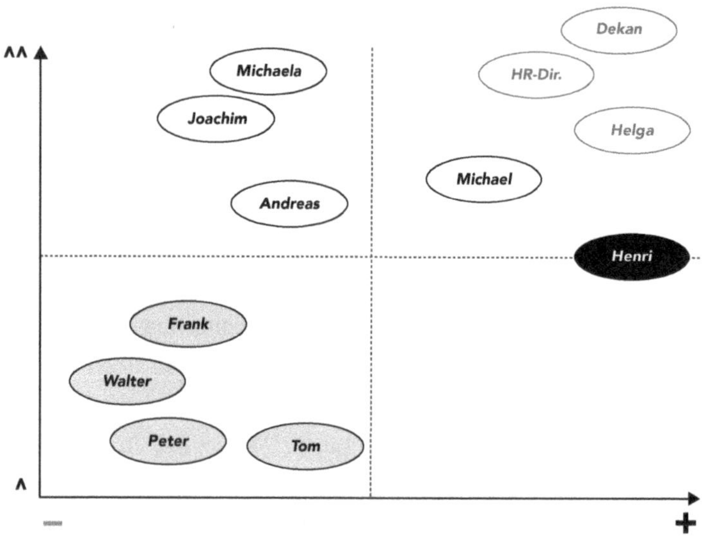

Die Abbildung zeigt die – wie in Kapitel 8.1 beschrieben – erstellte SHIT-Matrix zu Beginn der Intervention, es handelt sich genau um die handschriftlich im Coaching erstellte Grafik, nur mit veränderten Namen und jetzt „in Schön" dargestellt. Wir sehen im rechten oberen Quadranten die einflussreichen und positiv eingestellten Personen: den Dekan, den HR-Direktor, eine vom HR-Direktor eingesetzte Mitarbeiterin namens Helga und einen einflussreichen Michael. Ebenfalls einflussreich, aber eher negativ eingestellt, finden wir im oberen linken Quadranten einen Chirurgen mit starker Neigung zur Forschung namens Andreas, den als schwierig geschilderten Joachim und Michaela als eine Art Anhängsel an Joachim. Henri erkennen wir deutlich am Rand rechts zwischen dem rechten oberen und dem rechten unteren Quadranten.

Das eigentliche Konfliktpotenzial ist ein Cluster im unteren linken Quadranten, gebildet aus den Kollegen Walter, Peter, Tom und Frank.

Wir haben in dieses Diagramm, als Erweiterung zu dem bereits bekannten Vorgehen, zusätzlich die Beziehungen zwischen den einzelnen Personen nachgezeichnet – eine graue Linie für Konflikt, eine schwarze für eine starke Bindung, je dicker die Linie, umso stärker.

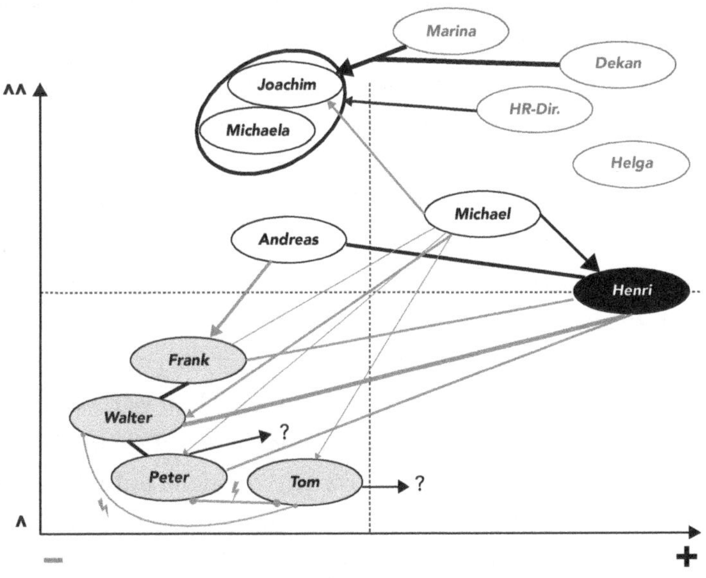

Es wird deutlich, dass der stärkste Konflikt zwischen Henri und Walter besteht, aber dass auch innerhalb der einzelnen Cluster Konfliktlinien zu finden sind, wie beispielsweise zwischen Andreas und Frank oder – wenn auch schwächer – zwischen Peter und Tom. Gleichzeitig sehen wir eine starke Verbindung zwischen Walter und Frank, ebenso wie zwischen Walter und Peter. Beide sind aufgrund dieser Verbindung zu Walter in das Cluster hineingezogen worden. Interessant für uns war auch der schwelende Konflikt zwischen Tom und Peter. Gut für uns war ebenfalls der Konflikt zwischen dem uns gegenüber positiv eingestellten Michael und Joachim, der als schwacher Abteilungsleiter einer der Haupttreiber des Konflikts war. Als beeinflussbare Ziele haben wir Tom identifiziert, den wir aus dem Cluster lösen wollten, sowie Peter, der, wie wir vermuteten, eigentlich nichts gegen Henri hatte, sondern nur aus falsch verstandener Solidarität mit Walter negativ gegen Henri eingestellt war.

Wir sind dann auf die nächste Ebene der Analyse gegangen und haben uns angeschaut, wie die einzelnen Personen ticken, was sie antreibt. Das haben wir so gemacht wie im vorherigen Kapitel beschrieben und haben für jede Person überlegt, was zu tun wäre. Diese Analyse hat ganz konkret die weiteren Begegnungen zwischen Henri und Joachim geprägt. Denn Joachim wurde von uns eingeschätzt als jemand, der sehr hoch in Ordnung ist und dementsprechend immer nach Kontrolle strebt. Es war also wichtig, ihm dieses Gefühl der Kontrolle (zurück-) zu geben.

Trotzdem hatten wir zu dieser Phase nur geringe Möglichkeiten, direkt auf die Haupttreiber Joachim und Walter einzuwirken. Wir haben uns deshalb entschieden, indirekt, nämlich über Michael, auf Joachim zu zielen. Für Michael war ebenfalls eine gewisse Sicherheit wichtig, dazu hatte er aber dieselbe Offenheit wie Henri mit hoher Kreativität, was sich besonders in seiner Forschungsarbeit niederschlug. Als nächsten Kanal haben wir uns für den HR-Direktor und für den Dekan entschieden, über die wir ebenfalls indirekt auf Joachim und auf Walter einwirken wollten. Hier war es wichtig, die positive Einstellung der beiden Key-Stakeholder gegenüber Henri zu stabilisieren, zu erhalten und ihnen aufzuzeigen, wie wichtig es auch für sie wäre, beruhigend auf den Konflikt einzuwirken.

Wenn wir jemanden positiv stimmen wollen, ist es vor allem wichtig, dass diese Person uns nicht als Stressor empfindet. Hier dient uns das SCARF-Modell (Kapitel 2) als Maßstab. Das heißt, dass Henri in jeder Begegnung, in jedem Gespräch, darauf geachtet hat, wie er seine Gesprächspartner in ihrem Status bestätigen, wie er ihnen Autonomie und Sicherheit geben, wie er sie am besten einbinden und wie er einen fairen Umgang finden kann. Wir haben auch daran gearbeitet, wie er überhaupt Gespräche über dieses schwierige Thema beginnen kann. Als Maßstab diente dabei die OUTSIDE-Methodik „SHIT-Gespräche beginnen“ (AnKoGePo!) aus Kapitel 7.4. Das führte zu konkreten Gesprächsansätzen beispielsweise mit Michael: „Michael, wie du weißt, haben wir hier einen Konflikt im Team und du hast ja auch eher eine skeptische Perspektive auf Joachim. Für uns beide wäre es doch wichtig, wenn wir diesen Konflikt bereinigen könnten. Das wäre wichtig für uns und auch für das Team, damit dann unsere Arbeit zum Patientenwohl besser läuft. Deswegen würde ich gerne mit dir sprechen, inwiefern du das ein bisschen unterstützen kannst.“

In der nächsten Phase haben wir zusätzlich auf Peter gezielt. Die Überlegung war, dass wir ihn aus dem Konflikt herauslösen beziehungsweise auf die positive Seite ziehen könnten. Dann würde er sicherlich auch Walter ein Stück weit mitziehen. Peter ist deshalb ins Visier geraten, weil er inzwischen, wie wir schon vermuteten, angedeutet hatte, dass er dem Konflikt eher kritisch gegenüberstehen würde und durchaus seine eigene Sicht auf das Thema hätte. Ihm wären Inhalte und Sachthemen einfach wichtiger, sagte er gegenüber Henri, und darüber könne man sprechen – eine neue Perspektive und sehr gut für uns. Wir beziehungsweise Henri baten auch Marina, eine Assistentin von Andreas, die noch gar nicht auf unserer Matrix war, um Unterstützung, um auf Joachim einzuwirken. Sie hatte den Konflikt im Auge und war nicht damit einverstanden, wie die Sache zu der Zeit lief. Das fanden wir allerdings erst nach den ersten Gesprächen heraus – entsprechend wichtig ist es, die Matrix regelmäßig zu aktualisieren. Als ihr Rückhalt gesichert war, konnte Henri Andreas direkt ansprechen. In den folgenden Gesprächen hat sich gezeigt, dass Andreas keinesfalls von Joachim überzeugt war, er hatte sogar ein konkretes Problem mit ihm, in dem es um die Generierung von Forschungsgeldern ging. In Wahrheit war er sogar ziemlich frustriert wegen Joachim. Für uns war das überraschend und spannend, denn wir hatten Andreas eher negativ eingestellt eingeschätzt, konnten ihn aber direkt auf unsere Seite ziehen, indem Henri sich anbot, bei der Lösung des Problems zu helfen.

Bei Tom – dem Jüngeren im Team, der noch an seiner Doktorarbeit schrieb, aber seit Kurzem schon als Arzt im Team war und den wir ganz unten, aber dennoch links verortet hatten – konnten wir feststellen, dass er eher zufällig am Konflikt beteiligt war. Er war vor Kurzem erst in das Team gekommen, zu einer Zeit als Henri schon im Exil, also im anderen Krankenhaus war. Er hat dann einfach die Meinung der Gruppe übernommen. Und Henri merkte, dass Tom dringend Unterstützung bei seiner Doktorarbeit benötigte; er war nicht so hoch in Fleiß. Diese Unterstützung konnte Henri zusagen – und so kam dieser junge Arzt ganz schnell auf die rechte Seite. Das ist der Tom, Sie erinnern sich, den Henri dann später auf seinem Weg zum Chef der Abteilung Stück für Stück begleitet hat.

Wir haben also bei den Beteiligten geschaut, inwiefern sie für uns erreichbar waren, haben ihre Persönlichkeit eingeschätzt, um herauszufinden, was jeder von ihnen für Bedürfnisse hatte: Was brauchen sie und wie kann man kommunizieren mit den klaren Zielen, diese Personen für sich zu gewinnen und eine persönliche Basis aufzubauen? Zusätzlich zu unseren eigenen Bemühungen liefen zu dieser Zeit bereits die Gespräche im Rahmen der Mediation. Nachdem die ersten Gespräche gelaufen waren, haben wir

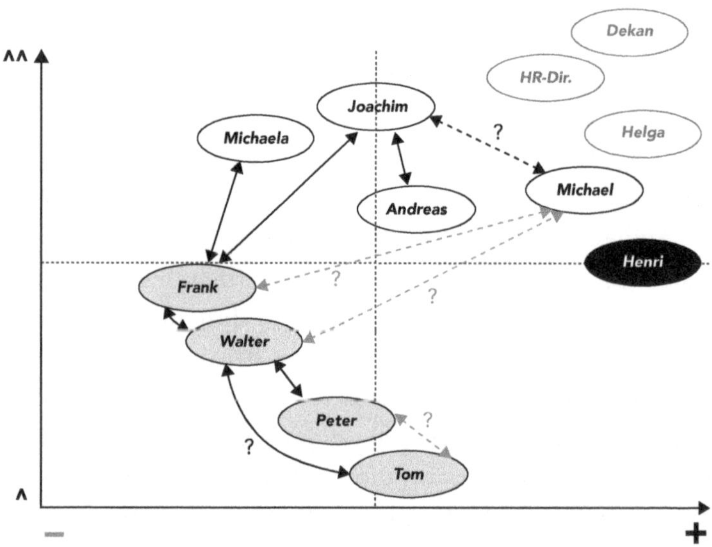

immer wieder eine Zwischenbilanz in Form einer adaptierten Matrix gezogen.

Wir konnten deutlich sehen, dass wir auf einem sehr guten Weg waren. Tom war bereits ins Positive gerutscht, ebenso Andreas. Joachim war über die Intervention von Michael und auch über die Interventionen des HR-Direktors und des Dekans Henri gegenüber in eine Neutralität gerutscht. Denn er hatte gemerkt, dass er sich mit einer Positionierung gegen Henri gleichzeitig gegen seine direkte Führung stellen würde. Auch Andreas, der eine zwar von dem Problem der Forschungsgelder überschattete, aber dennoch grundsätzlich gute Beziehung zu Joachim hatte, hatte sich inzwischen klar für Henri positioniert – was er auch gut tun konnte, da sich Joachim nun mindestens neutral gab. Aber es war auch ein weiteres Signal für Joachim, seine Einstellung weiter zu überdenken.

Gleichzeitig gab es immer noch den Konflikt zwischen Frank und Michael sowie Frank und Henri. Überhaupt hatte sich Frank bisher am wenigsten bewegt. Peter war dagegen ebenfalls schon ins Neutrale gerutscht. Selbst Walter war deutlich nach rechts gerutscht, und das ohne große Bearbeitung durch Henri. Das Einzige, was Henri dafür tun musste: Wann immer sie sich begegneten, versuchte er einfach keinen Stress auszulösen, und er überlegte, was Walter denn brauchen konnte – also positive Begegnungen schaffen. Wesentlicher Grund, warum er nach rechts rutschte: Joachim war neutral geworden, Tom und Peter auch. Wenn nicht alle einstimmen und sich auch der Chef neutral verhält, dann ist es sehr schwer, offen gegen jemanden zu wettern, insbesondere wenn man seit einiger Zeit immer nur gute Begegnungen mit dieser Person hat.

So wie diese haben wir oder besser hat Henri die anderen positiven Veränderungen in einem Zeitraum von nur vier Wochen (!) erreichen können. Mit bewussten Gesprächen und mit Small Talk auf dem Flur – hinter dem aber eine Logik steckte! In seiner Kommunikation hat Henri bewusst darauf geachtet, seinen Gesprächspartnern das zu geben, was sie brauchten, ihnen gleichzeitig aber keinen Stress nach dem SCARF-Modell zu machen, sondern ihnen ganz im Gegenteil positive Emotionen zu verschaffen. So hat er sie nach der SHIT-Methodik bearbeitet und sie alle sind ein Stück ins Positive gerutscht.

Parallel haben wir im Sinne von Kapitel 7.7 an dem Erleben der Kollegen gearbeitet. Ein Vorwurf gegen Henri war, dass er sich nicht genügend Zeit für seine Patienten nahm. Also haben wir darauf geachtet, dass seine Patienten in dieser Zeit super zufrieden waren, so zufrieden, dass diese es den Krankenschwestern sagten, die so überrascht von der Welle des positiven Feedbacks waren, dass sie es überall erzählten. Wenn nun, in so einer Situation, ein Walter alte und schon damals falsche Behauptungen in den Raum stellen würde, dass Henri sich nicht gut um die Patienten kümmere, dann würde er sich damit ja nur lächerlich machen, da alle das Gegenteil erlebten. Somit war einem der größten formulierten Kritikpunkte der Vergangenheit der Nährboden entzogen.

In der nächsten Phase haben wir versucht, Joachim direkt zu stabilisieren. Dazu musste Henri ihm das Gefühl von Macht und Kontrolle vermitteln. Henri bat ihn also verstärkt um Rat und Unterstützung. Joachim hat diese Maßnahmen, dieses Kontrollebekommen, sehr positiv aufgenommen. Dazu war allerding nötig, dass Henri ein Stück weit über die Grenzen seines eigenen, von Durchsetzungsfähigkeit geprägten Persönlichkeitsprofils springen musste. Überhaupt war alles, was ich hier so nonchalant schildere, mit sehr viel und sehr harter Arbeit von Henri verbunden. Und natürlich ebenso mit viel persönlicher Überwindung. Das Ergebnis ist wirklich großartig, aber es ist das Ergebnis von sehr harter Arbeit. Henris harter Arbeit, die ich lediglich als Coach aus dem Hintergrund begleiten konnte. Diese Arbeit wurde über mehrere weitere Wochen fortgeführt. Zeit, in der Henri auch intensiv an seiner Empathie arbeitete. Was früher eine ausgemachte Schwäche von ihm war, wurde im Verlauf des Coachings zu einer Stärke. Dazu gehören auch kleine Gesten. Einem kranken Kollegen beispielsweise einfach mal eine WhatsApp-Nachricht schicken: Gute Besserung, hoffentlich bist du bald wieder an Bord. Eigentlich sind das Kleinigkeiten. Aber eben sehr wichtige Kleinigkeiten in der Beziehungspflege. So lief es gut, Tom kam in die

Führung und es wurde systematisch besser. Aber wie schon einmal erwähnt: Es wird erst schlimmer, bevor es besser wird.

Henri arbeitete auf dieser Ebene weiter. Kurz vor unserem Abschluss erfolgte jedoch noch einmal ein Angriff aus dem Team auf ihn. Der Angriff wurde von Frank geführt, der Henri in einer E-Mail – natürlich über den großen Verteiler – vorwarf, sich unkollegial und illoyal zu verhalten und sich zudem nicht genügend um seine Patienten zu kümmern. Da war er wieder, der alte Vorwurf. Wir wussten nicht, aus welchem Stressor heraus dieser Angriff entstand. Jedenfalls wussten wir: Der Angriff war sehr unangenehm und hat alte Wunden bei Henri aufgerissen. Aber er war eben auch sehr unspezifisch. Es wurde kein spezielles Vorkommnis genannt, auf das sich die Vorwürfe bezogen oder das die Vorwürfe gar belegt hätte. Wir nutzen diesen – letzten – Angriff als große Chance. Denn mithilfe der verbalen Taktiken und den Konter-Werkzeugen, insbesondere mithilfe von Rückfragen und durch den dadurch vermittelten professionellen und lösungsorientierten Eindruck, wurde nicht nur Frank klar, dass es keinen Zweck mehr hatte, sich mit Henri anzulegen. Im Sinne des Konter-Werkzeugs Weiterleitung ließ er Tom per E-Mail ebenfalls in die gesamte Runde antworten – der direkt den Angriff verurteilte: So wolle man doch nicht miteinander umgehen! Tom bemängelte, dass es doch nur abstrakte Behauptungen wären, die Frank da vorbrächte, und er verwies gleichzeitig auf die tollen Feedbacks, die Henri inzwischen systematisch bekam. So ließ Henri diesen Angriff, wie auch viele weitere, inzwischen geschickt vor die Wand fahren. Aufgrund der hohen Ausprägung der Dimension Fleiß und des hohen Intellekts in Verbindung mit Neurotizismus ist es für Henri in seiner Selbstreflexion trotzdem nie gut genug. Ich kann aber sagen: Das macht er richtig klasse!

So führte dieser Angriff letztlich dazu, dass wir auch Frank zumindest in den neutralen Bereich ziehen konnten. Und wenn es nur deshalb war, weil er wusste, dass Angriffe zwecklos sind. Zumal im Laufe der Mediation auch der wahre Grund hinter dem Angriff zutage kam. Frank fühlte sich systematisch ausgegrenzt. Darin lag der Grund für seinen Stress. Sein Bedürfnis, eingebunden zu werden, trat dadurch klar zutage. Wir wussten jetzt, was zu tun war: Beziehung aufbauen und systematisch pflegen, trotz der vergangenen Angriffe.

Wir haben die aufgeführten Logiken immer weiter verfolgt und immer weiter stabilisiert. Die Mediation hat Henri clever genutzt, um sich als jemand zu präsentieren, der sein „Fehlverhalten", seine mangelnde Empathie, erkannt hatte und der jetzt hart daran arbeitete, diese Schwäche in eine Stärke umzuwandeln. „Ja, Leute, ich habe verstanden, ich habe manchmal wenig Mitgefühl gezeigt, das ist meine Persönlichkeit. Ich habe das abgestellt. Danke für das Feedback, das mache ich jetzt in Zukunft anders." Und das tat er tatsächlich wie beschrieben sehr erfolgreich: Er hat sein Verhalten so optimiert, dass unaufgefordert Schwestern auf ihn und die Kollegen zugekommen sind und ihm positives Feedback zu seiner Empathie gegeben haben. Er hatte es geschafft, sich eine Reputation für besonders viel Mitgefühl aufzubauen. Das kam positiv beim Team an und hat bei der konkreten Situation weiter oben geholfen, denn je besser seine Reputation in diesem Bereich wurde, umso wirkungsloser wurden natürlich sämtliche Angriffe. In der Abschluss-Matrix finden wir nur noch zwei – absolut harmlose – Gegner, die ohne jede Rückendeckung auskommen müssen. Aber nicht nur, dass es ihm bei seinem Konflikt geholfen und dass er seine Position in seinem Team ausgebaut hat: Es ist noch etwas viel Wichtigeres passiert: Henri hat eine unglaubliche Menge gelernt. Er kennt sich aus mit Persönlichkeiten mit Stress, mit dem Schaffen von Beziehungen und mit der konkreten Kommunikation, die hilft, aus dem SHIT herauszukommen. Und durch die höhere Empathie und durch stetige Verbesserung ist er auch ein besserer Arzt geworden. Henri hat wirklich aus SHIT Dünger gemacht und ist auf beeindruckende Weise daran gewachsen!

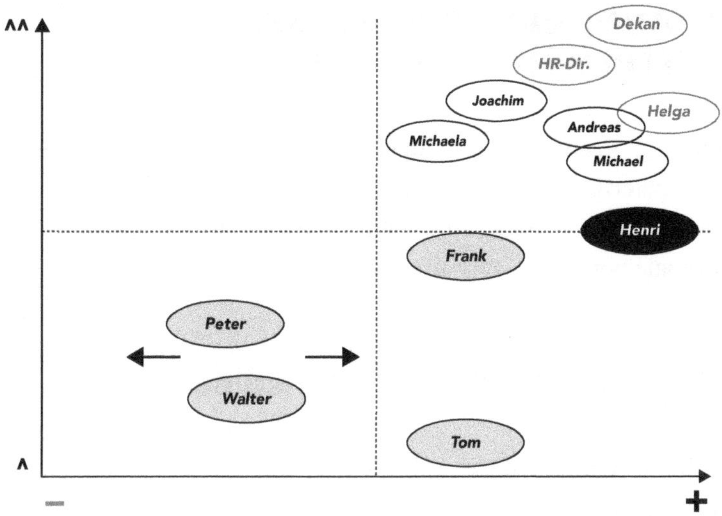
^^
Dekan
HR-Dir.
Joachim
Helga
Andreas
Michaela
Michael
Henri
Frank
Peter
Walter
Tom
^
–
+

8.5 KONKRETE STRATEGIEN FÜR SHIT-VERHALTEN

Wenn Sie nun noch mehr Ideen haben möchten, wie Sie konkret mit schwierigen Menschen in so einem Szenario arbeiten können, dann haben wir noch eine weitere Hilfestellung, nämlich eine Typologie von SHIT-Verhalten.

8.5.1 Aktive SHIT-Verhaltenstypen

Es gibt viereinhalb aktive SHIT-Verhaltenstypen, die systematisch in Konfrontation und Aggression gehen:

Da gibt es den **Panzer**, er ist dominant, aggressiv und oft feindselig. Er macht alles nieder, was ihm im Weg steht oder nicht seinen Vorstellungen entspricht.

Tipps für die SHIT-SHIFT:

1. Treten Sie klar für Ihre Interessen ein – lassen Sie sich nicht überrollen

2. Managen Sie Ihren Stresslevel (Response-Ability & Mindset!)

3. Erhalten Sie Ihre Aufmerksamkeit, zum Beispiel Augenkontakt

4. Vermeiden Sie Verallgemeinerungen – sprechen Sie aus Ihrer Sichtweise

5. Suchen Sie die Konversation (viele Fragen!), aber vermeiden Sie eine Konfrontation

6. Seien Sie freundlich, aber bestimmt, verteidigen Sie sich bei Angriffen

Oder die **Drohne**, sie vermeidet offene Konfrontationen – und tritt nie selbst in Erscheinung. Sie agiert aus dem Hintergrund und nutzt soziale Strukturen, zum Beispiel durch das Streuen von Gerüchten.

Tipps für die SHIT-SHIFT:

1. Machen Sie die Kritikpunkte öffentlich

2. Schaffen Sie eine Alternative zu einem öffentlichen Konflikt

3. Fragen Sie nach der Meinung der Gruppe

4. Vermeiden Sie einen direkten Gegenangriff

5. Konzentrieren Sie sich auf die Lösungsfindung

6. Sorgen Sie für Prävention durch offene Kollaboration

Die **Bombe**, typischerweise steckt der Choleriker dahinter, kann ihre Emotionen nicht kontrollieren. Reagiert empfindlich und schlägt dabei schnell über die Stränge. Häufig eine Fight-Stressreaktion mit anschließendem Flight.

Tipps für die SHIT-SHIFT:

1. Geben Sie ihnen Zeit, die Kontrolle zurückzuerlangen

2. Unterbrechen Sie sie in ihrer Überreaktion

3. Zeigen Sie ihnen, dass Sie sie ernst nehmen

4. Unterbrechen Sie die Situation und versuchen Sie, die Angelegenheit wieder sachlich zu klären

Der **Gott** behandelt andere herablassend. Er ist autoritär, lässt wenig Raum für andere Meinungen. Gibt anderen das Gefühl, nicht gebraucht zu werden. Und er ist auch wirklich gut und in vielem überlegen. Hier gibt es den Subtyp: Ist er nicht gut und überlegen, dann ist es der **Priester**.

Tipps für die SHIT-SHIFT für den Gott:

1. Seien Sie vorbereitet

2. Hören Sie gut zu und zeigen Sie Verständnis

3. Vermeiden Sie dogmatische Aussagen

4. Stellen Sie Fragen, anstatt zu widersprechen

5. Vermeiden Sie eine inhaltliche Diskussion

6. Achten Sie auf Ihre eigene Argumentationsweise

7. Versuchen Sie nicht, ihn zu überzeugen – laden Sie ihn auf eine Wette/ein Experiment ein

8. Letzter Ausweg: Geben Sie nach!

Tipps für die SHIT-SHIFT für den Priester:

1. Belehren Sie den Priester nicht – zeigen Sie die Wahrheit als mögliche Alternative

2. Fragen Sie, was „in der Bibel steht" – stellen Sie viele Detailfragen und Vertiefungsfragen

3. Geben Sie ihm die Möglichkeit, sein Gesicht zu wahren

4. Schätzen Sie ihn wert für sein Bemühen und seine korrekten Ansichten

5. Versuchen Sie, Sachverhalte mit ihm allein zu klären

8.5.2 Passive SHIT-Verhaltenstypen

Es gibt vier passive SHIT-Verhaltenstypen, die systematisch inaktiv bis lethargisch wirken, aber genauso schwer im Umgang sein können:

Der **Ja-Sager & Nein-Macher** wird meistens als sympathisch wahrgenommen. Immer bemüht, es allen recht zu machen. Macht leere Versprechungen.

Tipps für die SHIT-SHIFT:

1. Zeigen Sie ihm, dass er nichts zu befürchten hat

2. Zeigen Sie ihm Ihre Wertschätzung

3. Sprechen Sie offen mit ihm über die potenziell unangenehmen Dinge

4. Konzentrieren Sie sich auf Win-win-Situationen

Der **Gegner** ist immer negativ eingestellt, Einwände gegen alles Neue. Trifft absolute Aussagen und verallgemeinert Sachverhalte.

Tipps für die SHIT-SHIFT:

1. Lassen Sie sich nicht von negativen Menschen herunterziehen

2. Nennen Sie optimistische und realistische Gegenbeispiele aus der Vergangenheit

3. Streiten Sie nicht über die pessimistische Einstellung des Gegners

4. Nennen Sie keine voreiligen Lösungsvorschläge

5. Fragen Sie bei einem Lösungsvorschlag stets zuerst nach möglichen Problemen

6. Nehmen Sie die Kritikpunkte ernst – vielleicht ergeben sich daraus wirklich Probleme

Der **Abwarter** will immer erst alle Details geklärt wissen. Braucht unverhältnismäßig lange, um Entscheidungen zu treffen.

Tipps für die SHIT-SHIFT:

1. Finden Sie das zugrunde liegende Problem

2. Helfen Sie ihm, das Problem zu lösen

3. Versuchen Sie, die Alternativen begrenzt zu halten

4. Seien Sie eine Hilfe auch nach der gefällten Entscheidung

5. Versuchen Sie, die Handlungsschritte in Ihrem Kontrollbereich zu halten

6. Vermeiden Sie einen Konflikt durch die getroffene Entscheidung

Die **Abwesenheitsnotizen** reagieren nicht oder nicht hilfreich auf gestellte Fragen. Drücken sich vor Verantwortung und Meinungsäußerungen. Sind abwesend und nicht erreichbar.

Tipps für die SHIT-SHIFT:

1. Stellen Sie offene Fragen

2. Halten Sie sich selber im Hintergrund und warten Sie auf eine Antwort

3. Kommentieren Sie die Geschehnisse, falls nötig

4. Versuchen Sie, die Spannung zu lösen

5. Setzen Sie sich selber Zeitlimits

6. Lassen Sie keine „Ich weiß nicht"-Antwort gelten, fragen Sie immer sanft nach

7. Fragen Sie hypothetisch und kreativ

Nehmen Sie diese Tipps als Ergänzung für das Vorgehen, um noch mehr Ideen für einen wirkungsvollen Umgang mit SHIT zu entwickeln. Nicht sicher, um welchen Typ es sich handelt? Dann gehen Sie auf www.handlingshit.de/shitometer und nutzen das SHIT-O-METER. Sie werden dann Schritt für Schritt durch die Typisierung geführt und erhalten weitere Tipps.

NEUN

IMMER WIEDER SHIT. IMMER WIEDER DÜNGER!

Verschiedenste SHITuationen werden uns unser Leben lang begleiten, denn wo immer Menschen miteinander interagieren, entweder in Eins-zu-eins-Situationen oder in Gruppenbezügen, ist Raum für unterschiedlichste Perspektiven, für Irrtümer, Missverständnisse, Meinungsverschiedenheiten, auch für Streit, Missgunst und Boshaftigkeit. Insbesondere dann, wenn es für uns um etwas geht. Immer wieder werden wir es im Beruf und im Privatleben mit ganz unterschiedlichen Persönlichkeiten zu tun haben. Und das ist auch gut so. Denn es sind diese unterschiedlichen Persönlichkeiten, die uns inspirieren und an denen wir uns reiben können. An denen wir auch wachsen können.

Nichts wäre langweiliger als eine Welt, in der alle so wären wie wir selbst, in der alle Menschen die Dinge so sehen würden wie wir selbst. Dass dieses Buch ausschließlich die Kehrseiten dieser Unterschiedlichkeit behandelt, darf uns nicht den Blick darauf verstellen, dass es gerade diese Vielfalt ist, die unser Leben lebenswert und andere Menschen liebenswert macht. Sie werden natürlich nicht alle Menschen liebenswert finden. Auch werden nicht alle anderen Menschen Sie liebenswert finden. Und ja, einige dieser anderen Menschen verursachen Ihnen eine harte Zeit. Aus dem Aufeinandertreffen mit diesen Menschen entsteht Ihr SHIT. Mit dem Sie nun umgehen können. Erinnern Sie sich daran, dass vieles von Ihrem Stress evolutionäre Ursprünge hat und es Methoden gibt, diesen Stress wirksam zu senken. Diese Methoden basieren auf neurologischen Grundlagen. Sie brauchen deshalb auch gar nicht davon überzeugt zu sein, dass diese Methoden bei Ihnen funktionieren. Denn das tun Sie auch ohne Ihre Überzeugung.

Machen Sie sich in jeder Begegnung mit einem Menschen bewusst, dass er eine ganz eigene und vielleicht ganz andere Persönlichkeit ist als Sie selbst. Eine Persönlichkeit mit vielleicht ganz eigenen Bedürfnissen. Mit anderen Bedürfnissen, als Sie sie aufgrund Ihrer eigenen Persönlichkeit haben. Mit anderen Stressoren.

Lernen Sie Ihre eigene Persönlichkeit und Ihre Stressoren kennen und akzeptieren Sie Ihre Bedürfnisse. Das ist der erste Schritt, um mit sich selbst umgehen zu können. Versuchen Sie die Persönlichkeit und die Bedürfnisse Ihrer Gegenüber zu verstehen. Das ist der erste Schritt, um mit anderen Menschen umgehen zu können.

Aber ganz ehrlich, und bei aller großartiger Verschiedenheit der Menschen: Nur weil Sie jetzt wissen, dass der Stress des anderen gar nicht so viel mit Ihnen, sondern mit einem tief verankerten evolutionären Erbe zu tun hat, müssen Sie sich im Büro keine Angriffe eines neurotizistischen Cholerikers gefallen lassen oder für den übersteigerten Ordnungssinn einer anderen Person büßen. Geben Sie mit der richtigen Haltung, dem richtigen Wissen und den richtigen Zielen eine Antwort, die Ihrem Angreifer und allen Zeugen klarmacht, dass Sie nicht das passende Opfer sind.

Mit dem Wissen und den Werkzeugen aus diesem Buch können Sie alle SHIT-Herausforderungen bestehen. Haben Sie keine Angst, wenn der SHIT wieder einmal durch die Büroflure oder in Ihr Wohnzimmer schwappt. Erinnern Sie sich stattdessen an diese fünf Schritte:

1. **SHIT verstehen (Genese von Verhalten und 4F, SCARF-Modell, DEEP OCEAN)**

2. **Kontrolle behalten (Haltung, Heldenrolle, Response-Ability, Achtsamkeit)**

3. **Angriff verbal abwehren (12+4 verbale Konter)**

4. **Situation klären (Direction-of-Focus; AnKoGePo, 5+M)**

5. **Menschen für sich gewinnen (DEEP OCEAN, SHITMatrix, Erleben wirkt, Beziehungspflege)**

Der Weg, diese Schritte theoretisch und praktisch zu verinnerlichen, ist lang und verlangt viel Übung bis zur Meisterschaft. Aber schon der Geselle schafft eine Menge. Denn wie ich auf diesen Seiten schon mehrfach erwähnt habe, ist Perfektion ein ebenso schönes wie unerreichbares Ziel. In diesem Buch konnte ich Ihnen hoffentlich den Weg aufzeigen und Orientierung geben. Sich vorzubereiten, zu üben und dann den SHIT zu bearbeiten, das ist nun Ihre Aufgabe.

Sie werden, das kann ich Ihnen nach Jahren von Handling SHIT – vom Seminar bis hin zum Coaching – auf jeden Fall versprechen, bei konsequenter Beherzigung der Methoden dieses Buches mit kleinen Schritten sehr große Veränderungen erreichen können. Meist sind diese Veränderungen größer, als Sie es sich jemals hätten vorstellen können. Es gehört zu SHIT, dass er sich teils unlösbar anfühlt. Auch wenn er sich so anfühlt, er ist es nicht. Also: Packen Sie es an!

So werden Sie wachsen, besser werden, gut gedüngt stärker werden und immer besser mit allem umgehen können, was da auf Sie zukommen mag! Ich hoffe, ich habe Sie motivieren können, Ihren SHIT als Chance zu sehen. Verwandeln Sie also Ihren SHIT in Dünger und lassen Sie daraus etwas Großes wachsen. Viel Erfolg und Spaß dabei!

Ihr Frederik Hümmeke

DANKE

Michael Ehlers und Martin Limbeck für das Mentoring, die Unterstützung und Förderung. Ich bin froh, euch zu meinen Freunden zählen zu dürfen.

Prof. Dr. Birger Priddat für die Förderung in meiner universitären Laufbahn. Ohne Sie wären die wissenschaftlichen Grundlagen für dieses Buch nie entstanden. Vielen Dank!

Hermann Leithold für die Freundschaft und den Satz: „Diese ganzen Spinner! Eigentlich müsstest du mal ein Seminar dazu machen, wie man mit diesen ganzen Idioten umgeht."

Ja, müsste ich, Hermann. Und ein Buch auch ;)

448 Seiten
gebunden mit SU
39,99 [D] / 41,20 [A]
ISBN: 978-3-86470-569-4

Michael Ehlers
Rhetorik

Die Rhetorik ist unverzichtbar für jeden, der professionell auftreten, an seiner Wirkung arbeiten und nachhaltig beeindrucken möchte. Im digitalen Zeitalter hat sich Kommunikation jedoch gravierend verändert. Sie wurde schneller und manipulativer. Praxisnah und effizient transferiert Top-Trainer Ehlers die Redekunst ins 21. Jahrhundert und beweist, dass Rhetorik eine Fähigkeit ist, die es zu verstehen und zu beherrschen lohnt.

BOOKS4SUCCESS